中国电力科学研究院科技专著出版基金资助

架空输电线路基础设计

鲁先龙　崔　强　编著

U0176381

中国电力出版社
CHINA ELECTRIC POWER PRESS

内 容 提 要

本书集国家电网有限公司《输变电工程地基基础关键技术研究框架》研究成果之精华，系统阐述了架空输电线路基础类型、选型及其工程设计技术。

本书设置了绪论、基础类型与选型、基础与杆塔连接、典型基础设计与优化、基础设计软件系统、基础设计实例五章。其中，绪论综述输电线路基础受力特点、行业特征及其设计标准发展沿革与安全度水准设置；第一章明确了架空输电线路基础的常用类型、选型影响因素、基础选型方法；第二章论述了基础与杆塔结构的三种连接方式及其锚固性能、基础与上部结构配合技术；第三章介绍了混凝土扩展基础、挖孔基础、岩石锚杆基础和灌注桩四类常用基础以及单桩十字梁基础、带翼板挖孔基础、岩石锚杆复合型基础和微型桩四种新型基础的工程设计方法；第四章阐述了架空输电线路基础设计软件系统及其工程应用技术，并附有操作示范视频；第五章应用架空输电线路基础设计软件系统并辅以工程实例，详细分析每种基础的设计过程。

本书理论先进、层次分明、内容丰富新颖，与工程实践紧密结合、分析深入，可供从事架空输电线路岩土勘测、结构设计和运行维护的专业人员直接使用，也可供高等院校土木工程专业教学使用。

图书在版编目（CIP）数据

架空输电线路基础设计 / 鲁先龙，崔强编著. —北京：中国电力出版社，2021.1（2022.4 重印）
ISBN 978-7-5198-4543-8

Ⅰ. ①架… Ⅱ. ①鲁… ②崔… Ⅲ. ①架空线路–输电线路–设计 Ⅳ. ①TM726.3

中国版本图书馆 CIP 数据核字（2020）第 061947 号

出版发行：中国电力出版社
地　　址：北京市东城区北京站西街 19 号（邮政编码 100005）
网　　址：http://www.cepp.sgcc.com.cn
责任编辑：翟巧珍（806636769@qq.com）
责任校对：黄 蓓 李 楠
装帧设计：郝晓燕
责任印制：石 雷

印　　刷：三河市万龙印装有限公司
版　　次：2021 年 1 月第一版
印　　次：2022 年 4 月北京第二次印刷
开　　本：710 毫米×1000 毫米 16 开本
印　　张：20
字　　数：358 千字
定　　价：80.00 元

前　言

　　架空输电线路是由多跨架空线、多级杆塔和基础组成的连续性结构体系。基础作为架空输电线路的重要结构组成部分，承担着整个输电线路的结构荷载，是电网安全稳定运行的最基本保障。架空输电线路基础选型与设计时，需考虑杆塔类型、塔位处地形与地质条件、施工工艺、施工装备条件、线路沿线交通运输条件等多种因素，具有特殊的行业特征，合理的基础选型及其优化设计是实现架空输电线路本质安全和保障电网安全稳定运行的迫切需求。我国当前电网建设快速发展，架空输电线路走廊日趋复杂、环境保护日益重视，极端天气条件和地质灾害易发频发，输电线路基础工程建设面临了新的挑战。

　　2007 年 6 月，国家电网公司从电网发展实际出发，按统一组织、重点突破的原则，对输变电工程地基基础建设、设计、运行中的关键性技术问题进行系统分析和总结，编制了国家电网公司"十一五"期间《输变电工程地基基础关键技术研究框架》。十多年来，中国电力科学研究院有限公司和相关网省公司、电力设计与施工单位一起，依托并围绕《输变电工程地基基础关键技术研究框架》的研究课题，在架空输电线路新型基础研发、设计理论和方法创新、现场试验与验证、设计标准制（修）订与软件系统研发等方面开展了大量工作，形成了系列化的创新成果，并在 DL/T 5219—2014《架空输电线路基础设计技术规程》、DL/T 5708—2014《架空输电线路戈壁碎石土地基掏挖基础设计与施工技术导则》、DL/T 5755—2017《沙漠地区输电线路杆塔基础工程技术规范》、DL/T 5544—2018《架空输电线路锚杆基础设计规程》以及 Q/GDW 1841—2012《架空输电线路杆塔基础设计规范》、Q/GDW 11330—2014《架空输电线路掏挖基础技术规定》、Q/GDW 11333—2014《架空输电线路岩石基础技术规定》、Q/GDW 11266—2014《架空输电线路黄土地基杆塔基础设计技术规定》等一系列标准的制（修）订中得到应用，研制的架空输电线路基础设计软件系统已得到广泛应用，提升了输电线路基础工程设计效率与水平。

　　本书是编著者十多年来关于架空输电线路基础分类与选型、基础连接件锚固性能、基础与上部结构配合技术、基础工程设计方法、基础设计软件系统研发等方面研究成果的系统总结，是一部系统介绍架空输电线路基础工程设计与优化的专著。

本书研究成果得到了国家电网有限公司《输变电工程地基基础关键技术研究框架》相关课题研究经费的大力资助，也得到了相关网省公司和电力设计院在项目研究经费方面的支持。十多年来，在项目立项、成果评审、标准制（修）订和成果应用等方面，得到了国家电网有限公司、网省公司、电力设计院、电力施工单位领导专家的大力支持，编著者在此一并致谢。此外，本书研究成果凝聚了编著者所在的岩土工程国家电网公司重点实验室全体人员的辛劳与智慧，特别感谢丁士君、郑卫锋、杨文智、童瑞铭、满银、张琰、苏荣臻、陈培等在现场试验中的辛勤劳动和付出。

此外，在本书编写过程中，也收集和引用了国内外相关科研院所、高校和工程单位的研究成果，在此一并表示感谢。

由于编著者水平有限，书中难免存有不妥之处，恳请专家、学者和广大读者不吝批评和指正！

编著者
2020 年 5 月

目　录

绪　论

一、架空输电线路概况

电力线路分为输电线路和配电线路两种，通常将各发电厂（站）向电力负荷中心输送电能的线路及电力系统之间的联络线路称为输电线路，而将电力负荷中心向广大电力用户分配电能的线路称为配电线路。

按照输送电流的性质，输电线路分为交流输电线路和直流输电线路两种。按照输电电压等级，输电线路分为高压（35～220kV）、超高压（330～750kV）和特高压线路（750kV 以上）。一般来说，输电线路所输送容量越大，其电压等级越高。按照杆塔上回路数目，输电线路分为单回路、双回路和多回路线路。除架空地线外，单回路杆塔上仅有一回三相导线，双回路杆塔上仅有两回三相导线，而多回路杆塔上则有三回及以上的三相导线。此外，根据输电线路敷设方式不同，输电线路又可分为架空输电线路和电缆线路两种。架空输电线路因其技术难度相对较低、结构简单、施工方便、检修维护方便等优点而得到了广泛应用。电缆线路不仅需要特殊的电力电缆，而且费用高、施工和运行维护技术要求高，目前仅在大型城市的城区和跨海输电等特殊工程情况下应用。

架空输电线路一般由架空线（导、地线）、金具、绝缘子（串）、杆塔、基础及接地装置等组成。从结构特征上看，架空输电线路最显著特点是其由多跨架空线、多级杆塔与基础组成的连续结构体系。就机械性能而言，架空线、金具、绝缘子（串）、杆塔及其基础自成一个力学体系。在这个力学体系中，基础承担着整个输电线路的结构荷载。

（一）架空线

在输电线路工程中，通常将架空敷设用以输送电能的导线和用以防雷的地线统称为架空线。架空导线通常由良导体金属单线绞制而成，故又称为绞线。

导线可按照导体形状、材料和功能进行分类。导体单线截面可分为圆形和异形（非圆形）两种，相应绞制而成的架空导线则可分为圆线同心绞导线和型线同

1

心绞导线。与圆线同心绞架空导线相比，型线同心绞架空导线的外径较小，更有利于降低杆塔结构的风荷载。在相同外径条件下，型线同心绞架空导线的导电截面更大，有利于提高线路输送容量。此外，导线一般有导体和加强芯两部分组成，其导体常有铝和铝合金（含耐热铝合金、高强铝合金和高强耐热铝合金），而加强芯通常有镀锌钢芯、铝包钢芯、铝包殷钢芯和复合材料芯等。根据不同材质导体和加强芯（或无加强芯）的相互组合，可产生多种类型的导线，如铝绞线、铝合金绞线、钢芯铝绞线、钢芯铝合金绞线、铝包钢芯铝绞线、铝包钢芯铝合金绞线、钢芯耐热铝合金绞线、铝包殷钢芯（特）耐热铝合金绞线（低弧垂导线）等。按照使用功能的不同，导线可分为普通导线、增容（耐热）导线、低噪声导线、低弧垂导线、低风压导线、扩径导线和自阻力导线等。

输电线路中每相导线一般是由多根子导线并联而形成导线束。输电线路导线直径和分裂导线中子导线的排列位置，即分裂导线的结构型式由所要求的电晕特性决定，或由分裂导线的最大表面电场强度决定。子导线布置型式一般分对称均匀分布和非均匀分布两种排列。试验研究表明，在子导线数目一定情况下，存在最佳的分裂导线直径。在最佳分裂导线直径下，分裂导线表面电场强度达到最小值，可使电晕效应和电晕损耗最小。从增加输送能力和减少电晕放电方面考虑，每相导线的分裂根数越多越有利，但通常还要受机械强度、杆塔高度和经济条件等限制。国内外输电线路分裂导线型式多种多样，通常需因地制宜确定具体型式。

（二）金具

电力金具是指连接和组合电力系统中各类装置，以传递机械负荷及起到某种防护作用的金属附件。电力金具又分为线路金具和变电金具。线路金具是指架空输电线路上用的电力金具。线路金具通过绝缘子将导线悬挂于杆塔上，并保护导线和绝缘子免受高电压损害，同时将电晕和无线电干扰控制在合理水平，保护人类生活环境。输电线路上的绝缘子和金具共同连接成串，根据所悬挂杆塔结构不同，可分为悬垂串和耐张串两大类；线路金具按照用途不同，可分为悬垂线夹、耐张线夹、连接金具、接续金具、防护金具、拉线金具六大类。

线路金具在输电线路工程中投资所占比重较小，但其重要性不容忽视。金具失效和损坏都可能会导致线路故障，严重时会造成断电。当前，线路金具向采用高强度材料和适应恶劣环境方向发展。

（三）绝缘子（串）

绝缘子是用来支持或悬挂架空导、地线，保证导线和杆塔之间不发生闪络，保证地线与杆塔之间的绝缘。输电线路常用绝缘子有针式绝缘子、悬式绝缘子、横担绝缘子、棒形绝缘子和复合绝缘子等。由于绝缘子长期暴露在自然环境中，需要经受各种气象和气温变化的考验，甚至受到有害气体污染和盐雾的腐蚀。因此，绝缘子不仅需要有良好的电气绝缘性质，还需要有足够的机械强度，并且需要定期检修与维护。

当电压等级较高时，为保证导线对地具有必要的绝缘间隙，需要将数只悬式绝缘子串接起来，与金具配合组成架空线悬挂体系，即形成绝缘子串。根据受力特点，在直线形杆塔上形成悬垂串，仅承受垂直线路方向的荷载；在耐张杆塔上形成耐张串，其除了承受垂直线路方向的荷载外，主要承受正常和断线情况下顺线路方向架空线的张力。输电线路的绝缘配合，应使线路在工频电压、操作过电压、雷电过电压等各种条件下都能安全运行。

（四）杆塔

杆塔是支撑架空输电线路导、地线，并使导、地线之间以及导线与大地之间的距离在各种可能的自然环境条件下，均符合电气绝缘安全和工频电磁场限制的杆形和塔形构筑物。

杆塔塔头结构、尺寸需满足规定风速下悬垂绝缘子串或跳线风偏后，在工频电压、操作过电压、雷电过电压作用下带电体与杆塔结构的间隙距离要求。塔头尺寸还需满足导线与地线间距离要求，以及档距中央导线相间最小距离要求。对需带电作业的杆塔，还应考虑带电作业的安全空气间隙。杆塔塔高及塔头尺寸应使导线在最大弧垂或最大风偏时，均能满足对地距离和交叉跨越距离的要求。对500kV 及以上电压等级输电线路，导线对地距离除需考虑正常的绝缘水平外，还需考虑工频电磁场的影响。

杆塔多数采用钢结构或钢筋混凝土结构，少量采用木结构。通常称单柱型（或杆型）结构为杆，而将有四个支腿的格构型结构称为塔。由于杆塔分布在野外地区，且长期暴露于自然环境中，杆塔通常设计成由各种金属构件通过螺栓连接组装而形成的结构体。这种结构型式既有利于运输和现场施工，又有利于采用热浸镀锌的防腐工艺满足防腐要求。

按使用功能的不同，输电线路杆塔可分为六种，如表 0－1 所示。

表 0-1 输电线路杆塔按使用功能的分类

类别名称	用途和功能	特　点
悬垂塔	在线路中仅起悬挂导、地线的作用	导、地线在直线杆塔处不开断，正常运行时几乎不承受线条张力
耐张塔	控制线路连续档长度，控制杆塔沿线路纵向可能发生串倒的范围，便于线路施工和维修	导、地线在耐张杆塔处开断，塔承受线条张力
转角塔	改变线路走向，支撑导、地线张力	导、地线开断为耐张转角杆塔，导、地线不开断为悬垂转角杆塔
终端塔	线路起始或终止处的杆塔	线路一侧导、地线耐张连接在终端杆塔上，另一侧不架线或以小张力与门形构架相连
换位塔	改变线路中三相导线相互位置，减小电力系统正常运行时电流和电压的不对称	导线不开断称为直线换位杆塔，导线开断称为耐张或转角换位杆塔
跨越塔	支撑导、地线跨越江河、湖泊、海峡等	杆塔高，荷载大

各电压等级的架空输电线路通常都具有表 0-1 所列几种类别的杆塔。杆塔按不同的外观形状可划分为不同的型式，即塔型。杆塔塔型除决定于使用条件外，还与电压等级、线路回数、地形和交通运输条件有关，需进行综合技术经济比较，择优选用。

（五）基础

架空输电线路基础是与杆塔结构底部相连接而固定上部杆塔结构、稳定承担杆塔结构荷载，并将该荷载传递于其周围地基的一种结构体。输电线路基础通常用混凝土、钢材或其他材料制成。基础作为整个输电线路结构荷载的承载体，一般需要根据杆塔结构类型、塔位处地形与地质条件、施工工艺、施工装备条件、线路沿线交通运输条件等因素而综合确定。开展架空输电线路基础研究具有重要意义。

1. 控制工期与造价

基础作为输电线路的一个重要组成部分，其造价、工期和劳动消耗量在整个线路工程建设中都占有较大比重。据有关资料统计：基础施工时间约占工程建设总工期的 50%，运输约占总工程量的 60%，费用约占本体总造价的 25%~35%，复杂条件下甚至超过本体总费用的 50%。由此可见，选择合适的基础方案并进行优化设计，可有效缩短工期和节约造价。

2. 保障电网安全运行

输电线路与一般土木工程结构不同，是由多跨架空线、多级杆塔和基础组成的连续结构体系，基础作为整个输电线路结构荷载的承载体，一旦某个塔位甚至塔位处某一个单腿基础出现滑坡、不均匀沉降等安全隐患，结果往往使得整条线路都面临不安全运行风险，甚至影响到更大范围的电网安全。因此针对不同的基础荷载、地质地形条件，因地制宜选择基础型式，可为输电线路工程和电网安全稳定运行提供保障。

3. 保护环境

随着我国电网建设的快速发展，线路走廊及沿线岩土体工程条件越来越复杂，输电线路工程建设中环境保护问题日益受到重视。不同基础型式具有不同的工程特点，其承载能力、材料消耗量、土石方开挖量及其对环境影响的程度也不相同。一般输电线路各塔位处的微地形条件相当复杂，预测环境变化过程中岩土体工程性质变化及其对塔位处地基基础稳定影响规律，并采取相应的工程设计对策，具有极其重要性。设计中需要根据塔位处的地质、地形及周边环境，因地制宜选择基础型式，充分发挥每种基础型式承载性能，减少土石方开挖量，将工程建设对环境影响程度降低到最小。

综上所述，在降低输电线路工程建设造价、保障电网安全稳定运行、实现环境保护和水土保持等方面，输电线路基础选型及其优化设计研究均具有重要意义。

二、输电线路基础受力及其行业特征

（一）输电线路荷载

根据架空输电线路特点，可将其所受荷载和作用的类型分为以下四种：

（1）永久荷载。在设计使用年限内始终存在且其量值不随时间变化，或其变化与平均值相比可忽略不计，或其变化是单调的并能趋于某个限值的荷载，主要包括导线及地线、绝缘子及其附件、杆塔结构、各种固定设备（如电梯、爬塔机、警航灯等附属设施及其电源、走道、爬梯和休息平台等）的重力荷载；线路转角引起的水平力；终端塔的导线张力；拉线或纤绳的初始张力、预应力等。

（2）可变荷载。在设计使用年限内其量值随时间变化，且其变化与平均值相比不可忽略的荷载，主要包括风和冰（雪）荷载；导线、地线悬挂时产生的张力（包括由于档距或气象荷载不均匀等因素引起的纵向不平衡张力）；脱冰引起的不平衡张力；安装检修的各种附加荷载；结构变形引起的次生作用及各种振动动力荷载。

（3）偶然荷载。在设计使用年限内不一定会出现，而一旦出现其量值则很大，且持续时间较短的荷载，主要包括撞击荷载、稀有气象条件（如稀有大风和稀有覆冰等）等引起的荷载。

（4）地震作用。由地震引起的结构的动态作用，主要包括水平地震作用和竖向地震作用。

从荷载和作用分类看，各类荷载具有不同性质的变异性，设计中不可能直接应用反映荷载变异性的各种统计参数进行概率运算。因此，实际工程设计中一般采用便于设计者使用的设计表达式，并对各类荷载赋予一个规定的量值，用以验算极限状态所采用的荷载量值，通常称其为荷载代表值。设计中根据不同的设计要求，规定不同的代表值，以使之更确切地反映各类荷载在设计中的特点。

架空输电线路荷载代表值一般有标准值和组合值两种。标准值是荷载或作用的主要代表值，取设计基准期内最大荷载统计分布的特征值（如均值、众值、中值或某个分位值），一般依据观测数据的统计、作用的界限和工程经验确定。组合值是对可变荷载进行效应组合计算，并使组合计算后得到荷载效应在设计基准期内的超越概率，能与该荷载单独出现时的相应概率趋于一致的荷载值，或使组合后的结构具有统一规定的可靠指标的荷载值。

DL/T 5551—2018《架空输电线路荷载规范》规定进行杆塔和基础设计时，不同荷载采用的代表值如下：

（1）永久荷载应采用标准值作为代表值。

（2）可变荷载（导线和地线的张力除外）应采用标准值和组合值作为代表值。对于导线和地线的张力，由于其随温度、风速、覆冰厚度、档距和弧垂等变化而变化，应按不同情况所对应的气象条件和工作状态确定其代表值。

（3）偶然荷载应依据杆塔和基础的运行环境确定其代表值。

（4）地震作用应采用标准值作为代表值。地震作用标准值应根据线路工程所在地区的抗震设防烈度确定。对大跨越杆塔和基础，可按高于线路工程所在地区抗震设防烈度一度的要求确定地震作用的标准值。

（二）输电线路基础的两类极限状态

1. 基础承载能力极限状态

基础承载能力极限状态对应于基础或基础构件达到最大承载力或产生不适于继续承载的变形的状态。以输电线路基础竖向下压工况为例，其下压承载能力极限状态可由下列三种情形之一确定：

（1）基础达到最大承载力。输电线路基础下压 荷载位移曲线主要呈图 0—1

所示的陡变型（曲线 A）和缓变型（曲线 B）两类。曲线 A 对应的下压基础属于"急进破坏"，破坏特征点明显，通常取其陡变起始点所对应的荷载 N_{uA} 作为基础下压极限承载力，对应下压位移为 s_{uA}。下压基础一旦荷载超过极限承载力 N_{uA} 后，基础位移急剧增大而失去继续承载能力。曲线 B 对应的下压基础则属于"渐进破坏"，破坏特征点不明显，一般需根据相应的基础承载力失效准则判定其极限承载力，此时的下压极限承载力，也并非是真正的基础最大承载力，因为继续增加荷载，基础下压位移仍可趋于稳定，只是地基岩土体塑性区范围不断扩大，基础塑性位移量继续增加。因此，承载性能失效准则不同，得到的基础下压极限承载力也不同。显而易见，图 0-1 所示两类破坏型态的输电线路基础达到最大下压承载力而发生破坏失效的后果也不同。

（2）基础发生不适于继续承载的变形。对荷载—位移曲线如图 0-1 所示的缓变型渐进破坏的输电线路基础，判定其极限承载力的确定方法或失效准则较多，至今也尚未有统一的方法。为充分发挥基础承载潜力，一般宜按照基础所能承受的最大变形确定其极限承载力，如图 0-1 所示，可取最大允许变形 s_{uB} 所对应的荷载 N_{uB} 为基础下压极限承载力。最大允许变形值 s_{uB} 往往根据杆塔结构、地基和基础允许位移等综合确定。

（3）地基基础整体失稳。对于竖向下压荷载作用下的基础，有发生地基基础整体失稳的可能性。如山区斜坡地形基础，其承载

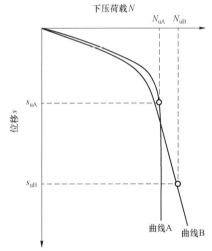

图 0-1　输电线路基础下压荷载—位移曲线类型

力极限状态除由上述两种状态之一制约外，尚应验算地基基础的整体稳定性。

对于上拔力、水平力、竖向力（上拔、下压）和水平力组合作用下的输电线路基础，其承载能力极限状态也同样可由上述三种状态之一所决定。

此外，对于基础的立柱结构、扩底结构等，其承载能力极限状态的具体含义还包括上拔力、下压力、弯矩、剪力作用下的极限承载性能。

2. 基础正常使用极限状态

正常使用极限状态对应于基础或基础构件达到正常使用或耐久性能的某项规定限值的状态。输电线路基础正常使用极限状态主要是指基础达到上部杆塔结构所规定的允许位移（竖向位移、水平位移和差异沉降等）限值，或地基岩土体允

许变形限值，或为满足输电线路基础耐久性而进行的混凝土抗裂验算和耐腐蚀验算而规定的某项限值。

（三）基础受力

输电线路基础的两类极限状态设计目的是确保地基基础不发生破坏（承载能力极限状态），也要能够实现地基基础的正常功能并避免带病工作（正常使用极限状态）。架空输电线路杆塔和基础设计时，应根据使用过程中可能同时出现的荷载，按承载能力极限状态和正常使用极限状态分别进行荷载组合，并应取各自的最不利组合进行设计。对承载能力极限状态，应取荷载的基本组合或偶然组合计算荷载组合的效应设计值 S。对正常使用极限状态，应取荷载标准组合计算荷载组合的效应设计值 S_k。对永久作用控制的基本组合，也可采用简化规则，即基本组合的效应设计值 S 与标准组合的效应设计值 S_k 之间可满足

$$S=1.35S_k \tag{0-1}$$

根据上述输电线路承载能力极限状态和正常使用极限状态的荷载组合方法，可计算得到相应极限状态下的基础作用力。图 0-2 给出了典型输电线路基础的受力示意图。在 Z 方向有竖向荷载作用（上拔力、下压力），在 X、Y 方向有水平力作用，而在 Z—Y 和 Z—X 平面上有倾覆力矩作用，在 X—Y 平面上有扭矩作用。基础设计时需考虑的荷载变量有荷载大小、加载速率、出现频率、荷载分布特征及其偏心程度等。

通常情况下，输电线路基础结构尺寸确定和承载力计算、基础配筋及其本体强度计算时，基础作用力应采用荷载效应基本组合设计值 S。基础位移和地基不均匀沉降计算、基础混凝土裂缝控制验算时，基础作用力应采用荷载效应标准组合设计值 S_k。

（四）行业特征

（1）架空输电线路距离长、跨越区域广，沿线地形条件变化大、地基工程性质复杂，杆塔塔位呈点状分布，基础选型、设计和施工中需考虑的影响因素多。

（2）架空输电线路基础所承受的荷载特性复杂。从图 0-2 可看出，随外界条件变化，基础受拉/压荷载的同时，还承受较

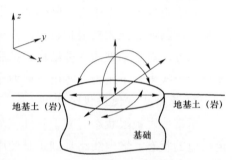

图 0-2 架空输电线路基础受力示意图

大的水平力或倾覆力矩的作用，而且这些荷载作用随外界环境变化而动态变化。总体上看，抗拔和抗倾覆稳定通常是输电线路基础设计的控制条件，这是架空输电线路基础与建筑、交通等其他行业基础设计的显著区别。

（3）在架空输电线路勘测方面，杆塔塔位测点多且分散，沿线地质勘测资料相对粗浅。同一条线路上往往使用基本相同的杆塔类型，而与其相对应的基础往往因地基条件不同存在差异。架空输电线路工程塔位地质勘测工作的精细化程度尚有待进一步提升。

（4）架空输电线路基础呈点状分布，先进的基础施工技术应用与施工装备进场往往都受到地形、地质、道路运输条件的限制，使我国当前输电线路基础主要还是人力施工为主。如在山区与丘陵地带，机械化施工技术和大型施工装备难以进入基础施工现场，钢筋、混凝土等基础原材料运输困难；在软土地区则又因河网密布，大型施工机具同样难以进入现场。因此，提高输电线路施工技术水平、保障施工安全与质量，减少现场人员投入，减轻劳动强度，实现劳动密集型向装备密集型转变，仍然是输电线路工程建设面临的挑战和难题。

（5）通常情况下，由于架空输电线路基础呈点状分布，地基基础工程特性复杂多样，且不同程度地受地形、道路运输条件和塔位处场地条件等限制，传统的岩土工程地基基础检测技术与手段往往会受到不同程度的制约，输电线路工程地基基础试验检测水平总体上落后于其他行业。

（6）架空输电线路地基基础作为岩土工程一个分支专业，目前国内高等院校尚缺乏相对系统的专业设置，相关理论研究和人才储备薄弱，而其他行业可供输电线路基础工程直接应用的技术资料也相对较少。

三、我国输电线路基础因灾受损情况调研分析

（一）调研工作概况

我国多年的输电线路基础工程实践中，除地震、滑坡、泥石流、强降雨等自然灾害外，输电线路基础发生事故的情况较少。即使在一些极端自然灾害条件下，输电线路上部杆塔结构发生倾倒事故时，基础也较少产生破坏，有时甚至是"巍然不动"。这既说明我国输电线路基础设计具有足够的安全度，能保证我国电网的安全稳定运行。同时，也说明我国输电线路基础安全裕度偏大。尽管如此，随着我国电网建设规模的不断增大，电网运行范围越来越广，输电走廊日趋复杂，极端天气时常出现、地质灾害频发，电网建设面临的冰冻、飑线风、台风、地震等

突发自然灾害威胁越来越大，对输电线路工程安全稳定运行也提出了更高要求。

2010 年，国家电网公司为提高电网抵御自然灾害的能力，加快输电线路基础抢修速度，尽快恢复受灾线路运行，减少灾害造成损失，维护正常的社会生活和生产，在公司系统内开展了因灾受损基础情况的调研。

调研工作由国家电网公司统一部署，中国电力科学研究院牵头，各网省组织相关设计单位，共同完成输电线路快速基础调研表填报。调研资料首先需明确输电线路的基本状况、输电线路的投运时间、基础受损时间。在此基础上，进一步对受损基础进行详细描述，主要包括设计条件、基础类型、破坏原因、破坏型式，其中设计条件主要包括气象条件、地形与地质条件，基础类型、基础与上部塔腿的连接方式。基础破坏原因主要是从自然灾害的角度进行分类（包括大风、暴雨、覆冰、地震、滑坡、崩塌及采矿影响与外力)，而基础破坏类型则是从地基、基础、连接结构三方面进行分类，主要包括滑坡、地基开裂、地基滑移、地基隆起、基础拔出、基础立柱破坏、地脚螺栓拔出、插入角钢扭曲、加入角钢断裂等。

通过调研工作，获得了 1990～2010 年国家电网公司系统内 22 个网省公司输电线路基础因灾受损结果，涵盖了 110、220kV 和 500kV（西北地区为 330kV）输电线路基础因灾受损情况，这些灾害条件主要包括冰冻、飑线风、台风、地震等。结果表明，输电线路基础有受损记录共 10 个网省公司，其中华中地区 5 个、华东地区 3 个、西北地区 1 个、华北地区 1 个。上述 10 个网省公司共 30 条输电线路发生过基础因灾受损破坏情况，其中华中地区 21 条、华东地区 7 条、西北地区 1 条、华北地区 1 条。此 30 条线路均为交流输电线路，其中 20 条 500kV 输电线路、9 条 220kV 输电线路、1 条 330kV 输电线路。30 条输电线路共有 121 个线路基础不同程度地发生因灾受损现象。

（二）基础因灾受损调研结果分析

1. 地形与地质条件

受损基础地形条件主要包括高山、山地丘陵、平原、泥沼、河网等，其中山地丘陵地区发生基础破坏的比例为 57%，平原为 13%，泥沼为 17%，河网与高山各占 6.5%。

受损基础地质条件主要包括土质地基与岩质地基 2 种，其中土质地基包括黏性土、砂质土和碎石土，岩质地基的风化程度主要有强风化、中风化与微风化 3 种。30 条受损输电线路中黏性土地基占比 37%，碎石土占比 27%，砂质土占比 17%，强风化岩石占比 17%，仅有 1 条输电线路发生在黄土地基中，占比 2%。

2. 致灾因素

致灾因素主要包括大风、暴雨、覆冰、地震、滑坡、崩塌、外力作用等。这些因素中覆冰导致 9 条输电线路基础受损，滑坡导致 8 条输电线路基础受损，大风导致 6 条输电线路基础受损，暴雨导致 6 条输电线路基础受损，"5·12"汶川地震导致 2 条输电线路基础受损，崩塌滚石导致 1 条输电线路基础受损。

在因灾受损基础中，由于覆冰造成 61 基础受损，滑坡造成 25 个基础受损，地震造成 15 个基础受损，大风造成 13 个基础受损，暴雨造成 8 个基础受损，而崩塌滚石造成 1 个基础受损。

3. 因灾受损的基础类型

在因灾受损基础中，斜柱柔性扩展基础 75 个，占比 62%；直柱掏挖基础 25个，占比 21%；直柱开挖基础 13 个，占比 11%；其他基础类型还包括斜柱半掏挖基础 7 个、预制圆锥形薄壳基础 1 个，占比 6%。

4. 地基基础破坏型式

因灾害引起线路基础破坏型式主要有基础拔出、不均匀沉降、立柱开裂、基础钢筋拉断、基础倾覆等，其往往造成强度、变形和连接不能满足承载性能要求。在因灾受损基础中，滑坡破坏基础 12 个，地基滑移破坏 6 个，地基开裂破坏 27个，基础立柱破坏 15 个，插入角钢扭曲破坏 71 个，地脚螺栓变形 3 个，基础被拔出破坏 1 个，拉线地锚基础拉环断裂 1 个。

在遭遇极端的自然地质灾害后，地基基础的破坏往往是多种方式，如地基开裂、基础立柱破坏可能会产生插入角钢扭曲等现象，地基滑移与地基开裂可能会导致基础立柱破坏，因此，某些塔位基础破坏存在多种型式的组合。图 0-2 为地震引起的杆塔及其基础破坏，图 0-3 为滑坡引起塔位地基基础破坏。

(a) 地震引起倒塔和基础被拔出　　　　　(b) 地震引起杆塔基础滑坡

图 0-2　地震引起的杆塔及其基础破坏

(a) 岩质滑坡　　　　　　　　　　　　　(b) 土质滑坡

图 0-3　滑坡引起塔位地基基础破坏

　　此外，由于自然灾害也可引起杆塔结构和基础因过载而产生破坏。这类灾害主要包括台风、飑线风、雨雪冰冻等，其容易造成杆塔与基础所承受的荷载超出其极限承载能力，而引起倒塔或基础破坏。如我国南方地区容易发生的冰雪、舞动灾害等；东南沿海地区容易发生的台风灾害等。图 0-4 分别显示了台风和舞动灾害引起输电线路基础破坏。

(a) 台风引起的基础破坏　　　　　　　　(b) 舞动引起的基础破坏

图 0-4　台风和舞动灾害引起输电线路地基基础破坏

　　总体上看，输电线路地基基础因灾受损破坏形式及其对基础承载性能的影响主要有：

　　（1）基础及构件承载性能不足。该类型破坏一般是由于基础过载造成基础承载性能不能够承受上部杆塔结构荷载，通常表现为因过大的或上拔或下沉或转动位移而造成基础混凝土开裂、基础钢筋拉断等情况。

（2）基础因产生过大滑移或不均匀沉降而影响上部杆塔结构正常使用。基础承受较大荷载时，基础与地基相互作用超出了其弹性承载范围，发生塑性变形，基础产生较大的变形、位移或者不均匀沉降。基础未发生失稳破坏，仍然具有一定承载能力，但这时其已直接影响到上部杆塔结构正常使用。

（3）因上部结构倒塌破坏而导致基础与杆塔连接件损坏。如地脚螺栓或插入角钢等连接构件发生折断、压屈等破坏，造成基础连接件承载性能不能满足上部结构正常使用要求。

（4）基础承载性能不足、基础偏移与不均匀沉降、基础与上部结构连接构件损坏三种受损方式，在不同程度上共存的破坏型式。

输电线路地基基础因灾受损而引起的破坏，有的根本无法阻止其发生，有的只能从结构构造上采取措施，达到"小灾可用、中灾可修"之目的。例如，地震和山体滑坡等对输电线路基础的破坏往往是毁灭性的，影响范围大，一般易造成输电线路基础不可修复利用，需要进行快速重建。

因此，灾后输电线路基础可根据其受损情况不同分为两类：一类是通过地基基础的快速加固或基础与上部杆塔结构连接构件的快速加固处理，受损基础可重复利用，该技术称为基础快速加固修复技术；另一类是地基基础受损严重，无法通过地基基础加固或基础结构加固技术来满足工程要求，需要快速重新建造基础，该工程技术称为基础快速抢修技术。总体上看，架空输电线路灾后地基基础的快速加固修复改造和重新建造，也都需要合理的基础选型与基础优化设计技术。

四、基础设计的基本要求与内容

（一）基本要求

架空输电线路基础的工程设计都必须满足安全性、适用性和耐久性要求。

（1）安全性要求就是其在预定使用期限内，在正常施工和正常使用情况下出现的各种荷载、变形（如基础不均匀沉降及温度、收缩引起约束变形）作用下，基础必须是稳定的，而且还应具有适当的安全裕度。

（2）适用性要求是指基础在正常使用期间，在各种外荷载作用下，均具有良好的工作性能。如不发生影响正常使用的变形（沉降、侧移、不均匀变形），或产生让使用者感到不安全的过大裂缝等。

（3）耐久性要求是指正常使用和正常维护条件下，在各种因素的影响下（如混凝土碳化、钢筋锈蚀等），基础承载性能不随时间变化而产生过大的降低，从而导致基础在其预定使用期间内丧失安全性和适用性，甚至引起其使用寿命的缩短。

概括起来，架空输电线路基础设计就是在一定的经济条件下，赋予基础结构必要的安全可靠性，即基础能够实现在规定的使用期限内，规定的条件下（正常设计、正常施工、正常使用和维护）完成预定功能的能力，实现基础工程安全性、适用性和耐久性的统一。

（二）设计内容

架空输电线路基础设计就是根据既定的杆塔结构类型、基础荷载工况、塔位地基工程性质、塔位地形特征并兼顾基础施工技术与装备条件，采用合适的基础材料与设计参数，选择合理的基础类型与连接件方式，按照相关技术规范和构造设计要求，确定安全经济合理的基础结构与基本尺寸，绘制相应基础施工图并提出相关施工技术要求的全过程。概括起来，架空输电线路基础设计内容主要包括基础稳定性设计、基础本体强度设计和构造设计等。

1. 基础稳定性设计

基础稳定性设计主要包括上拔、下压、倾覆三种工况下的基础承载能力计算。

（1）上拔稳定。上拔稳定性设计就是计算基础抵抗上拔荷载的能力。以土质条件下掏挖基础抗拔设计为例，工程上多采用"土重法"和"剪切法"两种方法进行抗拔基础承载力设计。"土重法"属于一种经验性方法，假设抗拔土体滑动破坏面为倒锥体，主要依靠基础及基础底板上方土体自重来抵抗上拔力的作用，其原理简单、计算简便，在设计中得到了广泛的采用。"剪切法"认为，在极限平衡状态下，基础抗拔极限承载力由基础自重、土体滑动面范围内抗拔土体自重及滑动面上剪切阻力三部分组成。"剪切法"因充分考虑了土体自身的抗拔承载性能，较"土重法"合理，但其承载机理复杂。

（2）下压稳定。以混凝土现浇扩展基础为例，基础下压稳定性设计就是根据基础承受的下压荷载，计算基底土压力，验算基底地基土承载能力，必要时计算基底附加应力影响范围内地基下压变形。基础承受下压设计荷载作用时，需要求基础底板下的地基附加应力不超过其允许承载力，从而保证地基土不会发生剪切破坏而失稳。当基底存在软弱下卧层时，尚应计算基底附加应力影响范围内地基下压变形的大小，并确定是否满足上部杆塔结构的正常使用要求，有时甚至需要进一步确定是否改变基础选型。

（3）倾覆稳定。基础倾覆稳定就是计算其抵抗倾覆荷载作用能力。以原状土基础为例，当基础在倾覆荷载作用下，基础两侧地基影响范围内的被动土压力以及基底土压力产生抗倾覆力矩能够保持基础倾覆稳定，并满足规定的抗倾覆稳定安全性要求。

2. 基础本体强度设计

基础本体强度设计主要包括基础主柱、底板正截面承载力计算、主柱斜截面承载力、基础与杆塔连接强度计算等。基础本体强度是保证外荷载通过基础传递至其周围地基的必要条件。基础本体各截面部位及基础与杆塔的连接锚固强度都必须安全可靠。基础本体强度计算时，基础本身将被视作结构件，其设计计算和一般构筑物（如钢结构、钢筋混凝土结构）构件设计类似，因而可参照相关建筑结构规范进行。

3. 构造设计

构造设计是指为保证基础整体稳定性和基础本体强度而对基础结构外形或对基础构造措施进行的强制性规定。基础结构外形方面的构造要求往往因基础型式不同而不同。如扩底桩基础的扩底端尺寸要求，灌注桩群桩基础承台厚度、边桩外侧与承台边缘距离、桩与承台连接等构造要求，岩石锚杆群锚基础的锚筋直径、锚孔直径、锚孔间距、承台嵌岩深度等。此外，对钢筋混凝土基础中钢筋的最小混凝土保护层厚度、钢筋锚固长度、混凝土构件中纵向钢筋的最小配筋率、钢筋直径及其布置、混凝土柱截面尺寸、混凝土基础底板厚度、混凝土立柱受力钢筋搭接长度等方面的规定，一般都属于基础构造要求。

基础构造设计并不完全依靠计算，其大都是长期工程实践经验的积累与总结，反映在规范编制中就变成了相应的构造措施和要求。基础设计必须满足相关构造要求，有时构造措施甚至比基础受力计算都显得更为重要。

五、我国架空输电基础设计规范发展

（一）设计规范发展沿革

总体上看，我国早期的输电线路基础沿用了苏联的设计规范。在苏联 1956 年基础设计规范的基础上，经过"本土化"改造，形成了我国的 1964 年基础设计技术规定。1979 年 1 月 11 日，水利电力部颁发实施了 SDJ 3—1979《架空送电线路设计技术规程》，适用于新建 35~330kV 架空送电线路设计。需要说明的是，该规程首次具体规定了输电线路基础设计的安全系数取值。

1984 年，在水利电力部电力规划设计院的组织下，东北电力设计院为主编单位，由西北、西南、河南电力设计院为参编单位，充分总结我国 20 世纪 70 年代输电线路基础方面的科研成果，制定了 SDGJ 62—1984《送电线路基础设计技术规定（试行）》。由水利电力部电力规划设计院在 1984 年 8 月 10 日颁布实施，该标准是 SDJ 3—1979 的补充和具体化，适用于新建 35～500kV 架空输电线路基础设计。

根据《关于下达 2001 年度电力行业标准制、修订计划项目的通知》（国经贸电力〔2001〕44 号）的安排，2002 年由东北电力设计院为主编单位，中国电力工程顾问公司、西北电力设计院、中南电力设计院和河南电力勘测设计院为参编单位，开始对 SDGJ 62—1984 进行修订。经过 3 年努力，DL/T 5219—2005《架空送电线路基础设计技术规定》作为 SDGJ 62—1984 的代替标准，于 2005 年 6 月 1 日实施。

2007 年 6 月，国家电网公司为实现电网建设的可持续发展，针对输变电工程地基基础关键技术问题开展系统性的研究。国网北京电力建设研究院为主编单位，从电网发展实际出发，按统一组织，重点突破的原则，对输变电工程地基基础建设、设计、运行中的关键性技术问题进行分析和总结，由岩土工程国家电网公司重点实验室主笔，编制了国家电网公司"十一五"《输变电工程地基基础关键技术研究框架》。该框架以岩土工程理论和实践为基础，紧密结合输变电工程地基基础工程特性，以输变电工程地基基础建设需求为出发点，坚持理论联系实际，在输电线路基础方面开展三个方向的重大课题研究。

（1）开展输电线路工程地基与基础间相互作用、共同承载规律的研究，建立和完善常规条件下输电线路工程基础设计方法和计算参数的理论，为输电线路工程设计计算奠定坚实的理论基础。

（2）开展复杂工程地质条件、区域性特殊地基条件下输电线路地基基础选型、设计优化和新型基础型式及技术方案等课题研究，形成区域性特殊地基条件下输电线路基础设计方法和特殊工程条件下输变电工程地基基础设计方法，为复杂和特殊条件下输变电工程建设提供技术支持。

（3）开展输变电工程地基基础地上和地下、线性和非线性、静态和动态、单一和耦合相结合的一体化工程设计方法的前瞻性课题研究，为我国输电线路基础工程的理论创新和技术进步做好技术储备。

近十多年来，中国电力科学研究院有限公司（简称中国电科院）和相关网省公司、电力设计院、电力施工单位依托并围绕国家电网公司《输变电工程地基基础关键技术研究框架》研究课题，在输电线路新型基础研发、设计理论和方法研究、现场试验与验证、设计软件系统开发、工程应用等方面开展了大量工作，形成了系列化成果，为我国常规条件和区域性特殊地基的输电线路基础设计技术标准制（修）订工作奠定了坚实基础。

根据《国家能源局关于下达 2010 年第一批能源领域行业标准制（修）订计划的通知》（国能科技〔2010〕320 号文）的要求，由中南电力设计院为主编单位，东北电力设计院、中国电科院和电力规划设计总院为参编单位，对 DL/T 5219—2005 进行修订。标准编制组经广泛调查研究，认真总结了我国输电线基础设计、施工和运行经验，收集、整理和分析国内外基础设计与应用成果。同时，由中国电科院完成了《输电线路掏挖基础抗拔研究及其设计规范修订》专题研究工作，在广泛征求意见和专家评审的基础上，修订了 DL/T 5219—2005 中自 20 世纪 60 年代一直沿用的掏挖基础"剪切法"抗拔设计方法和参数取值。根据掏挖基础修订后的"剪切法"设计方法及其参数取值，相同基础作用力和地质条件下，修订后规范设计较原规范设计可节省基础本体造价 20% 左右。DL/T 5219—2014《架空输电线路基础设计技术规程》作为 DL/T 5219—2005 的代替标准，于 2015 年 3 月 1 日实施。

根据《国家能源局关于下达 2012 年第二批能源领域行业标准制（修）订计划的通知》（国能科技〔2012〕326 号）的要求，由中国电科院为标准主编和牵头单位，通过专题研究，总结了近年来我国戈壁碎石土地区输电线路基础的设计、施工和运行经验，收集、整理和分析国内外的研究与应用成果，并在广泛征求有关单位意见的基础上，制订了 DL/T 5708—2014《架空输电线路戈壁碎石土地基掏挖基础设计与施工技术导则》，并 2015 年 3 月 1 日实施。该标准规定了戈壁碎石土地基架空输电线路掏挖基础的勘察、设计和施工要求与方法。

根据《国家能源局关于下达 2014 年第二批能源领域行业标准制（修）订计划的通知》（国能科技〔2015〕12 号文）的要求，由中国电科院为标准主编和牵头单位，开展了专题研究，总结了近年来我国沙漠地区输电线路地基的勘察，基础的设计、施工和运行经验，收集、整理和分析国内外的研究与应用成果，并在广泛征求有关单位意见的基础上，制定了 DL/T 5755—2017《沙漠地区输电线路杆塔基础工程技术规范》，并 2018 年 3 月 1 日实施。该技术规范规定了沙漠地区输电线路的勘察、基础设计和施工、防风固沙、修复与重建、环境保护、验收等工作的方法与要求。

除此之外，依托国家电网公司《输变电工程地基基础关键技术研究框架》课题研究成果，中国电科院为标准主编单位，相关网省公司和电力设计院为参编单位，先后制定了 Q/GDW 1841—2012《架空输电线路杆塔基础设计规范》、Q/GDW 11330—2014《架空输电线路掏挖基础技术规定》、Q/GDW 11333—2014《架空输电线路岩石基础技术规定》、Q/GDW 11266—2014《架空输电线路黄土地基杆塔基础设计技术规定》、Q/GDW 11095—2013《架空输电线路杆塔基础快速修复技术导则》等一系列国家电网公司企业标准，从而极大地丰富并形成了我国架空输电线路基础设计技术规范体系。

（二）不同时期规范设计方法及其安全度水准设置

到目前为止，我国输电线路基础设计行业规范主要有 4 个版本：SDJ 3—1979《架空送电线路设计技术规程》、SDGJ 62—1984《送电线路基础设计技术规定》、DL/T 5219—2005《架空送电线路基础设计技术规定》和 DL/T 5219—2014《架空输电线路基础设计技术规程》。各规范设计方法及其安全度水准设置如表 0-2 所示，其中 K 为安全系数；γ_f 为基础附加分项系数；S_k 和 S 分别为上部结构传递给基础荷载标准值和荷载设计值，且两者之间近似满足 $S=1.35S_k$；R 为基础承载性能的极限抗力标准值，以土质条件下掏挖基础为例，$R=R$（c_k，φ_k，α_k，H_k，D_k，B_k，d_k，b_k，γ_s，γ_c，…）为基础上拔或倾覆承载力函数，由基础几何尺寸、地基特性共同决定，且 c_k，φ_k，α_k 为反映土体承载性能的黏聚强度、内摩擦角和上拔角等地基参数的标准值；H_k、D_k、B_k、d_k、b_k 为基础埋深、底板直径（宽度）、基础立柱直径（宽度）等几何尺寸参数的标准值；γ_s、γ_c 为地基土体及混凝土的重度，当地基土体及混凝土位于地下水位以下时，取其有效重度。

表 0-2 　　　　　　　　　不同时期的规程设计方法对比表

规范名称	荷载效应组合类型	安全度类型	设计表达式
SDJ 3—1979	标准组合，S_k	安全系数法，K	$S_k<R/K$
SDGJ 62—1984	标准组合，S_k	安全系数法，K	$S_k<R/K$
DL/T 5219—2005	基本组合，S	附加分项系数法，γ_f	$\gamma_f S<R$
DL/T 5219—2014	基本组合，S	附加分项系数法，γ_f	$\gamma_f S<R$

SDJ 3—1979 和 SDGJ 62—1984 中的基础荷载虽均采用标准值，但安全系数 K 的取值不同，其对应的基础设计安全系数 K 分别见表 0-3 和表 0-4。需要说明的是，表 0-3 和表 0-4 中杆塔类型直接沿用了原相应规范中的名称。

表 0 - 3　　　　　　　　SDJ 3—1979 中基础安全系数 *K* 取值

杆塔类型	上拔稳定		倾覆稳定
	与基础自重有关的设计安全系数	与土抗力有关的设计安全系数	
直线杆塔	1.2	1.5	1.5
耐张杆塔	1.3	1.8	1.8
转角、终端和大跨塔	1.5	2.2	2.2

表 0 - 4　　　　　　　　SDGJ 62—1984 中基础安全系数 *K* 取值

杆塔类型	上拔稳定		倾覆稳定
	与基础自重有关的设计安全系数	与土抗力有关的设计安全系数	
直线杆塔	1.2	1.6	1.5
直线转角型和耐张型	1.3	2.0	1.8
转角型、终端型和大跨越型	1.5	2.5	2.2

DL/T 5219—2005 则采用了以概率理论为基础的极限状态设计方法，用可靠度指标度量基础与地基的可靠度，基础荷载采用设计值，基础附加分项系数 γ_f 见表 0 - 5。

表 0 - 5　　　　　　　DL/T 5219—2005 中基础附加分项系数 γ_f 取值

设计工况		上拔稳定		倾覆稳定
基础型式		重力式基础	其他各类型基础	各类型基础
杆塔类型	直线杆塔	0.90	1.10	1.10
	耐张（0°）转角及悬垂转角杆塔	0.95	1.30	1.30
	转角、终端、大跨越塔	1.10	1.60	1.60

在表 0 - 5 中，DL/T 5219—2005 的基础附加分项系数 γ_f 取值实质上是将 SDJ 3—1979 的安全系数除以 1.35 后得到的数值。以表 0 - 2 所示 DL/T 5219—2005 设计表达式 $\gamma_f S < R$ 为例，分析不同时期我国输电线路基础设计安全度水准设置的演变过程。如前所述，$\gamma_f = K/1.35$，且荷载的基本组合的效应设计值 S 与标准组合的效应设计值 S_k 间近似满足 $S = 1.35 S_k$。因此，$\gamma_f S = (K/1.35) \times (1.35 S_k) = K S_k < R$，即 $S_k < R/K$。这与 SDJ 3—1979 和 SDGJ 62—1984 的基础承载性能设计表达式完全相

同。由此可见，DL/T 5219—2005 虽采用了基于分项系数法的基础极限状态设计方法，但其本质上是采用等强度、等安全度的换算方法，将 SDJ 3—1979 的安全系数修改为基础附加分项系数，其设计计算的安全度水准设置本质并没有发生根本变化。同时，若进一步比较表 0-3 和表 0-4 中基础安全系数 K 的取值，则可看出 DL/T 5219—2005 的安全度水准设置比 SDGJ 62—1984 略低。

此外，从表 0-3～表 0-5 可看出，DL/T 5219—2005 中将 SDJ 3—1979 和 SDGJ 62—1984 中的"与基础自重有关的设计安全系数"和"与土抗力有关的设计安全系数"分别改为"重力式基础"和"其他各类型基础"，这显然是不合理的。

DL/T 5219—2014 中基础的附加分项系数 γ_f 的取值与 DL/T 5219—2005 基本相同，如表 0-6 所示。但 DL/T 5219—2014 中增加了灌注桩基础上拔、下压稳定设计时的 γ_f 取值。需要说明的是，表 0-5 和表 0-6 中杆塔类型是直接沿用原规范中使用的名称。

表 0-6 　　　　　　　　　DL/T 5219—2014 基础附加分项系数 γ_f 取值

设计工况		上拔稳定		倾覆稳定	上拔、下压稳定
基础型式		重力式基础	其他类型基础	各类型基础	灌注桩基础
杆塔类型	悬垂型杆塔	0.90	1.10	1.10	0.80
	耐张直线（0°转角）及悬垂转角杆塔	0.95	1.30	1.30	1.00
	耐张转角、终端、大跨越塔	1.10	1.60	1.60	1.25

DL/T 5219—2014 制定时的灌注桩基础设计相关方法及其参数取值，主要是参考了 JGJ 94—2008《建筑桩基技术规范》。JGJ 94—2008 中承载能力极限状态的荷载效应基本组合的荷载分项系数为 1.0，亦即为荷载效应标准组合，其设计计算表达式为 $S_k < R_a$，其中 R_a 为单桩抗力承载力特征值，由单桩承载力极限承载力标准值 R 除以综合安全系数 K（$K=2.0$）确定。如表 0-2 所示，DL/T 5219—2014 中灌注桩基础稳定性计算模式为 $\gamma_f S_k < R_a$，等价于 $S_k < R/(\gamma_f K)$，则据此可得到表 0-6 中相应杆塔类型的基础设计安全系数分别为 1.6、2.0 和 2.5，这基本与 SDGJ 62—1984 中的"与土抗力有关的设计安全系数"安全系数设置水平相同，但就悬垂型杆塔而言，其安全度设置水平总体上要低于 JGJ 94—2008 要求。

关于架空输电线路基础安全系数法和分项系数法设计的对比分析，已被列入 DL/T 5219—2014 修订专题研究工作计划。为便于工程设计应用，本书中相关基础设计主要遵照 DL/T 5219　2014 执行。

近些年，我国超高压和特高压架空输电线路工程建设迅速发展，常规条件和区域性特殊地基下的输电线路工程建设取得了巨大成就，各种新型基础研发及其设计技术在工程中得到推广应用。但总体上看，我国架空输电线路地基基础设计标准体系研究还相对落后于工程实践，不同时期输电线路基础设计的安全度设置水平未发生本质性变化，基础安全裕度还总体偏大。因此，仍然需要从我国国情出发，在大量理论研究、试验验证和工程实践的基础上，进一步拓展常规和复杂条件下输电线路地基基础设计技术研究，逐步形成地基工程勘察、基础设计与施工、地基基础试验与检测等方面有机衔接统一完备的输电线路地基基础设计技术体系，将是我国架空输电工程地基基础技术发展的必然选择和重要方向。

第一章 基础类型与选型

第一节 常用基础类型

一、混凝土现浇扩展基础

混凝土现浇扩展基础是指利用机械或人工在天然地基中开挖出基坑，基坑内绑扎基础钢筋骨架和地脚螺栓（插入角钢或钢管），支立模板，然后在模板内现场浇筑混凝土，待混凝土养护完成后拆除模板，用开挖出的地基土回填基坑并分层夯实，从而完成基础施工。混凝土现浇扩展基础在输电线路工程具有适用范围广、施工技术成熟等特点，是目前我国输电线路工程中应用最为广泛的一类基础型式。

混凝土现浇扩展基础一般由钢筋混凝土立柱和扩展底板两部分组成，以回填土保持基础稳定性，一般采用"土重法"进行基础上拔稳定性设计。根据基础立柱结构特征及基础底板配筋情况，混凝土现浇扩展基础可分为以下几种常见型式。

（一）刚性台阶基础

刚性台阶基础是最传统的一种基础型式，如图 1-1 所示，适用于各类地质条件和杆塔塔型。刚性台阶基础底板一般不配钢筋，但要求基础底部扩展部分不能超过基础材料的刚性角限值，从而满足基础底面混凝土抗拉强度要求。刚性台阶基础混凝土量一般较大，且当埋置较深时易塌方，难以达到设计深度，因此在电压等级高或基础荷载大的架空输电线路工程中应尽量少用或不用。

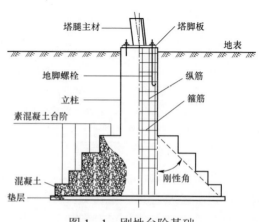

图 1-1 刚性台阶基础

（二）柔性扩展基础

架空输电线路柔性扩展基础结构类似于工民建行业中采用的扩展基础。根据基础立柱和底板型式不同，可分为直柱台阶、直柱斜截面、斜柱台阶、斜柱斜截面四种型式，如图1-2所示。

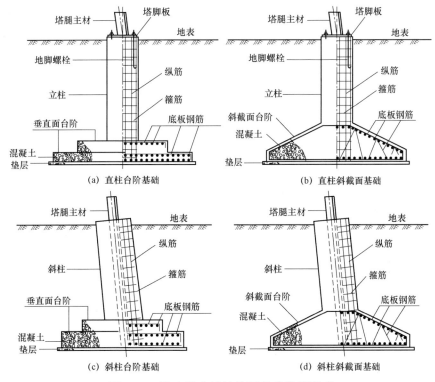

图1-2　输电线路柔性扩展基础常用型式

输电线路柔性基础与工民建行业中采用的扩展基础也不完全相同，工民建行业中的扩展基础主要承受下压力和弯矩作用，基础底板通常仅配置下层受拉钢筋。而输电线路柔性扩展基础既承受竖向下压力、竖向上拔力，同时还承受横线路方向和顺线路方向的水平力作用，基础底板上、下层均需要配置受拉钢筋，以承担由上拔、下压和水平力引起的弯矩和剪力作用。

与刚性台阶基础相比，柔性扩展基础主要特点是底板大、埋深浅、底板较薄。由于基础埋深较浅，一般易开挖成型，混凝土用量可适当降低，但钢筋量增加较多。柔性扩展基础与灌注桩相比，施工设备及施工工艺都要简单得多，在软弱地基中已得到广泛应用。

图 1-2（a）、（b）所示直柱柔性扩展基础（主柱与底板垂直），一般通过预埋地脚螺栓与塔脚板与上部杆塔结构连接，施工方便。为进一步优化直柱柔性扩展基础在竖向上拔力（下压力）与横、纵向水平力作用下的承载性能，20 世纪 90年代起，我国输电线路工程广泛采用了斜柱主材插入式基础，如图 1-2（c）、（d）所示。斜柱主材插入式基础的基础斜立柱坡度是设计可有两种方法：① 立柱坡度同塔腿主材倾斜度一致，不需考虑基础外力大小，只需知道塔腿主材坡度即可，这种情况下基础各断面的弯矩将始终存在；② 由基础外力确定，即立柱的坡度与基础横线路和顺线路方向的水平力和竖向上拔力（或下压力）之合力方向一致时，基础将受轴心荷载作用，基础立柱任意截面上的弯矩均为零。但此时基础立柱坡度往往不平行于塔腿主材坡度，塔与基础需要地脚螺栓连接。但采用这种方法确定立柱倾斜坡度，对某种工况计算的基础作用力，可使立柱所受的弯矩值为零，而对另一种工况则不然。所以应对所有工况的基础受力都进行计算，按其包络弯矩进行立柱杆塔的配筋计算，才能保证在任一工况下主柱的强度都足够。

目前，输电线路基础常采用第一种方法来确定立柱倾斜度，即首先将与上部杆塔塔腿主材（角钢或钢管）规格、材质和坡度一致的基础主材直接斜插入基础主柱混凝土内，然后将斜柱基础主材与上部塔腿主材通过搭接或对接的方式连接来承受和传递上部结构荷载，斜柱基础坡度与塔腿主材坡度相同。这种连接方式不用塔脚板和地脚螺栓，上部结构传递给基础的外荷载也不需通过焊缝、塔脚板和地脚螺栓等中间构件，基础作用力直接通过主材与混凝土之间的黏结锚固作用传入基础混凝土中。

研究结果表明，当基础直立柱改为主材插入式斜柱时，基础斜立柱正截面相应方向的水平力可减少 40%～90%，塔腿坡度越大，水平力减小效果越明显，而基础斜柱轴向力仅增加 1%～5%，基础立柱和底板的受力状况得到大大改善，水平力对基础底板产生的附加弯矩也降至最低，基底附加应力减小，稳定性能得到显著提高。同时，由于偏心弯矩减小，满足下压稳定的基础底板尺寸相应减小，从而降低混凝土和底板配筋量，其工程量较直柱扩展基础一般降低 10%～15%。

对图 1-2（a）、（b）所示的直立柱柔性扩展基础，一般通过预埋地脚螺栓与塔脚板与上部杆塔结构连接，因基础主柱与底板垂直，立柱基础施工更为方便。为了既采用地脚螺栓连接，又具有斜柱柔性扩展基础承载性能，工程实践中也采用了图 1-3 所示的基础斜柱地脚螺栓火曲斜插连接方式。

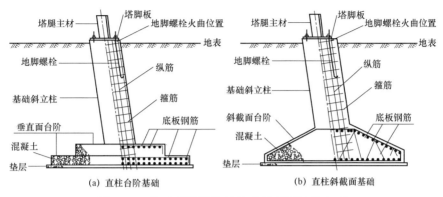

图1-3　基础斜柱地脚螺栓火曲斜插连接方式

图1-3中地脚螺栓与基础斜立柱同坡度斜插，因此地脚螺栓需要在基础表面附近位置进行火曲，从而使露出基础立柱部分的螺栓与顶面垂直，并通过塔脚板与上部杆塔结构连接。从结果上看，该类基础型式既具有斜柱结构承载性能的优越性，也具有地脚螺栓连接施工的方便性。但由于该基础是通过基础表面处火曲的地脚螺栓与上部结构相连接，荷载传递路径、承载机理和传统的主材直接插入式斜柱基础不同，并且在地脚螺栓火曲处容易产生应力集中，工程中应慎用。

输电线路工程中可采用图1-4所示的基础立柱预偏或地脚螺栓预偏方式，充分利用基础竖向作用力在预偏心方向上产生的弯矩来抵消一部分外荷载引起的弯矩，从而有效降低基底附加应力，改善地基基础受力性状。

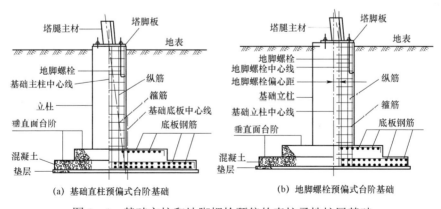

图1-4　基础立柱和地脚螺栓预偏的直柱柔性扩展基础

如图1-5所示，按照现行输电线路基础设计规范对图1-2~图1-4所示的柔性扩展基础进行工程设计时，一般需要对基础宽高比进行控制。

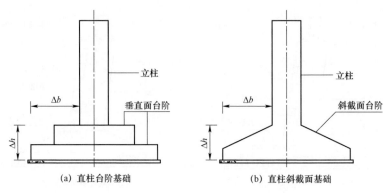

图 1-5 柔性扩展基础宽高比示意图

基础宽高比是输电线路柔性扩展基础底板结构尺寸及其配筋设计的限制条件，是指基础底板的悬臂长度 Δb 与底板高度（厚度）Δh 的比值（$\Delta b/\Delta h$），一般应小于 2.5。柔性扩展基础宽高比限制源于 GB 50007《建筑地基基础规范》，即基础底板抗弯计算时，是根据基底净反力呈线性分布假设，按照弹性地基梁计算方法计算基础底板危险截面弯矩，进而据此设计底板配筋。柔性扩展基础底板宽高比小于 2.5 的限制条件实质上是对基础底板的最小刚度条件的限制，保证基础底板刚度不能太小，否则地基净反力呈曲线分布，基础底板因柔度过大，将趋向于弹性地基板的工作状态。此时，GB 50007 基于基底静反力呈线性分布假设确定的弯矩计算式就不能采用。但当基础底板宽高比大于 2.5 时，相关规程规范并没有规定不可使用，只是未给出相应的基底反力和配筋计算方法。

在实际工程中，随着电压等级的不断提高，输电线路基础的荷载不断增大，柔性扩展基础尺寸也不断加大。大荷载作用下，柔性扩展基础设计时，通常采用减小基础埋深，加大底板宽度来满足基础稳定性要求，容易出现基础底板宽高比过大而无法满足规范要求小于 2.5 的限制条件。此时，往往采用增加底板厚度或增加基础立柱下台阶数量等办法，减少基础底板的宽高比，以满足基础底板宽高比小于 2.5 的限制条件，并提高基础的抗冲切和抗剪切能力，由此容易造成混凝土方量和土方量的大大增加。近些年研究成果表明，架空输电线路柔性扩展基础的宽高比若适当放宽至 3.5，可节约基础本体费用约 10%～25%。但对宽高比大于 2.5 的基础需进行混凝土抗裂验算。

总体上看，混凝土现浇扩展基础适用于各种地质条件，其施工大都采用开挖回填方式，便于机械化施工设备及其技术的应用。但若基础底板尺寸较大，再考虑基坑开挖放坡影响，单个基础的基坑开挖范围较大。在丘陵地区对农田会造成很大的影响，在山区往往受地形条件限制，不可能有这样大的地方。即使有这样大的地方，大范围基坑开挖也容易造成基面大范围降低，土石方量增大，塔位处易形成高边坡，影响塔位地基与基础安全。

二、挖孔基础

挖孔基础是我国架空输电线路工程中另一种普遍使用的基础型式，是根据基础设计形状，利用机械或人工在天然原状岩土体中钻（挖）成孔，并在孔内放置钢筋骨架和地脚螺栓或其他锚固件，以土代模现场浇筑混凝土而形成的钢筋混凝土基础。

挖孔基础以天然原状地基满足基础稳定性要求，承载力高，多数情况下采用"一腿一桩"即可满足上部结构的荷载要求。挖孔基础充分发挥了原状地基承载性能，不仅具有良好的竖向抗拔抗压性能，而且能承受较大的水平力。同时，原状地基挖孔基础没有支模、回填等作业工序，具有施工进度快、基础材料省和工程造价低等优点，经济和环境保护效益好，属于环保型基础型式之一，已广泛应用于各电压等级输电线路基础工程建设。

根据塔位地质地层条件、基础埋深、承载力设计理论及其计算模型不同，架空输电线路挖孔基础可分为掏挖基础、大直径挖孔桩、岩石嵌固基础和嵌岩桩四种。

（一）掏挖基础

掏挖基础以天然原状地基构成抗拔土体保持基础上拔稳定，一般采用"剪切法"进行基础上拔稳定性设计，主要适用于平地及丘陵地区的黏性土、粉土、黄土、戈壁碎石土等地质条件，其要求开挖和混凝土浇筑过程中都没有水渗入基坑。如图 1-6 所示，掏挖基础又可分全掏挖和半掏挖两种型式，其基础主柱又可采用直柱和斜柱两种方式。

根据不同电压等级和地质条件下的掏挖基础设计结果统计，直柱掏挖基础与混凝土现浇扩展基础相比，可节约钢材 3%～7%，节省混凝土 8%～20%。图 1-6（c）所示的斜柱全掏挖基础因立柱坡度与塔腿主材坡度相同，不仅有效减小了基础水平力产生的偏心弯矩，还可省去地脚螺栓，经济和环境保护效益更加显著。

图 1-6 所示的掏挖基础通常都采用扩底提高其抗拔承载能力。但随着我国电网建设的快速发展，上部杆塔荷载越来越大，掏挖基础埋深和扩底直径也不断增大，增加了扩底部分在整个基础混凝土量中所占的比例。此外，长期以来，我国

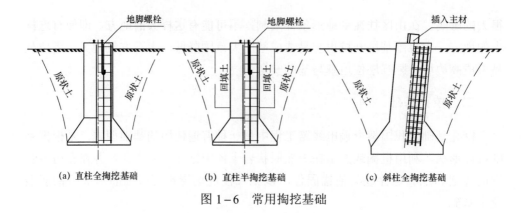

(a) 直柱全掏挖基础　　　　　(b) 直柱半掏挖基础　　　　　(c) 斜柱全掏挖基础

图 1-6　常用掏挖基础

输电线路掏挖基础主要采用人力为主施工方式。扩底部分是施工过程中的主要危险部位，施工作业人员劳动强度大、效率低，施工周期长。根据扩底掏挖基础结构特点，深径比、基底扩展角和立柱直径是影响掏挖基础抗拔性能的三个主要参数。中国电科院针对戈壁和黄土两种地基条件，在甘肃地区选择了 3 个戈壁地基和 1 个黄土地基共 4 个试验场地，在每个试验场地都开展了三因素（深径比、基底扩展角和立柱直径）四水平共 9 个基础抗拔现场试验，分析了深径比、基底扩展角和立柱直径对扩底掏挖基础抗拔承载性能影响规律及其敏感性。结果表明：扩底掏挖基础抗拔承载性能首先取决于地基土体性质，戈壁扩底掏挖基础抗拔承载能性能总体优于黄土扩底掏挖基础。深径比、基底扩展角和立柱直径三个影响因素均对戈壁和黄土场地抗拔承载性能产生影响，但其敏感性排序不同，戈壁扩底掏挖基础影响敏感性由大到小顺序为：深径比、立柱直径和基底扩展角，而黄土扩底掏挖基础影响敏感性由大到小顺序为：基底扩展角、立柱直径和深径比。因此，需针对具体地质条件，根据深径比、基底扩展角和主柱直径对扩底掏挖抗拔基础承载性能影响规律，进行扩底掏挖基础设计优化。

　　目前，国家电网公司已经根据地形、地质、荷载等条件组合，编制了《国家电网公司输变电工程通用设计 输电线路掏挖基础分册（2017 年版）》，形成了含立柱直径、扩底直径、基础埋深、截面构造等信息的掏挖基础通用设计，设计深度接近施工图深度，可适用于平地、丘陵地区的 110（66）～750kV 输电线路工程。

（二）大直径扩底桩

　　扩底桩一般用于平地、丘陵及山地条件下基础荷载较大的输电杆塔塔位。与掏挖基础类似，扩底桩也是一种将钢筋骨架置入机械或人工挖孔成型的土胎内，并将混凝土一次浇注成型的原状土挖孔基础，但其一般按照桩基础理论进行承载力计算，主要适用于黏性土、粉土、碎石土、黄土以及山区风化程度较高的岩石地基中。

在土质或山区强风化岩石地基条件中，一般都采用扩底结构提高基础承载能力。如图1-7所示，扩底桩底面通常呈锅底形，扩底直径应根据承载力要求及扩底端持力层地基特征以及扩底施工方法确定。扩底与桩身直径比值、扩底矢高以及扩底端侧面斜率的相关规定如表1-1所示。

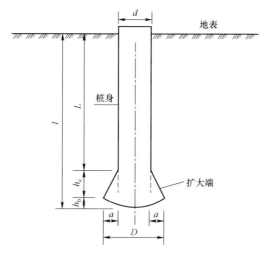

图1-7 大直径扩底桩结构型式

d—桩身直径；D—扩大端直径；l—桩长；L—扩大端变截面上桩长；h_c—扩大端斜面高度；h_b—扩底矢高

表1-1 大直径扩底桩构造规范要求

参数名称	JGJ 94—2008《建筑桩基技术规范》		JGJ/T 225—2010《大直径扩底灌注桩技术规程》		
扩底与桩身直径比（D/d）	≤3.0		≤3.0		
扩底矢高（h_b）	$(0.15\sim0.20)D$		$(0.30\sim0.35)D$		
扩底端侧面斜率（a/h_c）	砂土	粉土和黏性土	砂土	粉土和黏性土	卵石层、风化岩
	1/4	1/3～1/2	≤1/4	≤1/3	≤1/2

当采用地脚螺栓将基础与上部杆塔结构进行连接时，基础的最小桩径由地脚螺栓中心至基础边缘的距离和塔脚板底板边缘至基础边缘的距离综合确定，其中地脚螺栓中心至基础边缘的距离不应小于4倍地脚螺栓直径，且不应小于150mm，

塔脚板底板边缘至基础边缘距离不应小于 100mm。根据计算结果，基础上拔力对应的最小桩径见表 1-2。

表 1-2 基础上拔力与最小桩径的对应关系

上拔力（kN）	100~450	500~800	900	1000~1800	2000~2600	2800~3000
最小桩径（m）	0.6	0.7	0.8	0.9	1.1	1.5

由于桩的承载性状随桩径 d 而变化，桩基工程中通常将桩划分为小直径桩（微型桩）、中直径桩、大直径桩。按国内外习惯，桩径界限一般为：$d<250mm$ 为小直径桩（微型桩）；$250mm≤d≤800mm$ 为中直径桩；$d>800mm$ 为大直径桩，对于端承型大直径桩又称为墩。JGJ/T 225—2010 明确定义大直径扩底灌注桩由机械或人工成孔，桩底部扩大，现场浇筑混凝土，桩径 $d≥800mm$ 且桩长不小于 5.0m 的桩，简称大直径扩底桩。

当前，国家电网公司已经根据地形、地质、荷载等条件组合，设计形成了涵盖立柱直径、基础埋深、截面构造等信息的等直径和扩底桩的两类挖孔桩基础通用设计，编制了《国家电网公司输变电工程通用设计 输电线路挖孔桩基础分册（2017 年版）》，设计深度接近施工图深度，可适用于平地、丘陵及山地地区的 110（66）~750kV 输电线路工程。通过对我国平地、丘陵地区典型架空输电线路工程挖孔桩基础实际露头高度进行统计，1.7m 以下的基础露头高度占比为 80%。当基础露头高度取 2.7m 时，可涵盖平地、丘陵地区 98%以上的基础。因此，该通用设计中，挖孔桩基础露头高度按 0.2、0.7、1.2、1.7、2.2、2.7m 划分为六类。

（三）岩石嵌固基础

我国是多山国家，随着国民经济和社会的快速发展，电网建设规模不断扩大，越来越多架空输电线路需途径山区，甚至是崇山峻岭的无人区。岩石是山区输电线路工程中常见的地基条件，岩石地基通常可分为基岩直接出露和基岩上覆一定厚度土层的两种地层赋存形态。岩石挖孔基础是山区架空输电线路首选基础型式，也是应用最为广泛的基础型式。

岩石嵌固基础主要是指岩石地基中埋深较浅的扩底挖孔基础，一般适用于无覆盖土层或覆盖土层厚度较薄（一般小于 0.5m）的岩石地基条件。如图 1-8 所示，岩石嵌固基础可分为圆台形基础、直柱平底形扩底基础、直柱锅底形扩底基础三种型式。

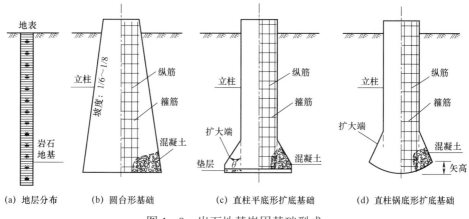

图1-8 岩石地基嵌固基础型式

根据我国架空输电线路基础工程设计实践，岩石嵌固基础抗拔极限承载力设计时，假设基础周围岩石整体剪切破坏，形成滑动破裂面为45°倒锥体，抗拔极限承载力由基础自重及均匀分布于倒锥体表面的岩石等代极限剪切强度所形成剪切阻力的垂直分量两部分组成。岩石嵌固基础埋深一般不宜超过6m。

（四）嵌岩桩

我国当前山区输电线路岩石地基挖孔基础主要以人力（爆破）施工为主，施工人员劳动强度大、效率低，施工周期长，施工安全危险高。长期工程实践中，人们对山区岩石地基挖孔基础扩底还存在三个方面的认识误区。

1. 误区1：凡扩底都提高基础下压承载力

从基础下压承载性能看，扩底桩增大桩端截面积而提高桩端阻力的同时，却因扩大端附近形成了松弛区和部分临空面，削弱了桩侧土层侧阻力发挥。桩侧土层极限侧阻力只能发挥至等截面桩桩侧阻力的60%~80%。大直径扩底桩抗压承载性能设计中，规定扩大端斜面及变截面以上2d（桩径）范围内不应计入桩侧阻力，且当扩底桩桩长小于6.0m时，不宜计入桩侧阻力。

此外，扩底桩桩端尺寸一般较大，由于桩端尺寸效应，扩底桩桩端土层实际极限端阻力发挥一般较等截面直孔桩小，甚至小很多，大量试验结果都已经证明了这一现象。因此，扩底桩在表象上提高了桩端阻力和承载力，实际上却降低了桩端和桩侧土层承载能力的发挥程度，岩土体自身承载能力的利用效率远不及等截面直孔桩，如设计不慎，很容易造成"得不偿失"。国内学者席宁中（2002年）收集了300根大直径扩底桩下压静载荷试验资料，其中有130根桩实测单桩承载力达不到设计要求，比例高达 43.3%。

2. 误区 2：凡是扩底都提高基础抗拔承载力

从国内外研究看，关于扩底对基础抗拔承载性能影响的试验和理论研究大都是集中于土质条件。如前所述，中国电科院针对戈壁和黄土两种地质条件，采用正交试验方法，分析了深径比、基底扩展角和主柱直径三个因素对扩底掏挖基础抗拔承载性能影响规律。结果表明，土质条件下扩底对提高基础抗拔承载性能是有条件的，与地基条件密切相关。戈壁地基扩底基础抗拔承载性能影响敏感性由大到小的顺序为：深径比、立柱直径和基底扩展角，而黄土地基影响敏感性由大到小顺序为：基底扩展角、立柱直径和深径比。

现场试验表明，在风化程度较高的岩石地基中，当基础埋深较浅时，基础呈浅基础抗拔破坏模式，扩底能一定程度上提高岩石挖孔基础抗拔承载力。但是当基础埋深超过一定深度（试验基础埋深 10.8m）后，扩底对基础抗拔承载性能已几乎没有影响，且当基础立柱直径一定时，随基础扩底直径增加，基础抗拔承载性能反而出现降低的情况。

3. 误区 3：岩石强度越高完整性越好扩底基础抗拔承载力越高

桩和桩侧岩（土）之间产生相对位移，是桩侧岩（土）对桩身产生桩侧摩阻力的前提条件。岩石挖孔基础荷载传递是一个极其复杂的桩—土—岩共同作用、相互影响的过程。岩体和土体侧阻力—相对位移关系如图 1-9 所示。黏性土约 5～7mm，砂类土约为 10mm。由于岩体发挥极限侧阻所需的相对位移较小，破碎砂质黏土岩和细砂岩约 4mm，完整细砂岩约 3mm，完整石灰岩和花岗岩≤2mm。因此，从理论上看桩侧极限侧阻力较容易达到峰值而使岩体呈脆性破坏。但多数情况下是桩身混凝土先于岩体而破坏，岩体极限侧阻力和极限端阻力往往都仍未得到充分发挥。

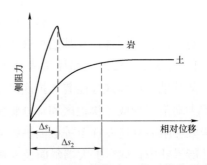

图 1-9　岩（土）侧阻力—相对位移示意图

Δs_1—桩/岩相对位移；Δs_2—桩/土相对位移

我国目前山区输电线路挖孔基础设计时，混凝土强度等级一般为 C25。基础混凝土施工主要还是靠现场搅拌施工，混凝土施工质量总体一般，施工质量差异性较大。多数情况下，基础混凝土强度要低于基础周围岩体强度，此时山区输电线路挖孔基础的抗拔和抗压承载性能往往取决于基础混凝土强度。国内外岩石地基桩侧摩阻力计算时也明确规定，当岩石单轴抗压强度标准值 f_{ucs} 大于桩身混凝土轴心抗压强度标准值 f_{ck} 时，应取 f_{ck} 值进行桩的极限侧阻力和极限端阻力计算。

中国电科院承担的《山区输电线路岩石地基挖孔类基础工程应用优化技术研究》科技项目，澄清了山区岩石地基挖孔基础扩底的认识误区，并将山区输电线路工程中无覆盖土层岩石地基中埋深较深（一般超过 6m）或者有覆盖土层，但桩端嵌入一定深度基岩的挖孔基础定义为嵌岩桩，如图 1-10 所示。岩石地基嵌岩桩基础宜采用等直径直柱型式。

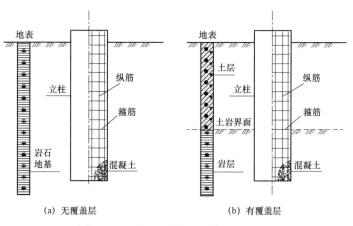

图 1-10　岩石地基嵌岩桩基础型式

对图 1-10 所示的输电线路岩石嵌岩桩基础，以有覆盖层岩石地基嵌岩桩基础为例，其竖向抗压极限承载力主要由基岩上覆土层的桩侧阻力、嵌岩段桩侧阻力和桩端阻力三部分组成，相应的抗拔极限承载力则由基岩上覆土层桩侧阻力和嵌岩段桩侧阻力两部分组成。抗拔极限承载力计算时，考虑到岩土体的泊松效应，一般采用一定的折减系数分别对土层和岩层抗压极限侧阻力进行折减。同时，需根据嵌岩桩基础所受水平力、弯矩以及岩石天然状态单轴抗压强度确定嵌岩桩的最小嵌岩深度。

三、岩石锚杆基础

岩石锚杆基础是将锚筋置于机械成型的岩孔内，并灌注细石混凝土或水泥砂浆后与承台等构件组成的基础型式，传统岩石锚杆基础包括直锚式和承台式两类，其中直锚式岩石锚杆基础是将地脚螺栓直接锚入岩孔内形成的岩石基础。

岩石锚杆基础因具有较小的混凝土用量和土石方开挖量，可明显减少水泥、砂石、基础钢材及弃土的运输量。此外，岩石锚杆基础机械化施工程度高，显著降低了人工开挖或爆破作业对基础周围岩石基面和植被破坏，因而具有较好的经济与环境保护效益。

图1-11（a）为直锚式锚杆基础，主要适用于覆盖层较薄（一般小于0.3m）或者直接裸露的岩石地基且基础作用力较小的塔位，图1-11（b）为承台式群锚基础，主要适用于地表覆盖稍厚（一般为0.8～1.0m）的岩石地基，且一般用于基础作用力稍大的塔位。

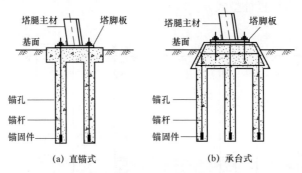

图1-11　传统岩石锚杆基础型式

随着我国特高压输电线路工程建设的发展，杆塔结构荷载大，且越来越多的线路途经山区，这些山区往往存在较厚的覆盖土层或全风化—强风化岩层，图1-11所示的传统岩石锚杆基础型式一般难以满足特高压工程建设需要。结合特高压输电线路荷载特征及岩石锚杆基础研究成果，我国特高压工程建设中首先因地制宜地采用了图1-12所示的新型承台式岩石锚杆基础，在其他电压等级输电线路工程中也得到了推广应用。

图1-12（a）显示了覆盖层和岩石地基的层状分布。图1-12（b）为直柱形群锚基础，其在覆盖层中采用方形或圆形直柱混凝土立柱与上部杆塔结构连接，立柱底部嵌入基岩一定深度后与基岩中岩石锚杆连接，从而形成岩石群锚基础。图1-12（c）为柱板形群锚基础，其在覆盖层中采用混凝土柱板结构型式，立柱以偏心或不偏心型式与上部杆塔结构连接，底板嵌入基岩一定深度后与基岩中岩石锚杆连接，从而形成岩石群锚基础。

图1-12所示的承台式新型承台式岩石锚杆基础适用范围为：

（1）岩性条件：在坚硬岩、较坚硬岩、较软岩、软岩中可用，极软岩不适宜；在未风化、微风化、中等风化、强风化岩中可用，全风化岩慎用；在完整、较完整、较破碎、破碎岩中可用，极破碎岩不采用。

（2）覆盖层厚度：一般不宜超过3m。

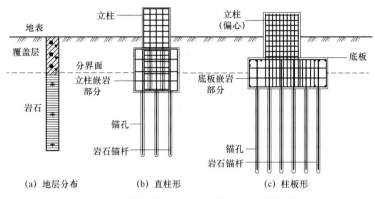

（a）地层分布　　　（b）直柱形　　　　（c）柱板形

图 1-12　输电线路新型承台式岩石锚杆基础

（3）地下水条件：钻孔深度范围内无地下水。

当前，国家电网公司已经根据地形、地质、荷载等条件组合，总结了输电线路机械化施工中有关岩石锚杆基础的研究与应用成果，编制了《国家电网公司输变电工程通用设计　输电线路岩石锚杆基础分册（2017 年版）》，形成含锚杆直径、锚孔直径、锚杆埋深、锚杆数量、锚孔间距、承台嵌岩深度等信息的直锚式岩石锚杆基础和承台式岩石锚杆基础两类基础型式的通用设计，设计深度接近施工图深度，可适用于不受地下水影响的丘陵、山地地区的 110（66）~750kV 输电线路工程。

四、灌注桩基础

（一）常规灌注桩基础

对地质条件为流塑或软塑的软弱地基及基础作用力较大的塔位，采用灌注桩基础是当前输电线路基础工程设计中广泛应用的一种方法。灌注桩类基础系指用专门的机具钻（冲）成孔，以水头压力或水头压力与泥浆护壁，放入钢筋骨架和地脚螺栓或其他锚固件，并现场浇筑混凝土而形成的钢筋混凝土基础。对于淤泥层比较厚，地基承载力低的地质条件，灌注桩基础可能是最好选择方案，因为灌注桩基础不需要大开挖，其土方量与混凝土之可控制在 1.25∶1 左右。柔性扩展基础开挖回填土方量与混凝土用量之比一般超过 6∶1，甚至达到 10∶1。由此可见，灌注桩基础较钢筋混凝土柔性扩展基础对周围环境影响要小得多。

输电线路工程中灌注桩基础直径一般大于 600mm，属于深基础型式，以其适应性强和承载力大等优点，在我国输电线路工程建设中得到广泛应用。按结构布置分为单桩和群桩基础，按埋置特点可分为低桩和高桩基础。图1-13所示为常用灌注桩基础型式。设计中需根据工程地质和水文地质条件、基础作用力和施工装备等进行方案比选，以实现经济性和安全性之间的最佳匹配。

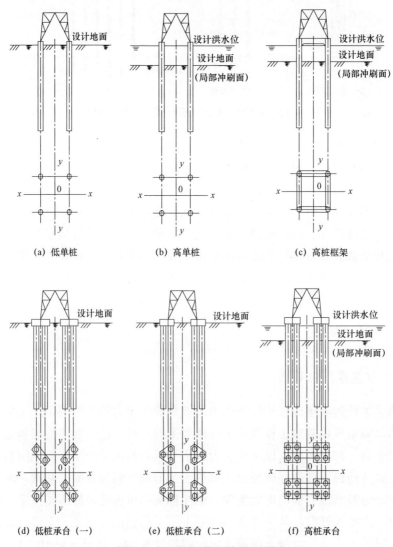

(a) 低单桩   (b) 高单桩   (c) 高桩框架

(d) 低桩承台（一）   (e) 低桩承台（二）   (f) 高桩承台

图1-13 常用灌注桩基础型式

对输电线路灌注桩群桩基础，设计时可采取承台立柱预偏方式，或将承台立柱由直柱改成斜柱，以减小基桩的桩身弯矩，从而降低工程造价。

（二）微型桩基础

软弱地基输电线路工程中灌注桩基础造价高，施工机具庞大且复杂，在一些地形复杂和交通运输条件差的地区，大型桩基施工设备一般难以到达塔位现场。近年来，我国开展了软土和黄土地基条件下的微型桩基础研究与推广应用工作。

微型桩是通过小型钻孔设备在地基中先成孔，然后在孔中置入所设计的钢筋笼和注浆管，经清孔后在孔中投入一定规格的石料或细石混凝土，再采用压力注浆方式将水泥浆液灌入孔中，形成直径为 100~300mm 的同径或异径的小直径灌注桩。微型桩是一种小直径钻孔灌注桩基础，其长径比一般大于 30，但也不宜大于 60。与常规大直径灌注桩相比，微型桩基础具有以下良好的工程特性。

（1）压力注浆可明显改善桩周土体的工程力学特性、提高地基基础承载力。通常情况下，提高输电线路基础承载能力有两个途径：① 增强基础本体刚度与强度；② 提高桩周土体抗力。在桩身强度与刚度一定的条件下，可通过压力注浆改善桩周土体的工程力学特性，提高输电线路基础抗倾覆承载能力，其理论依据是劈裂注浆理论和压密注浆理论。

劈裂注浆是依靠较高的注浆压力使浆液克服地基中初始应力和土体抗剪强度，导致土体沿着垂直于小主应力的平面或土体强度最弱的平面上发生劈裂，并使劈裂面延伸。浆液沿着劈裂面进入土体后一方面改良土体，另一方面有压浆液对周围的土体施加了预应力，随时间延长，受压土体产生固结，土体强度得到显著提高。

压密注浆是在地基土体中注入较高浓度的浆液，浆液迫使注浆点附近的土体压密而形成浆泡。开始注浆时注浆压力基本沿着径向扩散，随着浆泡的扩大，注浆压力增大，浆液周围土体受压变形，并引起较大范围内的土体受压，产生压密和固结，在注浆压力较大时，还会产生向上的抬升力。

在劈裂注浆和压密注浆的作用下，会产生以下作用：

1）增大了微型桩本身的侧面积。劈裂注浆使浆液进入注浆劈裂面，而压密注浆则使周围土体压缩与固结，使微型桩侧面积增大，提高桩基承载力。

2）通过压力注浆作用，桩侧土体抗剪强度、抗压强度得到提高。桩侧表面与周围土体将进一步紧密结合，土体与桩侧的摩擦系数增加，因而增加了桩侧摩阻力，最终提高桩的抗拔和抗压能力。

（2）同样承载力要求下，微型桩基础工程量较小。在软土地区所使用的桩基础主要为摩擦型桩，摩擦型桩的主要承载力来源于桩侧摩擦阻力。由于桩侧阻力与桩身侧表面积呈正比例关系。当单桩的直径减小为原来的 $1/n$ 时，其抗拔（压）承载力均减小为原来的 $1/n$，而桩的体积减小为 $1/n^2$，即对于直径为 200mm 的小桩与直径为 1000mm 的大桩，相同地质条件下，单根小桩的承载力为大桩的 20%，而小桩的体积则为大桩的 4%。

（3）微型桩群桩基础的布桩方式灵活。在工程实践中，微型桩常被做成网状结构，即复合式微型桩。复合式微型桩常采用空间分布群桩型式，由一组垂直和倾斜的微型桩在三维空间中按照网状相互连接，既有直桩也有斜桩，形成侧向受约束的桩—土复合结构。复合式微型桩基础力求使斜桩的倾斜度同基础所受的上拔力和水平力合力作用方向或者下压力和水平力合力作用方向一致，减小基础的弯曲效应。与传统的直桩式群桩基础相比，复合式微型桩具有更加良好的抗拔、抗压、抗倾覆能力以及抵抗变形能力。

（4）微型桩施工机具简单，对环境和场地适应性强，施工成本低。微型桩施工主要设备为钻机和注浆泵，其中钻机一般较为轻便，便于运输，大部分结构部件经拆卸即可实现人工搬运。由于钻机的小型化，因此微型桩施工时所需空间小，进出场方便，施工成本较低。

输电线路微型桩基础可适用于软土地基各电压等级的输电线路工程。2003年，浙江省电力设计院在 500kV 嘉王线工程中首次试验应用，并进一步在 500kV 北天 II 回输电线路中推广应用。2006～2012 年，中国电科院先后在上海、浙江、安徽、天津和广东等地选择典型的软土地基进行了现场真型试验，形成了微型桩基础设计计算方法、施工工艺、成桩质量与检测方法，已形成了国家电网公司企业标准 Q/GDW 1863—2012《输电线路微型桩基础技术规定》。

五、预应力混凝土管桩

预应力混凝土管桩（简称为管桩），是采用先张（或者后张）预应力离心成型工艺及高压蒸养等工厂化生产而制成的一种空心圆筒形混凝土预制构件。在管桩预制过程中，通过先张法或者后张法给桩身钢筋施加一个初始压应力，这样可有效利用混凝土受压能力强的特点，在管桩受荷过程中，混凝土中出现的拉应力一部分或者全部被初始压应力相抵消，这样能够减少混凝土裂缝形成或减小裂缝宽度，从而保证管桩基础的持久安全运行。

按混凝土强度等级可分为预应力高强混凝土管桩（代号 PHC）和预应力混凝土管桩（代号 PC）两类；按混凝土有效预应力值又分为 A、AB、B、C 型管桩（对应的有效预应力值分别为 4、6、8、10MPa）。按外径通常分为 300、400、500、

600、700、800、1000、1200mm 等规格。

与灌注桩基础等其他桩基础相比较，管桩基础具有如下优点：

（1）所采用管桩为工厂化预制，可有效保证桩身质量。

（2）机械化施工程度高。管桩的沉桩方法一般有锤击沉桩和静压沉桩两种。对应的沉桩机械也分为柴油锤击沉桩机和静压沉桩机两种。锤击沉桩需要根据承载力合理选用锤重和冲击能量，重锤低击优于轻锤高击，轻锤高击容易打烂桩帽。成桩主要控制有桩长和最后 3 振贯入度或两者双控。静压沉桩优点是无噪声，对噪声要求较高的城市工程有一定优势。

（3）管桩施工效率高，施工结束后无需养护，可大大缩短基础施工工期。此外，在沉桩过程中可通过孔隙水压力监测、深层土体位移监测或高应变法跟踪监测等对成桩过程进行信息化监控，也可采用低应变法对成桩后的桩基质量进行检测。

（4）管桩抗腐蚀能力强。当管桩混凝土中出现拉应力时，其一部分或者全部被初始预应力抵消，从而能够减少混凝土裂缝形成或减小裂缝宽度。同时，由于桩身混凝土强度较高，进一步增加了桩身混凝土致密性，有效提升了桩身混凝土抗腐蚀性能。

（5）管桩施工过程无须开挖土方和排放泥浆，有利于基础周边环境保护。当前，管桩已被大量应用于国内外工业与民用建筑、铁路、公路、桥梁、码头、发电厂和变电站等工程中。近年来，随着输电线路基础工程机械化施工程度的提高，对荷载等级大、交通运输条件相对便利的塔位，管桩基础也越来越多地得到了推广应用。

六、螺旋锚基础

螺旋锚又称螺旋锚板，主要适用于砂土（中砂、细砂、粉砂层）、黏土（可塑、软塑、流塑状态）及粉土地层。常见的螺旋锚结构、锚叶形状和锚头型式如图 1-14 所示。

图 1-14（a）所示的螺旋锚由锚头、锚叶、锚杆和连接件等部分组成。锚杆超过一定长度时，可以分为数段，由首段、延续段、尾段及连接件组成一个完整的锚杆。

螺旋锚按锚叶的旋向又分为左旋螺旋锚和右旋螺旋锚，大多数场合用的是右旋螺旋锚。螺旋锚按制造材质分为钢铁类螺旋锚、树脂螺旋锚、复合材料（如玻璃钢）螺旋锚及混凝土螺旋锚。其中钢铁类螺旋锚材料强度高，应用最多。

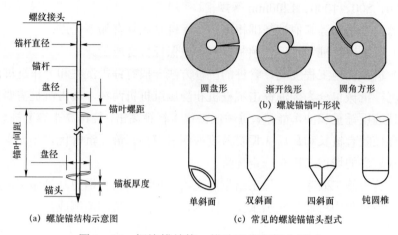

（a）螺旋锚结构示意图　　　　　（c）常见的螺旋锚锚头型式

图 1－14　螺旋锚结构、锚叶形状和锚头型式

　　螺旋锚的锚叶为螺旋状，外廓如图 1－14（b）所示，一般有圆盘形、渐开线形和圆角方形三种。安装时将旋转力矩转变为向下轴向力，使整个锚向下运动，承载时锚叶依靠土体承担主要载荷。锚杆有连接和传递力及力矩的作用。每段锚杆通过一定的连接方式与延续段、连接配件和载荷对接。只有一个锚叶为单叶锚，两个锚叶为双叶锚，两个锚叶以上的螺旋锚可统称为多叶锚。对于双叶螺旋锚和多叶螺旋锚，又有等叶锚和不等叶锚之分。锚叶大小相同的为等叶锚，锚叶大小不同的称为不等叶锚。螺旋锚锚头有单斜面、双斜面、四斜面、钝圆锥四种型式，如图 1－14（c）所示。

　　架空输电线路工程应用螺旋锚基础具有较好的优越性：

　　（1）螺旋锚基础可适用于地基无法回填或无土回填的工程条件，螺旋锚基础施工对周围环境影响最小，且无环境污染，适用于各类环境敏感区域。

　　（2）螺旋锚基础施工时间灵活，几乎不受下雨、下雪和结冰霜冻等不良天气条件影响。

　　（3）螺旋锚基础可快速施工，并即时获得基础承载能力，可有效缩短新建工程建设工期，也因此而特别适用于输电线路工程抢修和救灾等特殊用途。

　　（4）螺旋锚基础可采用人工、机械、人工与机械结合等方法施工，施工方式灵活多样。

　　（5）螺旋锚基础施工过程中，可通过安装扭矩传感器，根据土层条件和施加扭矩大小，预估螺旋锚基础的承载能力，因而可实现基础施工过程的信息化。

七、装配式基础

装配式基础一般采用 2 个及以上的金属构件、混凝土预制构件或金属与混凝土预制件组合经现场拼装而成的基础。实际输电线路工程中，装配式基础可分为混凝土装配式基础、型钢装配式基础及混凝土板条与型钢支架组合应用三种型式。

图 1-15 为柴达木—拉萨±400kV 直流输电工程冻土地区采用的混凝土装配式基础，其主要由底板、立柱、连接小梁、连接法兰盘等组成，其基础底板分 A、B 两部分，由预埋在"一"字形梁中的锚栓和槽钢连接而形成基础底板。拼装底板再与立柱通过立柱中预埋的法兰盘连接而形成一完整的装配式基础。该工程在冻土地区采用混凝土预制装配式基础，具有以下优点：

（1）可实现工厂化预制生产，有效保证混凝土质量。

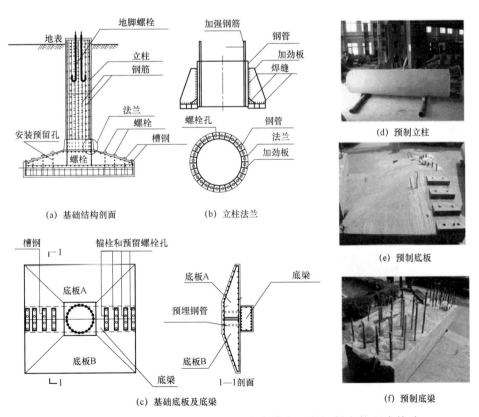

(a) 基础结构剖面　　(b) 立柱法兰

(c) 基础底板及底梁

(d) 预制立柱

(e) 预制底板

(f) 预制底梁

图 1-15　柴达木—拉萨±400kV 直流输电工程混凝土装配式基础

（2）现场组装，无须混凝土浇注，一方面可延长冬季青藏高原冻土地基条件下的基础施工作业时间、保证冬季施工混凝土质量；另一方面避免了现场混凝土施工，可减少现场人工作业量和作业工序，提高施工效率，并有利于人员健康。

（3）冬季施工预制装配式基础，运输车辆可在地表冻结状态下进出现场，使施工过程对环境的扰动和对地表植被的破坏降到最低，最大限度地保护了冻土地区环境。

型钢装配式基础是指基础的立柱支架和底板均由型钢组成的基础型式。图1-16为一种典型型钢装配式基础结构示意图及其在工厂拼装完成与实际工程中的应用情况。型钢装配式基础现场施工时，只需要进行金属部分安装就位和基坑回填，无须经过混凝土养护即可进行杆塔组立及后续架线工作。

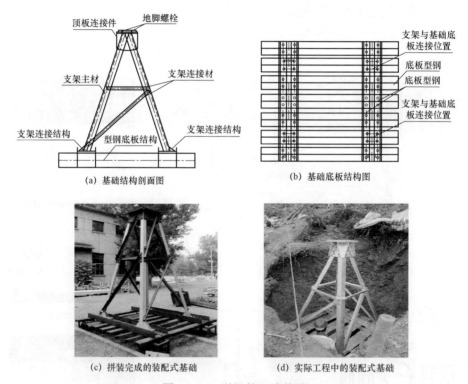

(a) 基础结构剖面图   (b) 基础底板结构图

(c) 拼装完成的装配式基础   (d) 实际工程中的装配式基础

图1-16 型钢装配式基础

型钢装配式基础是输电线路工程中施工周期较短的基础型式之一，其不仅可应用于新建输电线路工程，也可应用于灾后输电线路恢复工程中。因为一般情况下，当铁塔局部损坏，或者铁塔倾倒但基础未损坏时，采取按原塔型加工铁塔并进行抢修的处理办法，抢修时间一般可在5～7天完成。当发生基础损坏时，由于受到基础混凝土养护期强度限制，即使采用早强等特殊措施，一般基础浇注完成7天后才达到组塔强度,14天左右达到架线强度,整个抢修时间一般需20天以上，导致基础抢修是灾后输电线路恢复的关键性环节，决定了电网恢复所需要的时间。因此，基础加固修复或快速抢修时间缩短为7天左右，既与铁塔抢修时间匹配，又是减小经济损失、实现快速恢复供电的迫切需求。目前，国家电网有限公司（简称国家电网公司）形成了应用型钢装配式基础进行灾后基础快速抢修的通用设计成果《国家电网公司输变电工程通用设计 输电线路快速抢修杆塔基础分册》，且做到"零件图深度"，基础构件可按成品和原材料两种方式进行储备，填补了国内该领域的技术空白，大大压缩了基础施工时间，7天内可恢复受损铁塔，抢修时间缩减了2/3。

为充分发挥高强度混凝土预制结构的承载性能，实际工程中，通常将图1-16所示的装配式基础的底板型钢采用高强度混凝土预制板条替代，形成混凝土板条与型钢支架组合应用的装配式基础型式。图1-17为典型的混凝土板条与型钢支架组合应用的装配式基础结构示意图及其在工厂拼装与实际工程中板条安装情况。

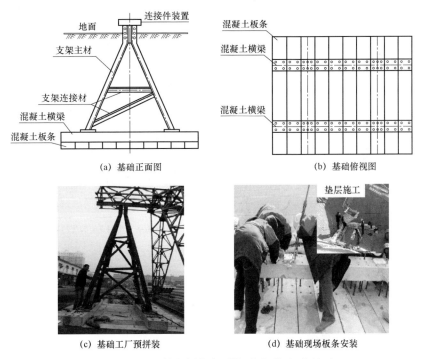

(a) 基础正面图　　　　　　　　　　(b) 基础俯视图

(c) 基础工厂预拼装　　　　　　　　(d) 基础现场板条安装

图1-17 混凝土板条与型钢支架装配式基础

输电线路工程实践中，为进一步优化装配式基础结构型式，改善基础受力状态，可将图 1-16 和图 1-17 所示的装配式基础中的中心对称式型钢结构，优化为图 1-18 所示的型钢支架结构偏心式装配基础。

装配式基础可实现输电线路基础设计的标准化、模块化以及工厂批量化加工生产，从而有效控制输电线路工程基础质量，提高施工效率，减少现场人工作业量和作业工序，缩短工程建设周期，具有良好的经济效益和社会效益，尤其适用于基础现场基础施工用水及砂石采集困难的地区，此时因地制宜采用装配式基础显得比较经济。为进一步提高电网建设能力，有效解决施工现场人力紧缺、人工成本上涨等问题，促进线路工程建设方式变革，以人为本，提升电网工程建设质量安全、效率效益，实现由劳动密集型向装备密集型、技术密集型转变，国家电网公司编制完成了《国家电网公司输变电工程通用设计 输电线路装配式基础分册（2015 年版）》，形成包括全金属装配式基础和混凝土板条与角钢支架组合应用装配式基础两类，共 7 个模块、21 个子模块、262 种装配式基础，可适用于不受地下水影响的平地或丘陵地区 110（66）～750kV 输电线路工程直线塔。

(a) 型钢装配式基础　　　　　(b) 混凝土板条与型钢支架装配式基础

图 1-18　型钢支架结构偏心式装配基础

八、复合型基础

（一）岩石锚杆复合型基础

我国输电线路越来越多地需要途径低山丘陵或高山地形地貌，这些地区广泛呈现"上土下岩"的地层分布特征,即地表为一定厚度的土体或风化程度较高的岩石覆盖层,覆盖层以下为强风化、中风化或微风化的岩石地基。当覆盖层厚度小于 3m 时,可直接采用图 1-12 所示的新型承台式岩石锚杆基础。而当覆盖层厚度为 3~5m 时,若采用传统开挖回填的柔性基础,则会造成大面积的环境破坏和水土流失,且基础本体材料消耗量和运输量都大大增加。当输电线路基础荷载较大时,若原状地基挖孔基础,地表土体或强风化岩石覆盖层厚度不能满足原状地基挖孔基础埋深要求,基础需延伸到基岩中,开挖施工难度大。此时若仅采用岩石锚杆基础,则需将地表覆盖层开挖掉,开挖施工和弃土处理难度较大,也不利于环境保护。鉴于此,当输电线路工程遇到覆盖层厚度为 3~5m 的"上土下岩"地层分布条件时,可根据覆盖层性质及其厚度,因地制宜在覆盖层中采用扩底掏挖基础、直柱掏挖基础或柔性扩展基础,在强风化、中风化或微风化岩石地基中使用岩石锚杆基础,形成扩底掏挖基础、直柱掏挖基础或柔性扩展基础与下部岩石锚杆基础组合承载的复合型基础,如图 1-19 所示。

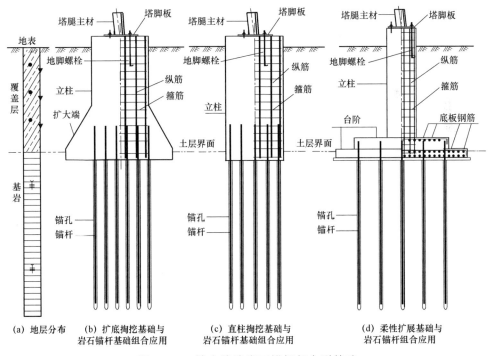

(a) 地层分布 　(b) 扩底掏挖基础与 　(c) 直柱掏挖基础与 　(d) 柔性扩展基础与
　　　　　　　岩石锚杆基础组合应用 　岩石锚杆基础组合应用 　岩石锚杆组合应用

图 1-19 输电线路岩石锚杆复合型基础

当覆土层厚且密实时,可采用扩底掏挖基础与岩石锚杆基础组合应用的复合基础，如图 1-19（b）所示。当覆土层较薄且密实时，可采用直柱掏挖基础与岩石锚杆基础组合应用的复合基础，如图 1-19（c）所示。当覆土层较薄且松散，开挖不易成型时，可采用柔性扩展基础与岩石锚杆基础组合应用的复合基础，如图 1-19（d）所示。

从图 1-19 可看出，当采用上部扩底掏挖基础、直柱掏挖基础与下部岩石锚杆基础组合的复合型基础时，其上部原状土掏挖基础施工过程避免了大开挖，减少了对环境的破坏，克服了对原状土的过分扰动，可有效利用原状土自身承载性能，而下部岩石锚杆基础能充分发挥岩石地基抗压、抗拔和抗倾覆承载能力，可满足大荷载输电线路工程建设要求。

根据现场施工与试验成果，山区输电线路岩石锚杆复合型基础的适用范围为：

（1）上部覆盖层为无地下水的硬塑、可塑性土体或全风化—强化岩体，厚度不宜不小于 3m，但也不宜大于 5m。

（2）下卧基岩层为强风化、中风化或微风岩石地基，岩体基本质量等级不低于Ⅳ级。

（二）螺旋锚复合型基础

软土地区输电线路工程中可采用图 1-20 所示的柔性扩展基础与螺旋锚基础组合应用的复合型基础。即在承载力较低的软土覆盖层中采用柔性扩展基础，而在承载力相对较高的下卧层采用螺旋锚群锚，从而充分发挥柔性扩展基础和螺旋锚基础的承载性能优势，最大限度地节约工程造价和保护环境。

（三）沉井复合型基础

图 1-21 所示的沉井复合型基础主要由上部方形台阶式承台和下部薄壁预制井筒状沉井两部分组成。施工时将预制沉井放置在地面，在沉井井筒的围护下，不断从井筒内挖土，使沉井在自重作用下逐渐缓慢下沉，达到预定设计深度进行封底，然后再进行填料回填、封顶、构筑内部结构和上部承台等施工。

沉井复合型基础主要依靠上部承台所兜土体重及井壁与周围土层之间的摩擦力来承受上拔荷载，并充分利用承台底部持力层持压性能以及井壁部分与周围土层之间的摩擦性能承受竖向力和水平荷载作用，从而满足输电线路基础上拔、下压和倾覆稳定要求，并通过沉井复合型基础承台主柱设置的地脚螺栓与塔腿相连

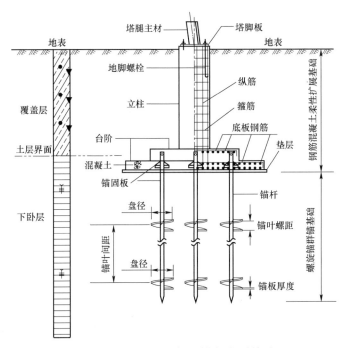

图 1-20 螺旋锚复合型基础

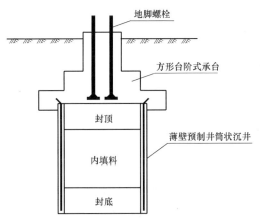

图 1-21 沉井复合型基础

接。沉井复合型基础上部承台可根据实际情况灵活选用混凝土刚性台阶式基础或钢筋混凝土柔性扩展基础。考虑到混凝土刚性台阶式基础尺寸偏大、混凝土材料消耗量较多且易受到混凝土材料刚性角限制，承台宜采用输电线路工程中目前普遍采用的钢筋混凝土柔性扩展基础。沉井复合型基础下部薄壁管状沉井平面形状也宜采用结构简单对称的圆形或方形，兼顾结构尺寸的小型化，沉井管壁内径不宜大于 4m，且不需要设置内隔墙和凹槽。同时，为了方便机械或人工在井筒内挖土施工，沉井管壁内径也不宜小于 2m。沉井基础井壁一般采用壁厚为 100～150mm 的薄壁结构，基本能够确保沉井顺利实现下沉。

沉井复合型基础施工工艺相对简便，无须特殊专业设备，比较适宜于滨海地区的海滩涂、河漫滩地带的软土地质条件，能够较好地解决这类地质条件下输电线路基础施工难题，可具有较好推广应用前景。

第二节 基础选型影响因素及方法

一、基础选型影响因素

输电线路距离长，跨越区域广，沿途地形与地质条件复杂，地基差异性大。每种输电线路基础型式都有自身特点和适用条件。经济性和环境保护是各电压等级输电线路基础选型与设计中自始至终需加以考虑的因素。除此之外，还需综合考虑地质条件、地形地貌、荷载特性、地基和基础承载性能、地基勘测技术、工程设计、施工工艺和试验检测等多种因素的影响。

（一）地质条件

地质条件是输电线路基础选型与设计的出发点，也是影响基础稳定和可靠运行的最关键因素。地质条件主要包括塔位处地基种类、地层分布特征、地下水赋存及其变化情况、基础施工过程对塔位处地基影响情况等。

地基岩土体是在漫长的地质年代过程中形成的，由于地球各圈层和人类作用的影响，地基岩土体的性质不断变化。地基承载特性直接取决于其在不同载荷条件（如持续、短时或周期荷载作用）下的强度和变形特性。通常情况下，地基对持续荷载和短时荷载（包括施工荷载和检修荷载）的响应不同，需据此合理确定地基岩土体承载特性及其工程设计参数。总体上看，地基岩土体工程特性参数的变化比其他基础材料大。因此，基础选型和设计中的最大不确定性影响因素是地基设计参数取值，这也是输电线路基础选型与设计中的最重要环节。

此外，我国地域辽阔，从沿海到内陆，由山区到平原，因地理环境、气候条件、地质成因、历史过程和物质成分等原因存在着沙漠、戈壁、冻土、黄土和盐渍土等特殊土地基。随环境因素变化，这些特殊土地基工程性质往往因为外界条件的变化而发生比较大的变化，甚至是突变，由此必然对输电线路基础的受力状态和工程安全造成影响。因此，特殊土地基工程性质及其评价，也是正确进行输电线路基础选型与设计的关键。

（二）地形地貌

架空输电线路与一般土木工程结构不同，最显著特点是其由多跨架空线、多级杆塔与基础组成的连续结构体系。因此，架空输电线路距离长、跨越区域广，输电线路基础呈点、线状分布，线路沿线及塔位处的地形地貌情况多变而复杂。塔位处地形地貌特征对基础选型、施工和弃土处理等方面起到了重要的影响和制约作用。如我国越来越多的输电线路走廊需穿越地形条件复杂的山区，这些地区往往地形条件复杂、环境恶劣，大型设备难以进入基础施工现场，基础混凝土的砂石料和水、基础钢材等主要靠人工运输。

当前，随着土地资源日益稀缺和人们对环境要求的日益重视，输电线路工程越来越多地受地方规划和环境保护的影响，路径和走廊的可选择性越来越小。因此，输电线路基础选型需结合工程塔位地形地貌特征、交通运输条件，综合分析比较，选择适宜的基础型式，改善基础受力性能，减少基础材料运输量，降低土石方开挖量和施工弃土处理量。

（三）地基勘测技术

输电线路基础设计过程中，不同类型基础的设计理论和计算模型不同，所需要的地基设计参数类型及其取值也不同。地基设计参数取值一般都需要通过现场勘察、现场试验、室内试验的一种或多种方法获得。然而，输电线路杆塔塔位分布点多面广，塔位处地基性状及其工程设计参数都只能是通过特定时刻、特定部位抽样试验方式来测定，结果具有较大的随机性和变异性。此外，多数输电线路走廊多分布在高山峻岭，交通条件差，常规钻探和原位测试设备一般都难以到达现场，加上当前输电线路工程中尚缺乏简单、轻便、易于操作的原位测试设备，结果使输电线路基础工程设计阶段难以实现"逐基钻探、逐腿勘探"要求，工程地质勘测资料有限，对地基工程性质的掌握一般也比较粗浅，设计中地基参数取值多依靠工程经验"类比"或直接采用相关设计规范和工程地质手册资料推荐的参数取值。

总体上看，由于塔位地基工程地质勘测的精确性和详细程度限制，设计中往往不得不采取保守方法进行基础选型与设计。反之，如果采用科学合理的方法进行地基勘探，并增加地基勘探和试验的数量，则可获得更加可靠的地基设计参数，必将有助于输电线路基础选型与优化设计，从而取得良好经济效益和社会效益。

（四）荷载特性

架空输电线路杆塔可分为悬垂型杆塔、耐张塔、转角塔、终端塔、大跨越塔等不同类型，不同类型杆塔的基础荷载不同，这主要包括荷载的大小、变化速率、出现频率、持续时间（长期作用、短时作用）及荷载的分布与偏心程度等。

不同基础对上部结构荷载的反应是也不同的，基础选型设计中，需采用不同的荷载效应组合及其对应的安全系数或分项系数进行安全度水平设置。此外，地基参数也需要根据基础荷载不同，进行合理的选择和确定，这些都对基础选型提出了更高要求。

（五）基础承载性能

输电线路工程中地基和基础是相互作用的共同承载体，上部杆塔结构荷载作用下，由于地基承载特性和基础类型的不同，使地基和杆塔基础之间的相互作用的承载机理也不同，地基中可能出现潜在的滑动破坏面也呈现出不同的变化规律，从而使基础通过地基岩土体抗力和端面支承力向地基传递荷载的方式不同。荷载特性、地基岩土体承载特性、基础类型和基础材料都影响和决定了基础受力后的承载性能。

（六）设计方法

输电线路是由地基、基础、杆塔及上部架空线所构成的一个相互影响、共同作用的承载整体，彼此间满足变形协调条件。输电线路地基—基础—杆塔结构—上部架空线间相互耦合作用研究是典型的流、固耦合课题，因各部分刚度和力学性能相差较大而具有特殊性，相互间耦合作用规律更加复杂。

目前输电线路工程常规设计都是将地基、基础和上部结构作为彼此独立的结构单元进行力学分析，属于单一的线性化设计方法，一般不考虑地基—基础—杆塔结构及上部架空线的相互作用的耦合分析。这种常规设计方法只适用于基础刚度相对较大的情况。事实上，地基特性、基础刚度、地基变形都必然会影响上部结构内力的分布，甚至对上部结构产生次生应力影响。另一方面，当忽略上部结构对基础约束作用时，则导致基础所受弯矩增大，基础受力及地基反力分布都与真实情形有一定的差别。精确考虑地基—基础—上部结构间相互作用是目前常规设计所难以解决的。

随着电网建设和计算机模拟技术的发展，输电线路地基—基础—上部结构间的相互耦合作用规律研究也取得了一定的进展，我国架空输电线路基础工程正逐步向地上和地下、线性和非线性、静态和动态、单一和耦合相结合的一体化工程设计技术方向发展。

（七）施工方法

输电线路基础施工是电网建设的重要环节，包括施工装备配置、施工工艺和施工组织管理等。施工方法也是输电线路基础选型设计中需要考虑的一个重要因素，它直接影响地基基础系统的承载能力。施工方法的改善可以明显地提高基础的承载能力。相反，如果施工质量达不到要求，则基础承载性能明显降低。

输电线路基础的施工现场具有非常强的分散性，且受多变的地质、地形和运输条件等多种因素的影响与制约，基础钢筋、混凝土砂石料等基础原材料运输困难，大型施工设备和机具难以进入基础施工现场，使得我国传统的基础工程施工方式为"人工为主、机械为辅"，长期存在人工投入大、施工机械化研发滞后、高效率专用化施工装备缺乏、设计与施工未能实现有效衔接的现状，在一定程度上制约和影响了输电线路基础的选型与设计。

近年来，为进一步提高坚强智能电网建设能力，提升施工技术水平、保障施工安全、保证施工质量，有效解决施工现场人力紧缺、人工成本上涨等问题，促进输电线路线路基础工程建设方式变革，实现由劳动密集型向装备密集型、技术密集型转变。国家电网公司组织开展了输电线路机械化施工研究与应用工作，从"技术标准、工程设计、工程管理、装备体系、考核评价"五个纬度开展专项研究和试点建设，形成了系列化技术成果，更好地促进了输电线路基础施工的机械化施工装备创新、施工技术创新和施工组织管理创新。

（八）试验和检测

通常情况下，每一种基础的选型、设计和施工方法都必须进行试验验证和工程检测，以验证地基基础承载性能、基础设计计算模型、地基性质与参数取值、施工质量控制等方面的正确性和有效性。但由于输电线路基础现场塔位的分散性，以及地形地貌和运输条件的复杂性，传统的地基基础试验和检测技术应用于输电线路基础工程会受到不同程度的制约，往往缺少上述需要验证的一个或几个环节，使得输电线路基础工程的试验和检测工作总体上落后于岩土工程其他行业。因此，基础选型中必须充分认识和掌握试验检测的现状，因地制宜合理选择基础类型。

二、基础选型方法

（一）基于环境岩土工程理论

当前，我国特高压等各电压等级电网建设快速发展，电网建设规模不断扩大，输电线路走廊及其沿线岩土体工程条件越来越复杂，输电线路基础工程建设中的环境保护问题越来越受到重视。预测因环境变化而引起岩土体工程性质变化规律及其对基础稳定性的影响，采取相应的基础选型与设计对策，减少电网工程建设对环境的不利影响。研究输电线路基础工程中的环境岩土问题及其设计对策是当今电力工程师面临的课题与挑战。

总体上看，基于环境岩土工程理论的输电线路基础选型时，既要充分重视环境因素对输电线路工程路径选择以及基础选型、设计、施工等方面制约作用，也要预测输电线路基础工程建设对环境的影响作用，从而应用岩土工程的理论、技术、方法为工程建设和环境保护服务，实现输电线路工程建设与环境的和谐发展。因此，以输电线路工程建设环境保护为中心，在输电线路基础选型与设计技术、基础施工工艺、环境保护和水土保持等方面采取相应的技术措施，已成为各种工程条件下输电线路基础工程建设的迫切需要。

1. 充分考虑环境因素对输电线路基础工程建设的制约作用

环境因素变化中，不同岩土体工程特性变化规律及其对输电线路基础稳定性影响作用不同。输电线路基础选型应根据岩土体工程性质随环境因素改变的变化规律及其对基础承载性能的影响程度，建立环境因素对输电线路沿线岩土体工程性质的预测与评价方法，优化输电线路基础选型与设计分析过程，使其更接近工程实际，实现地基岩土体的综合利用。

2. 高度重视输电线路基础工程建设对环境的影响作用

输电线路基础工程建设活动打破了原有的自然环境平衡，必然会对自然环境造成不同程度的影响。如在山地和丘陵地区的斜坡地面，由于基础选型、施工弃土处理或边坡保护不当，造成水土流失、基础局部或整体滑移破坏等工程危害时有发生。再如，在环境承载能力较薄弱的冻土地区，输电线路基础工程建设过程中，必须采取措施减少因人为扰动影响而导致地温的变化，保持原始地基的天然冻结状态，否则会造成难以估计的工程损失。因此，输电线路基础选型时，需要预测和评价输电线路基础工程建设活动对环境的影响规律，并制订相应的基础选型与设计对策。

（二）坚持电网绿色建设理念

创新、协调、绿色、开放、共享发展理念是我国新时代经济社会的发展思路、发展方向和发展着力点。绿色发展的科学内涵与实践要求是人与自然和谐共生。绿色电网发展是建设生态文明和美丽中国的前提与保障。架空输电线路建设中必须始终秉承电网绿色发展理念，坚持走资源节约、生态环保、技术先进、经济高效的绿色电网建设之路，将绿色发展理念贯穿于电网建设全过程，坚持节约资源和保护环境基本国策，努力实现节约土地资源、节省水资源、降低工程造价、提升环境保护和水土保持水平的绿色电网建设目标。

1. 细化塔基断面测量和塔位地质勘测

当今架空输电线路工程提倡绿色环保设计的理念，控制基础土石方开挖、防止水土流失。山区输电线路塔基断面的准确性决定了最终的塔位地基的降基值，杆塔结构的加、减腿值，从而直接影响塔位塔腿配置、基础选型。因此线路杆塔基础的定位和设计工作必须更精确，定位结果需以"一基一图"方式，力求做到全面准确反映施工现场的情况。此外，合理评价塔位地基稳定性，探明塔位岩土分布、地下水赋存以及塔位不良地质作用，是山区输电线路基础选型的基本要求。

2. 优先选择环保型基础

原状地基挖孔基础使基坑开挖土石方量相对降低，并能充分利用原状地基的承载性能，也大大减小了基坑开挖对塔位周围边坡的水文地质条件及其工程力学边界条件的影响。优先选择原状地基挖孔基础，对于山区输电电线路保护自然环境，保护地表植被，减少水土流失都具有重要的意义。岩石锚杆基础的混凝土用量和土石方开挖量较小且机械化施工程度高，可显著降低开挖或爆破作业对基础周围岩石基面和植被破坏，具有更好的经济与环保效益，应成为山区架空输电线路基础的首选。此外，岩石锚杆复合型基础因地制宜考虑了岩石地基地层分布特点，利用覆盖层和岩石地基中两类基础的承载性能，可满足人荷载条件下的基础承载性能要求，且对于山区输电电线路保护自然环境、保护植被、减少水土流失都具有重要的意义。

3. 采取结构措施优化基础受力性能

我国传统输电线路基础立柱主要为直柱结构，一般通过地脚螺栓与杆塔结构相连。但当基础荷载较大时，基础立柱所受的水平作用力往往也随之增大，从而增加了基础抗倾覆稳定性的要求。同时，较大的水平作用力对基础立柱断面大小、配筋都有很大影响。此时，可采用基础主材直接插入式斜柱基础，将主材直接埋入基础，不采用塔脚底板和地脚螺栓等连接件，铁塔传给基础的外力无须通过焊缝、塔脚板和地脚螺栓等中间构件传递，结构简单且经济合理。此外，也可采用基础立柱或基础地脚螺栓预偏等技术，改善基础承载性能。

4. 做好基面排水、塔基基面保护和护坡工作

通畅良好的基面排水，有利于基面挖方边坡及基础保护范围外临空面的地基稳定。此外，对塔位表面破碎的岩体、易水土流失的地基，可采用砂浆抹面，保护塔位处被破坏的表面。对可自然形成植被的塔基基面，无须进行人工植被。对塔位表层为残积层或风化岩夹黏性土、无植被或植被很稀疏、边坡较缓的塔基，为防止水土流失，可采取人工植被，保护基面。

护坡通常是沿塔位周围自然边坡或基面挖方后的缓坡面，采用浆砌块石贴于坡面的原状土上，并用水泥砂浆砌筑、勾缝。护坡坡脚基础一般置于较好的地基上，并按规定留泄水孔，防止边坡被雨水冲刷或由于风化而剥落坍塌。

生态植被护坡是利用植被涵水固土的原理，稳定岩土边坡、美化生态环境的一种新技术，是集岩土工程、恢复生态学、植物学、土壤肥料学等多学科于一体的综合工程技术，越来越为人们所倡导和应用。结合线路工程的特点，在输电线路工程中，因地制宜地采用生态护坡技术，也必将带来良好的环保和社会效益。

（三）综合考虑不良地基性质及其地基处理技术应用

输电线路工程建设中不可避免地需要经过煤矿规划区、开采区及采空区等煤矿采动影响区。此外，输电线路也越来越多地遇到杂填土及软弱地基条件。为减少采动影响区、杂填土层及软土地基的地表沉降、水平位移、倾斜等对基础的影响，可采用筏形基础方案。筏形基础又叫筏板形基础，可分为板式、梁板式两种型式，分别如图 1-22 和图 1-23 所示。

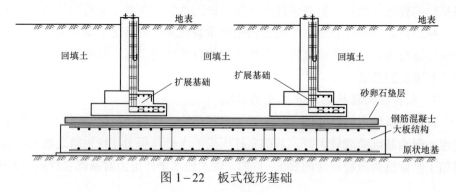

图 1-22　板式筏形基础

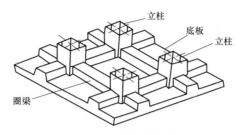

图 1-23 梁板式筏形基础

图 1-22 为板式筏形基础，即将天然地基开挖一定深度（一般由柔性扩展基础抗拔承载力确定）后，在地基上设计钢筋混凝土大板结构，在混凝土大板上铺设中粗砂或卵石层垫层，在砂卵石层垫层上设计柔性板式独立基础。采用图 1-22 所示的板式筏形基础方案时，混凝土大板结构提高了基础结构的整体刚度，可有效降低地基附加应力，减小地基沉降。同时，混凝土大板结构上铺设砂卵石层垫层可使得基础在不均匀沉降时，实现基础受力和变形的自适应调整。梁板式筏形基础如图 1-23 所示，即把杆塔结构塔腿下的独立基础浇注成整体底板，并全部用联系梁联系起来，形成由底板、圈梁、立柱组成的整体基础结构。图 1-22 和图 1-23 所示的筏形基础其整体性好，具有较强的抵抗地基不均匀沉降能力。

为充分利用软弱地基的承载性能，可对通过对其进行换填或进行原位压实后采用柔性扩展基础，如图 1-24 所示。

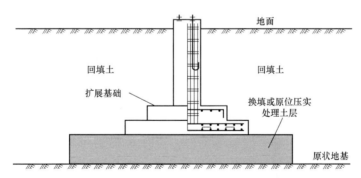

图 1-24 换土垫层或原位压实后采用扩展式基础方案

图 1-24 所示的基础方案适用于设计基础底部杂填土层厚度薄，且其下具有较好的地基持力层。换填法就是不良软弱地基开挖至基础设计深度以下，回填抗剪强度大、压缩性小的土，如砾石、石渣、灰土等，分层夯实，形成双层地基，可有效扩散基底压力。而原位压实法就是采用人工或机械夯实、碾压或振动，使土体密实，以提高杂填土承载能力。例如，为提高青海盐湖软弱地基承载性能、

减小基础位移及不均匀沉降，根据中国电科院在青海盐湖软弱地基柔性扩展基础底部分别开展了回填了 0.5、1、2m 三种厚度碎石垫层的地基承载试验，换填后地基承载力特征值、压缩变形模量以及天然地基（碎石垫层 0m）分别如图 1-25 所示。结果表明，换填法可显著提高地基承载和抗变形能力，该试验成果虽来源于盐湖软弱土地基，但对其他类型软弱地基也有一定的借鉴意义。

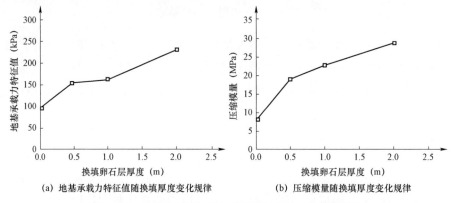

(a) 地基承载力特征值随换填厚度变化规律　　(b) 压缩模量随换填厚度变化规律

图 1-25　不同碎石垫层地基承载性能（盐湖地基）

此外，对于深厚软弱地基可预先对回填土进行处理，形成复合地基，然后在复合地基上采用常规基础型式，如图 1-26 所示。地基处理方式可因地制宜采用

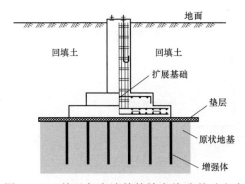

图 1-26　基于复合地基的输电线路基础方案

微型灌注桩、CFG 桩、石灰桩、高压喷射注浆等多种型式。通过地基处理，原软弱地基的部分土体被增强或被置换形成增强体，由增强体和周围杂填土地基共同承担荷载的复合地基，既可充分利用软弱地基的承载性能，也有效地提高了地基承载和抗变形能力，基于复合地基的基础方案在实际工程中已得到应用。

第二章 基础与杆塔连接

第一节 连接方式及其锚固性能

基础与上部杆塔结构的连接决定了基础荷载传递及其受力特性，也直接影响输电线路基础承载性能及其安全稳定。从国内外输电线路工程实践看，基础与上部杆塔结构连接方式主要两种：① 采用地脚螺栓通过塔脚板与上部杆塔结构连接；② 将与上部杆塔塔腿同材质、同规格的主材直接插入和塔腿坡度一致的钢筋混凝土斜立柱内，该插入主材以对接或搭接方式与上部塔腿主材连接。根据塔腿主材不同可分为角钢插入式连接和钢管插入式连接两种方式。输电线路工程设计中，需因地制宜确定基础与杆塔结构的连接方式。

一、地脚螺栓连接

由于传统输电线路基础主柱一般采用直柱结构，对格构式杆塔而言，其塔腿结构均有一定的坡度，塔腿无法与直立主柱直接连接，需要设计塔脚板将两者进行连接。在基础直立主柱中预埋地脚螺栓，地脚螺栓通过塔脚板与上部杆塔结构相连接。

地脚螺栓连接方式是当前输电线路工程中最为普遍方式。为增强地脚螺栓的锚固性能，通常在锚栓底端设置锚固件，图 2-1 给出了地脚螺栓底端常用的四种锚固型式。

（一）锚固深度对单锚抗拔性能影响

为对比分析无锚固件和带锚固件两种锚固条件下，锚固深度对地单锚脚螺栓的抗拔承载性能，设计了如图 2-2 所示的单锚抗拔试验构件。地脚螺栓直径 d 分 36、48、60mm 三种规格，材料强度等级均为 8.8 级（42CrMo）。所有试验构件均由两个部分组成：地脚螺栓锚固立柱部分及圆形固定端部分，且所有试验构件固定端部分尺寸相同，并在圆形固定端中预埋 4 根螺栓、预留 4 个螺栓孔。所有单锚地脚螺栓与混凝土立柱边缘距离 $b=5d$，立柱中地脚螺栓锚固底端与圆形固定

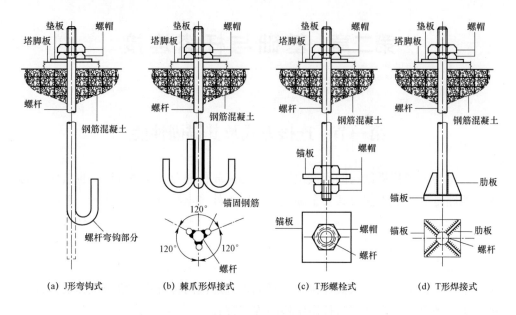

图 2-1　地脚螺栓底端常用锚固型式

端顶面距离 $l_0=5d$。所有试验构件混凝土强度等级为 C25，按构造配筋。地脚螺栓锚固深度 25d 且底部无锚固件设置试验构件共 3 个。地脚螺栓底部带锚固件设置（锚固深度 15d、25d、35d 和 45d）的试验构件共 12 个。

不同锚固条件和不同直径单锚地脚螺栓极限承载力随埋深变化如图 2-3 所示。试验结果表明，当混凝土强度等级和配筋情况一定时：

（1）地脚螺栓直径是影响其抗拔极限承载力的最主要因素，增加地脚螺栓直径，可提高抗拔承载性能。

（2）影响单锚地脚螺栓抗拔锚固性能的其次因素是其端部有无锚固件设置。地脚螺栓端部设置锚固件可提高单锚地脚螺栓抗拔性能。

（3）影响地脚螺栓锚固性能的因素——锚固深度。当地脚螺栓直径为 36mm 和 48mm 时，随锚固深度的增加，单锚地脚螺栓抗拔承载力增加，但锚固深度大于 35d 后，单锚地脚螺栓抗拔承载力增加速率明显降低。而对于地脚螺栓直径为 60mm 的大直径地脚螺栓，当锚固深度从 25d 增加到 35d 时，单锚地脚螺栓极限承载力迅速增加，而当锚固深度从 35d 增加到 45d 时，单锚地脚螺栓极限承载力反而迅速下将。因此，地脚螺栓锚固深度宜取 35d。

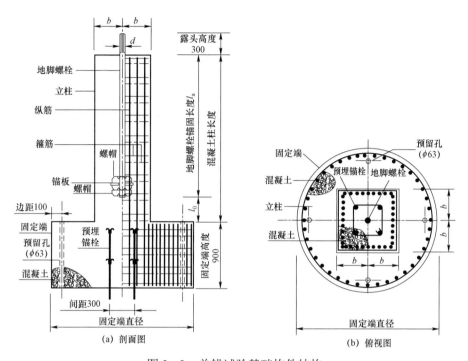

图 2-2　单锚试验基础构件结构

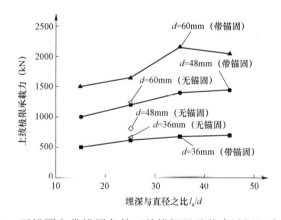

图 2-3　无锚固和带锚固条件下单锚极限承载力随埋深变化规律

（二）间距对地脚螺栓群锚抗拔性能影响

关于群锚地脚螺栓的间距，DL/T 5219—2014 规定为：承受拉力的地脚螺栓，间距不应小于 4 倍的地脚螺栓直径。在实际工程中，当基础受拉荷载较大时，一般需要的地脚螺栓直径大、数量多。为满足规范对地脚螺栓间距的规定，塔脚板与基础立柱尺寸都需要相应地增大，容易出现工程施工难度大、材料消耗量高的难题。

不同间距下地脚螺栓群锚试验构件如图2-4所示。所有试验础构件均分为地脚螺栓锚固立柱和圆形固定端2个部分。所有试验基础固定端部分结构尺寸相同，且在圆形固定端中预埋4根螺栓、预留4个螺栓孔。所有试验构件混凝土强度等级为C25，按构造配筋。

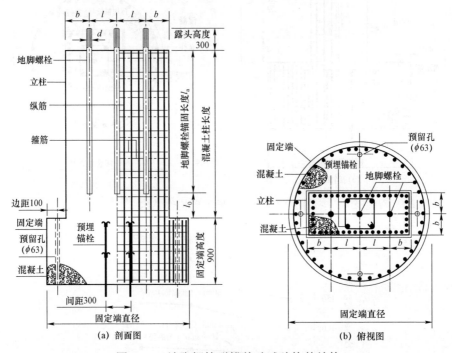

图2-4　地脚螺栓群锚基础试验构件结构

地脚螺栓无锚固试验构件共12个，地脚螺栓锚固深度均为25d；地脚螺栓底部带锚固设置的试验构件共12个，地脚螺栓锚固深度均为35d。如图2-4所示，每个试验构件3根地脚螺栓，材料强度等级均为8.8级（42CrMo），直径d分36、48、60mm三种规格。3根地脚螺栓单排排列，间距l分2d、3d、4d和5d四种，由此得到l/d为2、3、4和5。所有地螺螺栓与混凝土立柱边缘的距离b=5d，且地脚螺栓锚固立柱底端与圆形固定端顶面距离l_0=5d。

表2-1给出了无锚固件和带锚固件设置两种情况下地脚螺栓群锚构件抗拔极限承载力。

表 2-1　　　　　　　　　　群锚地脚螺栓抗拔极限承载力试验值

直径 d=36mm			直径 d=48mm			直径 d=60mm		
间距	抗拔极限承载力（kN）		间距	抗拔极限承载力（kN）		间距	抗拔极限承载力（kN）	
	无锚固件 （l_a=25d）	带锚固件 （l_a=35d）		无锚固件 （l_a=25d）	带锚固件 （l_a=35d）		无锚固件 （l_a=25d）	带锚固件 （l_a=35d）
2d	850	1300	2d	1600	2400	2d	2500	4000
3d	1200	1550	3d	1900	2800	3d	3400	4400
4d	1200	1650	4d	2000	3300	4d	3600	5200
5d	1500	1900	5d	2100	2800	5d	3400	4700

图 2-5、图 2-6 分别显示了不同锚固间距下群锚地脚螺栓抗拔极限承载力和群锚效应系数随螺栓间距与直径之比（l/d）的变化规律。

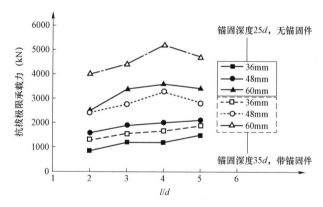

图 2-5　群锚地脚螺栓抗拔极限承载力随 l/d 变化规律

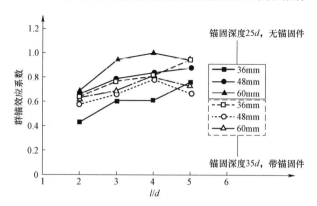

图 2-6　群锚地脚螺栓群锚效应系数随 l/d 变化规律

如图 2-5 所示，当忽略地脚螺栓锚固深度影响时：

（1）当螺栓锚固条件相同且 l/d 相同时，影响群锚地脚螺栓抗拔极限承载力的最主要因素是螺栓直径，增加螺栓直径可获得较高的群锚地脚螺栓抗拔承载性能。

（2）当螺栓直径相同且 l/d 相同时，带锚固件群锚地脚螺栓抗拔极限承载力将显著高于无锚固件设置的群锚地脚螺栓。

（3）当螺栓直径为 36mm 时，对无锚固件设置和带锚固件设置的群锚地脚螺栓而言，其群锚地脚螺栓抗拔极限承载力总体上都随 l/d 的增大而增加；当螺栓直径为 48mm 时，无锚固件群锚地脚螺栓的抗拔极限承载力随 l/d 增大而增加。而对带锚固件群锚地脚螺栓，在 l/d 小于 4.0 时，其抗拔极限承载力随 l/d 增大而增加，当 l/d 从 4.0 增加到 5.0 时，其抗拔极限承载力则从 3300kN 迅速下降到 2800kN；当螺栓直径为 60mm 时，无锚固件设置的群锚地脚螺栓，在 l/d 小于 4.0 时，其抗拔极限承载力随 l/d 的增大而增加，而当 l/d 从 4.0 增加到 5.0 时，其抗拔极限承载力则从 3600kN 下将到 3400kN。对带锚固件群锚地脚螺栓，其抗拔极限承载力随螺栓间距变化规律与无锚固件设置时类似，当 l/d 小于 4.0 时，其抗拔极限承载力随 l/d 的增大而增加，而当 l/d 从 4.0 增加到 5.0 时，其抗拔极限承载力下降。

根据无锚固件和带锚固件群锚地脚螺栓抗拔极限承载力以及相同条件下单锚地脚螺栓抗拔极限承载力，得到群锚地脚螺栓群锚效应系数随 l/d 变化规律如图 2-6 所示。结果表明：

（1）无锚固件设置时群锚地脚螺栓抗拔群锚效应系数变化范围为 0.43～1.0，而带锚固件设置时群锚地脚螺栓抗拔群锚效应系数变化范围为 0.57～0.93。无锚固件设置时，群锚地脚螺栓抗拔群锚效应系数变化幅度要大于带锚固件群锚地脚螺栓。

（2）当螺栓直径为 36mm 和 48mm 时，无锚固件群锚地脚螺栓抗拔群锚效应系数随 l/d 增大而增加，且直径为 36mm 群锚地脚螺栓群锚效应系数随 l/d 增大而增加的速率明显高于直径为 48mm 群锚地脚螺栓。当螺栓直径为 60mm 时，无锚固件群锚地脚螺栓抗拔群锚效应系数，在 l/d 小于 4.0 时随 l/d 的增大而增加，而当 l/d 从 4.0 增加到 5.0 时，则从 0.81 迅速下降到 0.73。

（3）当螺栓直径为 36mm 时，带锚固件群锚地脚螺栓抗拔群锚效应系数随 l/d 增大而增加。当螺栓直径为 48mm 和 60mm 时，带锚固件群锚地脚螺栓抗拔群锚效应系数，在 l/d 小于 4.0 时，随 l/d 的增大而增加，而当 l/d 从 4.0 增加到 5.0

时，直径为 48mm 群锚地脚螺栓抗拔效应系数则从 0.79 迅速下降到 0.67，直径为 60mm 群锚地脚螺栓抗拔效应系数则从 0.81 迅速下降到 0.73。

综上所述，地脚螺栓群锚设计时，螺栓间距宜控制为 3～4 倍地脚螺栓直径，且当地脚螺栓直径大于 60mm 时，螺栓间距宜取小值。

二、角钢连接

图 2−7 所示的插入角钢锚固件设置方式可分为端锚肋板方式、端锚角钢方式和端锚螺栓方式三种。

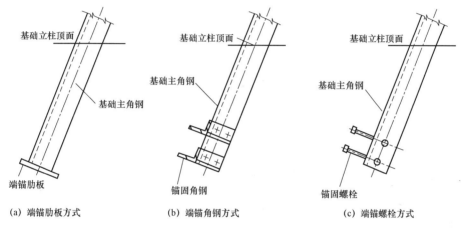

(a) 端锚肋板方式　　　(b) 端锚角钢方式　　　(c) 端锚螺栓方式

图 2−7　角钢常用锚固型式

根据角钢插入方向与铁塔主材坡度一致的特点，采用将角钢直接插入混凝土柱的方法制作试验构件，如表 2−2 所示，共分为 3 组 46 个。

表 2−2　　　　　　　　　　　　试件详细情况

试件组别	立柱截面尺寸（mm×mm）	插入角钢规格与材质	试件编号	角钢埋深（m）	锚固情况	数量（个）
第 I 组	400×400 C25 混凝土	∠100×8 A3 钢	I−W−0.7	0.7	无锚固件（W）	3
			I−W−1.0	1.0	无锚固件（W）	3
			I−W−1.2	1.2	无锚固件（W）	3
			I−DJ−1.2	1.2	单层角钢锚固（DJ）	3
			I−SHJ−1.2	1.2	双层角钢锚固（SHJ）	3
			I−DL−1.2	1.2	单层螺栓锚固（DL）	3
			I−SHL−1.2	1.2	双层螺栓锚固（SHL）	3

续表

试件组别	立柱截面尺寸（mm×mm）	插入角钢规格与材质	试件编号	角钢埋深（m）	锚固情况	数量（个）
第Ⅱ组	600×600 C25 混凝土	∠125×10 16Mn 钢	Ⅱ－W－0.7	0.7	无锚固件（W）	3
			Ⅱ－W－1.0	1.0	无锚固件（W）	3
			Ⅱ－W－1.4	1.4	无锚固件（W）	3
			Ⅱ－DJ－1.4	1.4	单层角钢锚固（DJ）	3
			Ⅱ－SHJ－1.4	1.4	双层角钢锚固（SHJ）	3
			Ⅱ－DL－1.4	1.4	单层螺栓锚固（DL）	3
			Ⅱ－SHL－1.4	1.4	双层螺栓锚固（SHL）	3
第Ⅲ组	400×400 C15 混凝土	∠100×8 A3 钢	Ⅲ－W－1.2	1.2	无锚固件（W）	1
			Ⅲ－DJ－1.2	1.2	单层角钢锚固（DJ）	1
			Ⅲ－SHJ－1.2	1.2	双层角钢锚固（SHJ）	2

注　试件编号各参数代表的意义为：试件组别－锚固情况－角钢埋深。

　　试件制作和试验中传感器的布置如图 2－8 所示。试验装置具有足够刚度和强度，能保证加载时荷载通过角钢形心，如图 2－9 所示。

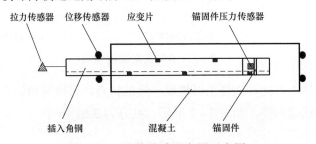

图 2－8　试件传感器布置示意图

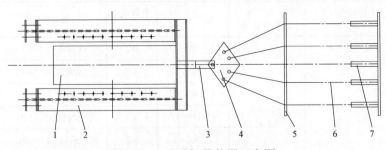

图 2－9　试验加载装置示意图

1—试件；2—固定装置；3—拉力传感器；4—联板；5—转向装置；
6—钢丝绳及滑轮组；7—液压油缸及其控制系统

（一）角钢与混凝土间黏结强度

角钢与混凝土间黏结强度是反映角钢插入式基础抗拔承载力和荷载传递特性的重要参数。取图 2-10 所示的 $\mathrm{d}x$ 受力微段为研究对象。

根据静力学平衡方程，得到角钢与混凝土间黏结强度计算式为

$$\tau = \frac{A_S}{L}\frac{\mathrm{d}\sigma_x}{\mathrm{d}x}$$

（2-1）

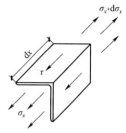

图 2-10　角钢受力微段

式中　τ ——角钢与混凝土间黏结强度，MPa；

A_S ——角钢横截面面积，m^2；

L ——角钢横截面周长，m；

$\mathrm{d}\sigma_x$ ——角钢横截面两端正应力增量，MPa；

$\mathrm{d}x$ ——微段的长度，m。

图 2-11 是试件 Ⅰ-W-1.2 从开始加载到角钢拔出过程中，不同埋深处角钢与混凝土基础间黏结强度和角钢位移关系曲线。

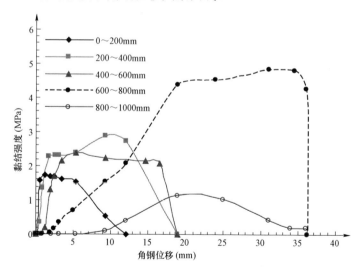

图 2-11　试件 Ⅰ-W-1.2 黏结强度与角钢位移关系曲线

图 2-11 表明，较小荷载作用下角钢与混凝土间相对位移较小，角钢与基础前端黏结强度相对较大，深部角钢与混凝土间因没有相对位移趋势，黏结强度较小甚至底端一定长度范围内近似为零。随着荷载的增加，角钢与混凝土间产生相

对位移趋势，并发生相对滑移。随着角钢的拔出位移加大，角钢与混凝土间黏结强度分布形状和分布范围都在发生变化，荷载不断向基础深部传递，总体上在埋深 0.6～0.8m 处最大。随着荷载加大，角钢开始屈服，截面收缩后产生泊松效应，角钢和混凝土间黏结强度转化为滑动摩擦阻力，无锚固件情况下角钢与混凝土间黏结强度迅速减小直至为零，最后角钢被拔出而破坏。

（二）插入角钢材质影响

图 2−12 是材质为 A3 钢和 16Mn 钢角钢在不同埋深下抗拔荷载—位移曲线。图 2−12 中当角钢处于弹性阶段时荷载—位移曲线几乎重叠在一起，角钢材质对抗拔荷载影响不大。但插入角钢为 16Mn 钢材质的试件抗拔极限承载力接近为 A3 钢试件抗拔极限承载力的 3 倍。

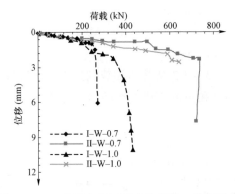

图 2−12　不同材质角钢试件荷载—位移曲线

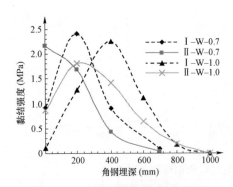

图 2−13　不同材质角钢相同埋置
深度下黏结强度分布

图 2−13 是荷载为 346kN 时试件 Ⅰ−W−0.7、Ⅱ−W−0.7 和荷载 492kN 时试件 Ⅰ−W−1.0、Ⅱ−W−1.0 的黏结强度沿着角钢埋深的分布图。在较大荷载作用下普通 A3 钢基础首先屈服，荷载通过黏结强度迅速向基础深部传递，而 16Mn 钢因屈服强度高，此时仍处于弹性范围内，荷载传递均匀。插入角钢材质对角钢与混凝土间黏结强度的发展及其分布均具有重要影响。

试验结果表明，无锚固件时，角钢插入式基础抗拔承载力主要取决于角钢屈服强度，因为角钢屈服后将产生泊松效应使角钢截面颈缩，角钢与混凝土之间相对位移增大，黏结强度迅速减小并转化为滑动摩擦阻力直至最终拔出而破坏。

（三）角钢埋深度影响

图 2-14 是角钢材质相同但不同埋深下基础试件的抗拔荷载—位移曲线。随着角钢埋深增大，基础试件抗拔承载力也增加，当埋深由 0.7m 增加到 1.0m，基础试件极限抗拔承载力由 275kN 增加到 435kN。但由 1.0m 增加到 1.2m，抗拔力增加比较缓慢，仅增加了 82kN，表明角钢埋深超过某一临界深度后对抗拔锚固承载力提高作用不明显。

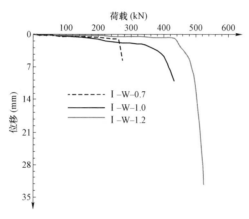

图 2-14 不同埋深下角钢荷载—位移曲线

（四）混凝土强度影响

图 2-15 是试件 I-W-1.2、III-W-1.2 的抗拔荷载—位移曲线。2 个试件除混凝土强度等级不同外，其他试验条件均相同。试件 I-W-1.2 混凝土强度等级为 C25，而试件 III-W-1.2 混凝土强度等级为 C15，但其抗拔极限承载则从 458kN 迅速降低至 383kN，说明较高强度等级混凝土与插入角钢间的握裹力大，能形成较高的黏结强度，基础试件抗拔极限承载力得到提高。

（五）锚固件及锚固型式影响

图 2-16 是埋深为 1.2m 的 I 类试件在无锚固与不同锚固型式下的抗拔荷载—位移曲线。各曲线型式比较近似，曲线拐点也比较接近，说明在弹性范围内锚固件的承剪锚固作用尚未得到发挥，对抗拔锚固承载力影响不大。但随着荷载的增

加，角钢与混凝土间相对位移增大，黏结强度迅速减小并呈现为滑动摩擦阻力，此时承剪锚固件的锚固作用开始得到发挥并承担传递过来的荷载。不同型式锚固试件达到极限承载力时，锚固件的荷载分担比例如表 2-3 所示。

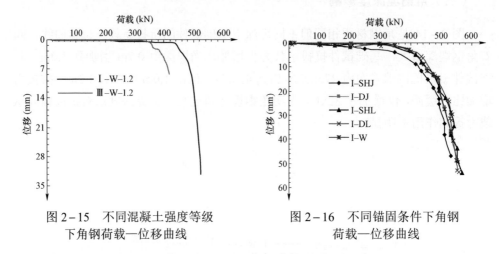

图 2-15　不同混凝土强度等级
下角钢荷载—位移曲线

图 2-16　不同锚固条件下角钢
荷载—位移曲线

表 2-3　　　　　　极限承载力状态下不同锚固件分担荷载的百分比　　　　（%）

锚固件型式		单角钢	双层角钢		单螺栓	双螺栓	
			前角钢	后角钢		前螺栓	后螺栓
Ⅰ类	平均	4	36	9	17	16	6
	最大	23	65	17	22	85	11
Ⅱ类	平均	1	6	1	2	7	1
	最大	10	29	2	12	20	3

分析表 2-3 结果可以看出：

（1）Ⅱ类试件锚固件外力分担比例低于Ⅰ类试件近 3 倍，说明插入角钢本身强度高，则角钢与混凝土间黏结强度大，锚固件承载作用发挥就相对小一些，且也发挥得比较迟缓。

（2）当锚固件为双层锚固件设置时，前一个锚固件比后一个锚固件所分担的荷载大 4 倍以上。

（3）角钢锚固件的承剪锚固作用比螺栓锚固件大。

（4）当角钢屈服后，锚固件作用主要是分担外荷载并阻止角钢被拔出，此时锚固件对抗拔锚固极限承载力、破坏荷载以及破坏形式都有着重要影响。试件破坏形式如表 2-4 所示。

表 2-4　　　　　　　　　　　　　　试件破坏形式

锚固情况	试件组别	破坏形式
无锚固件	第Ⅰ组	角钢拔出，周围混凝土随角钢松动被连带出来
	第Ⅱ组	角钢拔出，角钢四周混凝土产生裂缝，有脱皮现象
	第Ⅲ组	角钢拔出，混凝土柱前端产生多条 45° 通长裂缝
有锚固件	第Ⅰ组	角钢拉断
	第Ⅱ组	角钢拉断
	第Ⅲ组	锚固件位置混凝土剪胀并产生纵向裂缝而破碎

表 2-4 表明，角钢插入式基础破坏型式主要是由于角钢或混凝土破坏而引起。在实际架空送电线路工程中，角钢插入式基础处于基础与周围岩土体相互作用、共同承载的体系中，因而破坏原因还可能来源于地基岩土体破坏、基础与地基界面破坏等。

角钢斜插式基础构件的锚固性能试验结果表明：无锚固件时，角钢与混凝土间黏结强度可有效传递外部荷载。随外荷载增加，角钢与混凝土间黏结强度逐渐向深部传递，抗拔锚固极限承载力取决于角钢的屈服强度。当黏结强度转化为滑动摩擦阻力时，角钢被拔出而破坏。有锚固件设置但荷载较小时，角钢与混凝土间黏结强度足以承担和传递外荷载，此时角钢处于弹性阶段，锚固件因尚未发挥作用，对抗拔锚固承载力影响不大。而当角钢屈服后，角钢与混凝土间相对滑移增大，黏结强度转化为滑动摩擦阻力，此时锚固件发挥承载作用以阻止角钢被拔出，直至锚固件或混凝土破坏。因此，角钢插入式基础所受的上拔荷载，能够通过角钢与混凝土间黏结强度及锚固件可靠地传递到基础混凝土中，但两者传递与承受荷载作用的发挥过程具有不同步性，工程设计中两者承载作用不能进行叠加。

三、钢管连接

钢管插入式基础主要锚固型式如图 2-17～图 2-20 所示。

（一）钢管锚固性能影响因素及其 Taguchi 正交试验设计

如图 2-21 所示的内置有锚固件圆钢管混凝土基础构件，其锚固性能影响因素主要有：

（1）插入钢管规格 $D×t$，D 为钢管外直径，t 为管壁厚度；

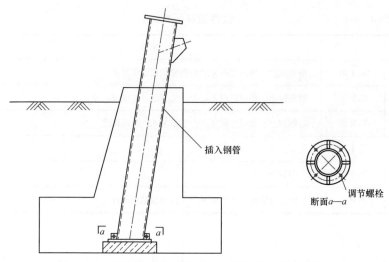

图 2－17　只考虑钢管和混凝土黏结强度的锚固方式

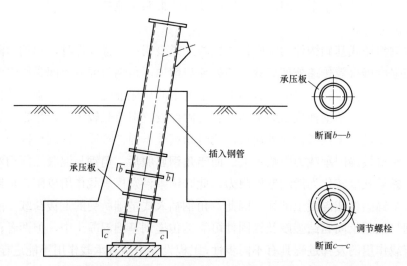

图 2－18　只考虑锚固承压板而不考虑端锚、钢管和混凝土黏结强度的锚固方式

（2）混凝土轴心抗压强度设计值 f_c；

（3）基础立柱截面尺寸 $B \times B$，B 为基础立柱边长；

（4）插入钢管有效锚固长度 l_0；

（5）配筋率 ρ 和 ρ_{sv}，ρ 为立柱纵筋配筋率，ρ_{sv} 为立柱箍筋配箍率；

（6）锚固件安装间距 l_s，锚固件伸出长度 b_w，锚固件厚度 t_p；

（7）第一个锚固件安装位置到柱顶混凝土表面距离 l_i。

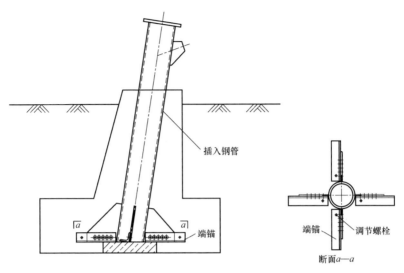

图2-19 只考虑端锚而不考虑锚固承压板、钢管和混凝土黏结强度的锚固方式

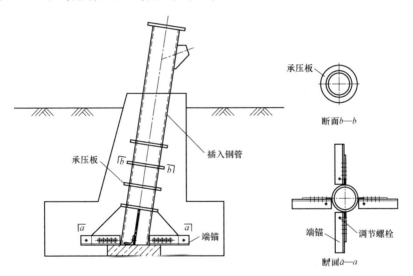

图2-20 考虑端锚、锚固承压板、钢管和混凝土黏结强度共同作用的组合锚固方式

Taguchi 正交试验方法由日本学者 Taguchi 提出，开始主要用于产品质量控制方面的设计和研究。但近年来，Taguchi 方法已经广泛应用于其他工程研究领域。如表2-5所示，构件试验采用 Taguchi 正交试验方法设计，共考虑9个因素，每个因素考虑4个水平。根据 Taguchi 正交试验方法的正交阵列标准表格，共完成32个基础试验构件设计如表2-6所示，从而分析各影响因素对图2-20所示组合锚固方式下钢管锚固承载性能的影响规律及其敏感性。

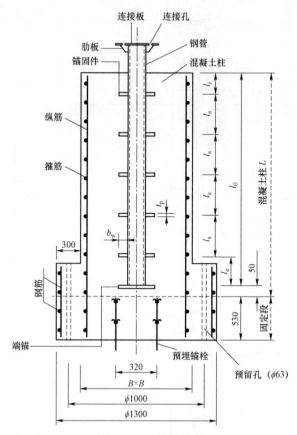

图 2-21 试验构件

表 2-5   影响因素及其水平

因素代号	符号	量纲	水平 1	水平 2	水平 3	水平 4
A	$D \times t$	mm×mm	108×5	159×6.5	219×10	273×12
B	f_c	N/mm²	9.6	11.9	14.3	16.7
C	$B \times B$	mm×mm	500×500	600×600	700×700	800×800
D	l_0	m	1.3	1.5	1.8	2.1
E	ρ	%	0.5	0.8	1.0	1.2
F	ρ_{sv}	%	0.1	0.2	0.3	0.4
G	l_s	mm	200	300	400	500
H	b_w	mm	30	40	50	60
I	l_i	mm	100	200	300	400

表 2－6　　　　　　　　**Taguchi 正交试验表及试验构件参数**

编号	Taguchi 正交试验正交陈列标准表格									$D{\times}t$ (mm×mm)	f_c (N/mm²)	$B{\times}B$ (mm×mm)	l_0 (m)	ρ (%)	ρ_{sv} (%)	l_s (mm)	b_w (mm)	l_i (mm)
1	1	1	1	1	1	1	1	1	1	108×5	9.6	500×500	1.3	0.5	0.1	200	30	100
2	1	2	2	2	2	2	2	2	2	108×5	11.9	600×600	1.5	0.8	0.2	300	40	200
3	1	3	3	3	3	3	3	3	3	108×5	14.3	700×700	1.8	1.0	0.3	400	50	300
4	1	4	4	4	4	4	4	4	4	108×5	16.7	800×800	2.1	1.2	0.4	500	60	400
5	2	1	1	3	2	2	3	4	4	159×6.5	9.6	500×500	1.8	0.8	0.2	400	60	400
6	2	2	2	4	1	1	4	3	3	159×6.5	11.9	600×600	2.1	0.5	0.1	500	50	300
7	2	3	3	1	4	4	2	2	2	159×6.5	14.3	700×700	1.3	1.2	0.4	300	40	200
8	2	4	4	2	3	3	1	1	1	159×6.5	16.7	800×800	1.5	1.0	0.3	200	30	100
9	3	1	2	1	3	4	2	3	4	219×10	9.6	600×600	1.3	1.0	0.4	300	50	400
10	3	2	1	2	4	3	1	4	3	219×10	11.9	500×500	1.5	1.2	0.3	200	60	300
11	3	3	4	3	1	2	4	1	2	219×10	14.3	800×800	1.8	0.5	0.1	500	30	200
12	3	4	3	4	2	1	3	2	1	219×10	16.7	700×700	2.1	0.8	0.1	400	40	100
13	4	1	2	3	4	3	4	2	1	273×12	9.6	600×600	1.8	1.2	0.3	500	40	100
14	4	2	1	4	3	4	3	1	2	273×12	11.9	500×500	2.1	1.0	0.4	400	30	200
15	4	3	4	1	2	1	2	4	3	273×12	14.3	800×800	1.3	0.8	0.1	300	60	300
16	4	4	3	2	1	2	1	3	4	273×12	16.7	700×700	1.5	0.5	0.2	200	50	400
17	1	1	4	2	1	4	3	2	3	108×5	9.6	800×800	1.5	0.5	0.4	400	40	300
18	1	2	3	1	2	3	4	1	4	108×5	11.9	700×700	1.3	0.8	0.3	500	30	400
19	1	3	2	4	3	2	2	4	1	108×5	14.3	600×600	2.1	1.0	0.2	300	60	100
20	1	4	1	3	4	1	1	3	2	108×5	16.7	500×500	1.8	1.2	0.1	200	50	200
21	2	1	4	4	2	3	1	3	2	159×6.5	9.6	800×800	2.1	0.8	0.3	200	50	200
22	2	2	3	3	1	4	2	4	1	159×6.5	11.9	700×700	1.8	0.5	0.4	300	60	100
23	2	3	2	2	4	1	3	1	4	159×6.5	14.3	600×600	1.5	1.2	0.1	400	30	400
24	2	4	1	1	3	2	4	2	3	159×6.5	16.7	500×500	1.3	1.0	0.2	500	40	300
25	3	1	3	2	3	1	4	4	2	219×10	9.6	700×700	1.5	1.0	0.1	500	60	200
26	3	2	4	1	4	2	3	3	1	219×10	11.9	800×800	1.3	1.2	0.2	400	50	100
27	3	3	1	4	1	3	2	2	4	219×10	14.3	500×500	2.1	0.5	0.3	300	40	400
28	3	4	2	3	2	4	1	1	3	219×10	16.7	600×600	1.8	0.8	0.4	200	30	300

续表

编号	Taguchi 正交试验正交陈列标准表格									$D \times t$ (mm×mm)	f_c (N/mm²)	$B \times B$ (mm×mm)	l_0 (m)	ρ (%)	ρ_{sv} (%)	l_s (mm)	b_w (mm)	l_i (mm)
29	4	1	3	4	4	2	2	1	3	273×12	9.6	700×700	2.1	1.2	0.2	300	30	300
30	4	2	4	3	3	1	1	2	4	273×12	11.9	800×800	1.8	1.0	0.1	200	40	400
31	4	3	1	2	2	4	4	3	1	273×12	14.3	500×500	1.5	0.8	0.4	500	50	100
32	4	4	2	1	1	3	3	4	2	273×12	16.7	600×600	1.3	0.5	0.3	400	60	200

（二）试验装置及加载系统

所有构件抗拔试验均采用慢速维持荷载法。试验加载系统实景图如图 2-22 所示，其具有以下特点：

（1）荷载施加端采用特制的球形铰支座连接，确保施加的上拔荷载是沿钢管轴心方向，消除了加载过程中的偏心的影响。

（2）试验基础采用底端约束方式，锚固端与荷载施加端分开，基础顶面为自由端，无约束条件。试验反力装置能够确保约束条件对锚固性能试验不产生影响，基础锚固性能试验能够较好地符合钢管插入式基础的受力特点。

（三）基于 Taguchi 方法的试验结果分析

图 2-22　试验装置与加载系统

1. 荷载—位移曲线特征及其承载力确定

图 2-23 为试验构件的抗拔荷载—位移曲线，图中位移是钢管相对于柱顶混凝土表面的上拔位移。

从图 2-23 可看出，在上拔荷载作用下，试验构件荷载—位移曲线变化规律相似，均可分如图 2-24 所示的初始弹性段、弹塑性曲线过渡段和直线破坏段三个特征阶段。分别取初始弹性直线段终点 L_e 对应的荷载为弹性抗拔极限承载力，记为 T_e，取破坏直线起点 L_u 对应的荷载为塑性抗拔极限承载力，记为 T_u。相应的试验结果如表 2-7 所示。

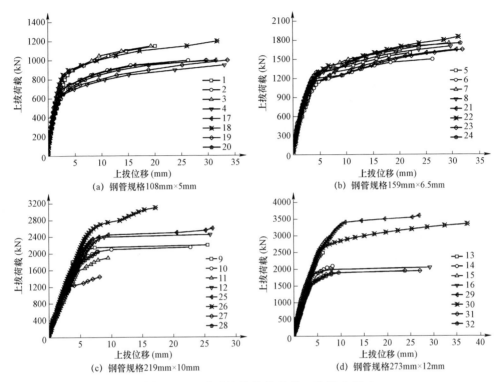

图 2-23　试验构件抗拔荷载—位移曲线

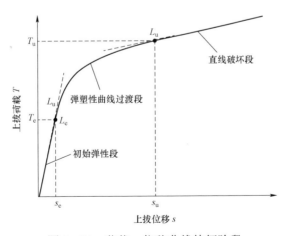

图 2-24　荷载—位移曲线特征阶段

表 2-7　　　　试验构件极限承载力及其对应的信噪比 *S/N* 值

编号	因素									抗拔极限承载力		*S/N* 值	
	A	B	C	D	E	F	G	H	I	T_e	T_u	弹性极限	塑性极限
	$D{\times}t$ (mm×mm)	f_c (N/mm²)	$B{\times}B$ (mm×mm)	l_0 (mm)	ρ (%)	ρ_{sv} (%)	l_s (mm)	b_w (mm)	l_i (mm)	(kN)	(kN)		
1	108×5	9.6	500×500	1.3	0.58	0.1	200	30	100	380	1090	51.60	60.75
2	108×5	11.9	600×600	1.5	0.82	0.2	300	40	200	612	950	55.74	59.55
3	108×5	14.3	700×700	1.8	0.95	0.3	400	50	300	770	1050	57.73	60.42
4	108×5	16.7	800×800	2.1	1.23	0.4	500	60	400	532	850	54.52	58.59
5	159×6.5	9.6	500×500	1.8	0.81	0.2	400	60	400	1250	1350	61.94	62.61
6	159×6.5	11.9	600×600	2.1	0.5	0.1	500	50	300	715	1445	57.09	63.20
7	159×6.5	14.3	700×700	1.3	1.28	0.4	300	40	200	1200	1655	61.58	64.38
8	159×6.5	16.7	800×800	1.5	0.98	0.3	200	30	100	1040	1570	60.34	63.92
9	219×10	9.6	600×600	1.3	0.96	0.4	300	50	400	1730	2150	64.76	66.65
10	219×10	11.9	500×500	1.5	1.19	0.3	200	60	300	1640	2100	64.30	66.44
11	219×10	14.3	800×800	1.8	0.46	0.2	500	30	200	1610	1860	64.14	65.39
12	219×10	16.7	700×700	2.1	0.85	0.1	400	40	100	1810	2400	65.15	67.60
13	273×12	9.6	600×600	1.8	1.16	0.3	500	40	100	2110	2460	66.49	67.82
14	273×12	11.9	500×500	2.1	1.09	0.4	400	30	200	1807	2060	65.14	66.28
15	273×12	14.3	800×800	1.3	0.79	0.1	300	60	300	1410	2910	62.98	69.28
16	273×12	16.7	700×700	1.5	0.56	0.2	200	50	400	1740	2000	64.81	66.02
17	108×5	9.6	800×800	1.5	0.54	0.4	400	40	300	610	950	55.71	59.55
18	108×5	11.9	700×700	1.3	0.85	0.3	500	30	400	780	1100	57.84	60.83
19	108×5	14.3	600×600	2.1	1.02	0.2	300	60	100	595	950	55.49	59.55
20	108×5	16.7	500×500	1.8	1.19	0.1	200	50	200	400	955	52.04	59.60
21	159×6.5	9.6	800×800	2.1	0.79	0.3	200	50	200	980	1520	59.82	63.64
22	159×6.5	11.9	700×700	1.8	0.56	0.4	300	60	100	960	1710	59.65	64.66
23	159×6.5	14.3	600×600	1.5	1.3	0.1	400	30	400	1140	1515	61.14	63.61
24	159×6.5	16.7	500×500	1.3	1	0.2	500	40	300	1270	1710	62.08	64.66
25	219×10	9.6	700×700	1.5	0.95	0.1	500	60	200	2125	2455	66.55	67.80
26	219×10	11.9	800×800	1.3	1.23	0.2	400	50	100	2340	3055	67.38	69.70
27	219×10	14.3	500×500	2.1	0.58	0.3	300	40	400	1051	1410	60.43	62.98

续表

编号	因素									抗拔极限承载力		S/N 值	
	A	B	C	D	E	F	G	H	I	T_e (kN)	T_u (kN)	弹性极限	塑性极限
	$D \times t$ (mm×mm)	f_c (N/mm²)	$B \times B$ (mm×mm)	l_0 (mm)	ρ (%)	ρ_{sv} (%)	l_s (mm)	b_w (mm)	l_i (mm)				
28	219×10	16.7	600×600	1.8	0.82	0.4	200	30	300	1510	1845	63.58	65.32
29	273×12	9.6	700×700	2.1	1.28	0.2	300	30	300	2360	3400	67.46	70.63
30	273×12	11.9	800×800	1.8	0.98	0.1	200	40	400	2560	3200	68.16	70.10
31	273×12	14.3	500×500	1.5	0.81	0.4	500	50	100	1550	1900	63.81	65.58
32	273×12	16.7	600×600	1.3	0.5	0.3	400	60	200	1450	1890	63.23	65.53

2. 信噪比及其均值分析

Taguchi 方法利用信噪比（S/N）研究各因素对试验数据变异产生的影响规律，信噪比 S/N 按式（2-2）计算

$$\frac{S}{N} = -10 \log_{10}\left(\frac{1}{n}\sum_{i=1}^{n}\frac{1}{Y_i^2}\right) \tag{2-2}$$

式中 n——相同条件下试验重复的次数，试验中 n=1；

Y_i——试验观测值，试验中 Y_i 为各试验基础的抗拔极限承载力试验值。

根据式（2-2）及表 2-7 所示的各试验构件的弹性抗拔极限承载力和塑性抗拔极限承载力，可得到相应的极限承载力信噪比 S/N 值，结果也列于表 2-7 中。

基于研究对象为试验构件抗拔承载性能，因此应选择信噪比 S/N 值越大越好的望大特性。此外，Taguchi 方法还通过各试验水平条件下信噪比 S/N 的均值分析，确定抗拔构件产生最大极限承载力的尺寸设计条件以及各因素与水平对试验结果的影响规律。每一个因素在不同水平下的信噪比 S/N 均值按式（2-3）计算

$$(M)_{\text{Factor}=\text{I}}^{\text{Level}=i} = \frac{1}{n_{li}}\left[\sum_{j=1}^{n_{li}}\left(\frac{S}{N}\right)_{\text{Factor}=\text{I}}^{\text{Level}=i}\right]_j \tag{2-3}$$

式中 $(M)_{\text{Factor}=\text{I}}^{\text{Level}=i}$——因素 I 在水平 i 下信噪比 S/N 的均值；

$[(S/N)_{\text{Factor}=\text{I}}^{\text{Level}=i}]_j$——正交试验中因素 I 在水平 i 的下第 j 次试验结果的信噪比 S/N 值；

n_{li}——正交试验中因素 I 在 i 水平上的所有试验次数。

根据式（2-3）计算方法以及表 2-7 所示的各试验构件的抗拔极限承载力所对

应的信噪比 S/N 值，得到各正交试验中各因素及其各水平所对应的弹性极限承载力和塑性极限承载力所对应的信噪比 S/N 值的均值分别如表 2-8 和表 2-9 所示。

图 2-25 给出了 9 个影响因素在不同设置水平下对试验构件弹性极限承载力和塑性极限承载力影响的效应趋势。

综合分析图 2-25、表 2-8 和表 2-9 的试验结果可以看出：钢管规格是影响钢管插入式基础弹性和塑性锚固承载性能的最主要因素。

3. 方差分析

Taguchi 方法采用方差分析（ANOV，Analysis of Variance）以评估试验中的每个可控因素的影响程度及其敏感性排序，Taguchi 方法的方差分析计算式及其过程如下：

首先，按式（2-4）和式（2-5）计算得到总偏差平方和 S_T 及各影响因素所引起的偏差平方和 S_F

$$S_T = \sum_{j=1}^{m}\left(\sum_{i=1}^{n} Y_i^2\right)_j - mn(\bar{Y}_T)^2 \qquad (2-4)$$

其中
$$\bar{Y}_T = \sum_{j=1}^{m}\left(\sum_{i=1}^{n} Y_i\right)_j / mn$$

$$S_F = \frac{mn}{L}\sum_{k=1}^{L}(\bar{Y}_k^F - \bar{Y}_T)^2 \qquad (2-5)$$

式中　S_T——总偏差平方和；

　　　S_F——各影响因素的偏差平方和；

　　　$\bar{Y}_T$——所有正交试验实测值的平均值；

　　　m——正交试验总样本量，取值 32；

　　　n——相同条件下试验重复的次数，取值 1；

　　　$\bar{Y}_k^F$——给定因素在 k 水平下的所有试验实测值的平均值；

　　　L——因素的水平数，取值 4。

表 2-8　　试验基础弹性极限承载力对应的信噪比 S/N 值的均值

因素/水平	$[(S/N)_F^L]_j$								$(M)_{Factor=I}^{Level=i}$
	$j=1$	$j=2$	$j=3$	$j=4$	$j=5$	$j=6$	$j=7$	$j=8$	
A/1	51.60	55.74	57.73	54.52	55.71	57.84	55.49	52.04	55.08
A/2	61.94	57.09	61.58	60.34	59.82	59.65	61.14	62.08	60.45
A/3	64.76	64.30	64.14	65.15	66.55	67.38	60.43	63.58	64.54

因素/水平	$[(S/N)_F^L]_j$								$(M)_{Factor=I}^{Level=i}$
	$j=1$	$j=2$	$j=3$	$j=4$	$j=5$	$j=6$	$j=7$	$j=8$	
A/4	66.49	65.14	62.98	64.81	67.46	68.16	63.81	63.23	65.26
B/1	51.60	61.94	64.76	66.49	55.71	59.82	66.55	67.46	61.79
B/2	55.74	57.09	64.30	65.14	57.84	59.65	67.38	68.16	61.91
B/3	57.73	61.58	64.14	62.98	55.49	61.14	60.43	63.81	60.91
B/4	54.52	60.34	65.15	64.81	52.04	62.08	63.58	63.23	60.72
C/1	51.60	61.94	64.30	65.14	52.04	62.08	60.43	63.81	60.17
C/2	55.74	57.09	64.76	66.49	55.49	61.14	63.58	63.23	60.94
C/3	57.73	61.58	65.15	64.81	57.84	59.65	66.55	67.46	62.60
C/4	54.52	60.34	64.14	62.98	55.71	59.82	67.38	68.16	61.63
D/1	51.60	61.58	64.76	62.98	57.84	62.08	67.38	63.23	61.43
D/2	55.74	60.34	64.30	64.81	55.71	61.14	66.55	63.81	61.55
D/3	57.73	61.94	64.14	66.49	52.04	59.65	63.58	68.16	61.72
D/4	54.52	57.09	65.15	65.14	55.49	59.82	60.43	67.46	60.64
E/1	51.60	57.09	64.14	64.81	55.71	59.65	60.43	63.23	59.58
E/2	55.74	61.94	65.15	62.98	57.84	59.82	63.58	63.81	61.36
E/3	57.73	60.34	64.76	65.14	55.49	62.08	66.55	68.16	62.53
E/4	54.52	61.58	64.30	66.49	52.04	61.14	67.38	67.46	61.86
F/1	51.60	57.09	65.15	62.98	52.04	61.14	66.55	68.16	60.59
F/2	55.74	61.94	64.14	64.81	55.49	62.08	67.38	67.46	62.38
F/3	57.73	60.34	64.30	66.49	57.84	59.82	60.43	63.23	61.27
F/4	54.52	61.58	64.76	65.14	55.71	59.65	63.58	63.81	61.09
G/1	51.60	60.34	64.30	64.81	52.04	59.82	63.58	68.16	60.58
G/2	55.74	61.58	64.76	62.98	55.49	59.65	60.43	67.46	61.01
G/3	57.73	61.94	65.15	65.14	55.71	61.14	67.38	63.23	62.18
G/4	54.52	57.09	64.14	66.49	57.84	62.08	66.55	63.81	61.56
H/1	51.60	60.34	64.14	65.14	57.84	61.14	63.58	67.46	61.40
H/2	55.74	61.58	65.15	66.49	55.71	62.08	60.43	68.16	61.92
H/3	57.73	57.09	64.76	64.81	52.04	59.82	67.38	63.81	60.93
H/4	54.52	61.94	64.30	62.98	55.49	59.65	66.55	63.23	61.08
I/1	51.60	60.34	65.15	66.49	55.49	59.65	67.38	63.81	61.24
I/2	55.74	61.58	64.14	65.14	52.04	59.82	66.55	63.23	61.03
I/3	57.73	57.09	64.30	62.98	55.71	62.08	63.58	67.46	61.36
I/4	54.52	61.94	64.76	64.81	57.84	61.14	60.43	68.16	61.70

表 2-9 试验基础塑性极限承载力对应的信噪比 *S/N* 值的均值

因素/水平	$[(S/N)_F^L]_j$								$(M)_{Factor=I}^{Level=i}$
	j=1	*j*=2	*j*=3	*j*=4	*j*=5	*j*=6	*j*=7	*j*=8	
A/1	60.75	59.55	60.42	58.59	59.55	60.83	59.55	59.60	59.86
A/2	62.61	63.20	64.38	63.92	63.64	64.66	63.61	64.66	63.83
A/3	66.65	66.44	65.39	67.60	67.80	69.70	62.98	65.32	66.49
A/4	67.82	66.28	69.28	66.02	70.63	70.10	65.58	65.53	67.65
B/1	60.75	62.61	66.65	67.82	59.55	63.64	67.80	70.63	64.93
B/2	59.55	63.20	66.44	66.28	60.83	64.66	69.70	70.10	65.10
B/3	60.42	64.38	65.39	69.28	59.55	63.61	62.98	65.58	63.90
B/4	58.59	63.92	67.60	66.02	59.60	64.66	65.32	65.53	63.91
C/1	60.75	62.61	66.44	66.28	59.60	64.66	62.98	65.58	63.61
C/2	59.55	63.20	66.65	67.82	59.55	63.61	65.32	65.53	63.90
C/3	60.42	64.38	67.60	66.02	60.83	64.66	67.80	70.63	65.29
C/4	58.59	63.92	65.39	69.28	59.55	63.64	69.70	70.10	65.02
D/1	60.75	64.38	66.65	69.28	60.83	64.66	69.70	65.53	65.22
D/2	59.55	63.92	66.44	66.02	59.55	63.61	67.80	65.58	64.06
D/3	60.42	62.61	65.39	67.82	59.60	64.66	65.32	70.10	64.49
D/4	58.59	63.20	67.60	66.28	59.55	63.64	62.98	70.63	64.06
E/1	60.75	63.20	65.39	66.02	59.55	64.66	62.98	65.53	63.51
E/2	59.55	62.61	67.60	69.28	60.83	63.64	65.32	65.58	64.30
E/3	60.42	63.92	66.65	66.28	59.55	64.66	67.80	70.10	64.92
E/4	58.59	64.38	66.44	67.82	59.60	63.61	69.70	70.63	65.10
F/1	60.75	63.20	67.60	69.28	59.60	63.61	67.80	70.10	65.24
F/2	59.55	62.61	65.39	66.02	59.55	64.66	69.70	70.63	64.76
F/3	60.42	63.92	66.44	67.82	60.83	63.64	62.98	65.53	63.95
F/4	58.59	64.38	66.65	66.28	59.55	64.66	65.32	65.58	63.87
G/1	60.75	63.92	66.44	66.02	59.60	63.64	65.32	70.10	64.47
G/2	59.55	64.38	66.65	69.28	59.55	64.66	62.98	70.63	64.71
G/3	60.42	62.61	67.60	66.28	59.55	63.61	69.70	65.53	64.41
G/4	58.59	63.20	65.39	67.82	60.83	64.66	67.80	65.58	64.23
H/1	60.75	63.92	65.39	66.28	60.83	63.61	65.32	70.63	64.59
H/2	59.55	64.38	67.60	67.82	59.55	64.66	62.98	70.10	64.58
H/3	60.42	63.20	66.65	66.02	59.60	63.64	69.70	65.58	64.35
H/4	58.59	62.61	66.44	69.28	59.55	64.66	67.80	65.53	64.31
I/1	60.75	63.92	67.60	67.82	59.55	64.66	69.70	65.58	64.95
I/2	59.55	64.38	65.39	66.28	59.60	63.64	67.80	65.53	64.02
I/3	60.42	63.20	66.44	69.28	59.55	64.66	65.32	70.63	64.94
I/4	58.59	62.61	66.65	66.02	60.83	63.61	62.98	70.10	63.92

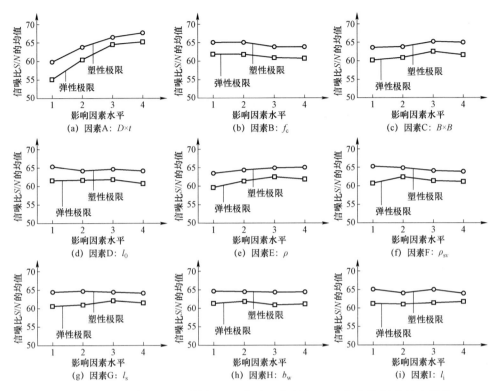

图 2-25 各影响因素对弹性极限承载力和塑性极限承载力的影响效应趋势

根据式（2-5）计算得到的各影响因素的偏差平方和 S_F 结果，按式（2-6）计算相应因素偏差平方和所对应的均方差 V_F

$$V_F = \frac{S_F}{f_F} \quad\quad\quad (2-6)$$

式中　V_F——各因素偏差平方和的均方差；

　　　f_F——每一个因素的自由度，等于因素的水平数减去 1，试验中各因素的自由度均为 3。

在此基础上，可按式（2-7）计算误差均方差 V_e

$$V_e = \frac{S_T - \displaystyle\sum_{F=A}^{C} S_F}{f_e} \quad\quad\quad (2-7)$$

式中　$\displaystyle\sum_{F=A}^{C} S_F$——试验中所有影响因素偏差平方和 S_F 的和；

　　　f_e——误差平方和自由度，$f_e=3$。

方差分析结果如表 2-10 和表 2-11 所示，方差与信噪比分析结果一致，钢管规格是影响钢管插入式基础弹性和塑性锚固承载性能的最主要因素，其对弹性极限和塑性极限承载力影响的贡献率分别为 75.80% 和 69.87%。

表 2-10　　　　　　　所有正交试验实测值的平均值　　　　　　（kN）

极限承载力	因素水平	$\bar{Y}_k^A$	$\bar{Y}_k^B$	$\bar{Y}_k^C$	$\bar{Y}_k^D$	$\bar{Y}_k^E$	$\bar{Y}_k^F$	$\bar{Y}_k^G$	$\bar{Y}_k^H$	$\bar{Y}_k^I$
弹性极限	1	585	1443	1169	1320	1065	1318	1281	1328	1348
	2	1069	1427	1233	1307	1238	1472	1240	1403	1273
	3	1727	1166	1468	1396	1487	1228	1397	1278	1286
	4	1873	1219	1385	1231	1465	1237	1337	1245	1348
塑性极限	1	987	1922	1572	1945	1544	1996	1785	1805	1892
	2	1559	1953	1651	1680	1747	1909	1892	1842	1668
	3	2159	1656	1971	1804	1893	1638	1784	1759	1926
	4	2478	1653	1989	1754	1999	1640	1723	1777	1697

表 2-11　　　　　　　　　方差分析结果

因素代号	因素名称	自由度	偏差平方和		贡献率（%）	
			弹性极限	塑性极限	弹性极限	塑性极限
A	钢管规格	3	8599469	10457265	75.80	69.87
B	混凝土轴心抗压强度	3	483107	643671	4.26	4.30
C	基础立柱截面尺寸	3	452819	1115777	3.99	7.46
D	插入钢管有效锚固长度	3	109563	299596	0.97	2.00
E	立柱纵筋率	3	967301	930152	8.53	6.22
F	立柱箍筋率	3	306779	819296	2.70	5.47
G	锚固件间距	3	112009	118921	0.99	0.79
H	锚固件伸出长度	3	112948	31140	1.00	0.21
I	锚固件初始安装深度	3	38382	418677	0.34	2.80
	误差	3	162548	131509	1.42	0.88
	总和	27	11344925	14966005	100	100

第二节　基础与杆塔配合应用方案

当前，输电线路走廊的可选择性越来越小，线路路径已不可避免地需穿越工程条件十分复杂的山区斜坡地形。这些地区的地形地质条件复杂，输电线路建设具有特殊性。山区斜坡地形输电线路基础与上部铁塔相互配合应用的工程方案主要有四种，即铁塔等长腿配等高基础、铁塔等长腿配深浅基础、铁塔长短腿配等高基础、全方位铁塔长短腿配高低主柱基础。

一、铁塔等长腿配等高基础

图 2-26 是我国早期输电线路在一般山区斜坡和窄山梁地形条件下普遍采用的等长腿配等露头高度基础的工程方案。

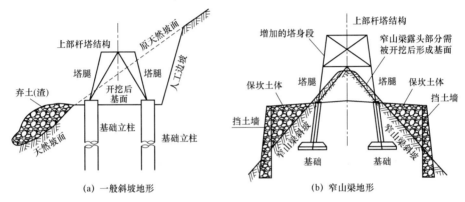

图 2-26　山区输电线路等长腿配等高露头基础方案

图 2-26（a）是一般斜坡地形条件下在杆塔定位时，按基础最小边坡保护要求和基础设计基面的高程，确定降基面，再根据铁塔整体下降尺寸，采用相应呼称高的铁塔。图 2-26（b）是当杆塔基础位于窄山梁时，往往采用降基、保坎，升高铁塔的方法后，采用等长腿配合等高基础方案。

图 2-26 所示的基础和铁塔配合应用方案缺点十分突出：因土石方开挖量大，费用高；斜坡降基施工后，塔位处地下水渗流路径必然发生改变，容易引起地基和基础整体滑移破坏；降基施工后塔基处将形成一定的高边坡，容易崩塌滑坡，影响基础长期安全稳定。目前输电线路工程中对高边坡处理方法不多且费用昂贵。大量开挖土石方，将严重改变塔位处自然地形、地貌，破坏原有植被，容易造成水土流失，直接影响塔基的稳定。

近年来，工程中对窄山梁地形也采用了如图 2-27 所示的等长腿与等高露头连梁基础配合的环保型技术方案。即将等长腿铁塔结构与带连梁的 4 个等高露头基础连接，并采用连梁将 4 个高露头基础连成一个整体而形成框架结构以提高基础稳定性，这样就不用降基、保坎，甚至可节约一段铁塔塔身，施工面和弃土量小且有效保持了原始地形、地貌和植被。

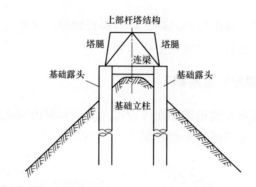

图 2-27　窄山梁等长腿与等高露头连梁基础配合方案

二、铁塔等长腿配深浅基础

图 2-26 所示的等长腿配等高基础方案因考虑基础保护范围，需将地基降为同一作业面，开挖降基面将耗费大量的人力、财力和时间。为减少降基作业量，过去的工程实践中也采用过如图 2-28 所示等长腿铁塔配合深浅基础的方案，即靠近天然斜坡的临坡基础适当增加埋深，靠近山体人工边坡的基础按正常基础设计，这样同一个塔位的 4 个基础底面标高不在同一平面上，形成深浅基础方案。此基础降基值大幅度减小，输电塔高程也相应提高了，并可能适当降低铁塔呼高。

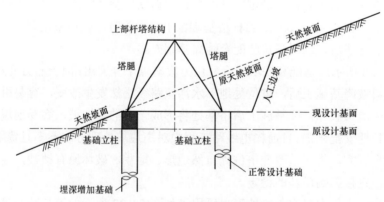

图 2-28　等长腿配深浅基础方案

三、铁塔长短腿配等高基础

输电线路经过的地形千差万别，当铁塔位于斜坡或台阶地时，通常采用铁塔长短腿来平衡塔腿之间的高差。但由于地面高差大小是任意的，长短腿有时也不能完全平衡地面高差，工程中常采用图 2-29 所示的铁塔长短腿配等高基础技术方案。图 2-29（a）是在一般斜坡地形的塔腿位置开挖形成低于原始天然地面的小"簸箕"状降基面，降低土石方开挖量，但土石方开挖后还是容易产生水土流失和塌方、破坏原有土体。图 2-29（b）是对于较为陡峭的斜坡或台阶地形塔位，采用长短腿铁塔配等高基础技术方案。上坡侧开挖后形成一个高陡坎，易于诱发地质滑坡，需修筑挡土墙。而下坡侧基础上拔土体不足时需修保坎。塔位中间，由于长短腿级差较大，上下平台高低悬殊，也需再修筑挡土墙。另外，在塔位上方需修筑永久性排水沟。

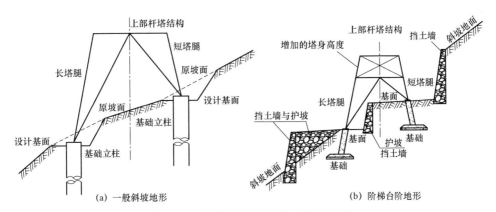

图 2-29　铁塔长短腿配等高基础方案

四、全方位铁塔长短腿配高低主柱基础

不论是采用铁塔等长腿配深浅基础方案，还是铁塔长短腿配等高基础方案，工程实践过程中，都需要进行土石方开挖。一般情况下，只采用长短腿或只采用高低基础往往无法满足复杂地形的需要，此时可采用图 2-30 所示的全方位铁塔长短腿和高低主柱基础相配合技术方案，可达到近乎"零开方"的最佳工程效果。

然而，实际工程中部分较陡峭的斜坡地形塔位，铁塔结构即使采用最大级差的长短腿有可能仍不满足地形高差要求，可采用图 2-31 所示的长短腿铁塔配增加埋深的深挖孔基础与斜柱式钢筋混凝土基础或钢结构斜立柱配合使用的技术方案，以满足地形要求，从而实现对塔位处自然环境的破坏程度降到最低。

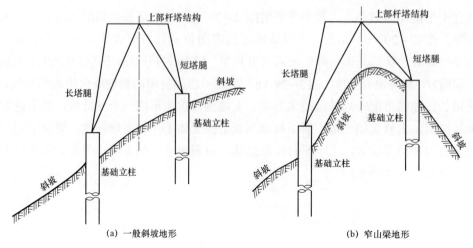

(a) 一般斜坡地形　　　　　　　　(b) 窄山梁地形

图 2-30　全方位铁塔长短腿配高低主柱基础

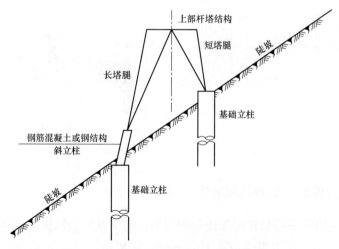

图 2-31　陡坡地形基础与杆塔连接方案

第三节　基础与上部结构的强度匹配

输电线路基础承载性能是指整个地基基础系统承受外荷载和抵抗变形的能力，直接影响输电线路工程的安全可靠性。地基基础作为输电线路工程的组成部分，在设计原理和方法等方面具有与上部杆塔结构许多相同的特点，如在承载力极限状态、极限状态方程、失效概率和可靠指标、基本变量、参数和概率统计及分项系数的确定原则、方法等方面。输电线路基础的目标可靠度指标取决于基础和上部结构强度的配合情况，并可通过两者之间强度配合原则实现。

架空输电线路是由地基、基础、杆塔、绝缘子、架空线组成的特定系统，其安全问题属于概率理论中串联事件，系统的安全程度取决于结构体系中安全概率较低的部分。为此，IEC 标准推荐的输电线路结构强度配合失效顺序如表 2－12 所示。

表 2－12　IEC 标准推荐的输电线路结构之间强度配合的失效顺序

主部件顺序（↓）	主部件内部件的配合顺序（→）
直线塔	塔→基础→金具
转角塔	塔→基础→金具
终端塔	塔→基础→金具
导线	导线→绝缘子→金具

我国输电线路设计中也基本上遵循 IEC 标准推荐的输电线路结构强度配合失效顺序原则，输电线路各部件强度配合的失效顺序一般是：直线塔→直线塔基础→悬垂绝缘子金具串→转角塔→转角塔基础→终端塔→终端塔基础→导地线→耐张绝缘子金具串。

上述失效原则中，各组成部分之间的故障顺序通过相应的专业设计规范的安全系数或分项系数体现。当然也可根据具体情况需要，变更上述失效顺序。

由于输电线路各主部件有着随机的强度，不可能保证线路元件在 100%的概率下按照表 2－12 所示的预想顺序进行破坏。如果部件 2 的强度大于部件 1 的概率已经设定，如概率 $R_2 > R_1 = 0.90$，即

$$P(R_2 - R_1) > 0 = P(\text{sof}) = 0.90 \qquad (2-8)$$

式中　R_1，R_2——主部件的强度；

$P(\text{sof})$——破坏顺序或者强度关系的概率。

由此，可得到一个强度配合的目标概率可以用可靠度指标来表示，通过该指标便可以得到其概率

$$F(\beta_{\text{sof}}) = P_\varphi \qquad (2-9)$$

查标准正态分布表便可以得到：

（1）当 $P_\varphi = 0.90$ 时，$\beta_{\text{sof}} = 1.28$；

（2）当 $P_\varphi = 0.98$ 时，$\beta_{\text{sof}} = 2.05$。

根据可靠度指标的定义，设部件强度的概率分布特征为正态分布，则可靠度指标通过下式计算

$$\beta = \frac{\mu_{R_1} - \mu_{R_2}}{\sqrt{\sigma_{R_1}^2 + \sigma_{R_2}^2}} \tag{2-10}$$

式中　　μ_{R_1}、μ_{R_2}——分别为主部件 R_1、R_2 强度的均值；

　　　　σ_{R_1}、σ_{R_1}——分别为主部件 R_1、R_2 强度的标准差，且有 $\sigma_{R_1} = v_{R_1}\mu_{R_1}$，

　　　　　　　$\sigma_{R_2} = v_{R_2}\mu_{R_2}$；

　　　　v_{R_1}、v_{R_2}——分别为主部件 R_1、R_2 强度的变异系数。

引入中心安全系数

$$\alpha = \frac{\mu_{R_2}}{\mu_{R_1}} \tag{2-11}$$

代入式（2-10）可得到

$$\beta = \frac{\alpha - 1}{\sqrt{\alpha^2 v_{R_2}^2 + v_{R_1}^2}} \tag{2-12}$$

由此得到的中心安全系数可以通过解下面的二次方程求解

$$\alpha^2 [1 - (\beta_{\text{sof}} v_{R_2})^2] - 2\alpha + 1 - (\beta_{\text{sof}} v_{R_1})^2 = 0 \tag{2-13}$$

R_1，R_2 在不同变异系数条件下，假设具有 90%保证率使得 R_2 在 R_1 后失效，则所需要的中心安全系数 α 取值如表 2-13 所示。

根据表 2-12 推荐的输电线路结构强度配合失效顺序，设 R_1 代表杆塔结构，R_2 代表基础，假设基础和杆塔结构的承载能力服从正态分布。根据 IEC 及有关文献统计，不同加工和安装中的质量管理水平下，杆塔结构承载力的变异系数为 v_{R_1} 如表 2-14 所示，不同类型输电线路基础承载力的变异系数 v_{R_2} 如表 2-15 所示。

表 2-13　　　不同变异系数下，90%保证率下 R_2 在 R_1 后失效所需要的中心安全系数 α 值

v_{R_2}	v_{R_1}			
	0.05	0.075	0.10	0.20
0.05	1.10	1.12	1.15	1.26
0.10	1.16	1.18	1.20	1.30
0.20	1.36	1.36	1.37	1.45
0.30	1.63	1.64	1.64	1.70
0.40	2.07	2.07	2.07	3.11

表 2－14　　　　　　**不同加工和安装质量管理水平下杆塔结构**
承载力的变异系数（v_{R_1}）

杆塔加工和安装质量管理水平	变异系数
很好	0.05
好	0.075
一般	0.10
稍差	0.15

表 2－15　　　　　　**不同类型基础强度的变异系数（v_{R_2}）**

基础型式	变异系数
重力式基础	0.05
钻孔、掏挖、岩石基础	0.10
较密实的回填基础	0.15
密实的回填基础	0.20
桩基础	0.25
不密实的回填基础	0.30

根据表 2－13 所示结果，当考虑杆塔加工和安装质量属中等水平，即 $v_{R_1}=$ 0.075，90%保证率下基础（R_2）在杆塔结构（R_1）后失效，所需要的中心安全系数 α 值为 1.20～1.60，即在现有杆塔结构加工和安装质量管理水平下，若以 90% 的保证率实现基础在杆塔结构后失效，则需要保证输电线路基础的强度为上部杆塔结构强度的 1.20 倍以上。

第三章　典型基础设计与优化

第一节　混凝土现浇扩展基础

一、稳定性计算

（一）上拔稳定

混凝土现浇扩展基础抗拔承载力 R_T 采用"土重法"计算，如图 3-1 所示。混凝土扩展基础所承受的上拔力设计值与附加安全系数 γ_f 之积不应大于基础抗拔承载力，计算式分别如下

$$\gamma_f T_E \leqslant R_T \tag{3-1}$$

$$R_T = \gamma_E \gamma_{\theta1}(V_t - \Delta V_t - V_0)\gamma_s + G_f \tag{3-2}$$

式中　γ_E——水平力影响系数，按照表 3-1 取值；

T_E——上拔力设计值，kN；

R_T——基础抗拔承载力，kN；

V_0——h_t 范围内基础体积，m³；

γ_f——基础附加分项系数；

V_t——h_t 范围内上拔角 α 兜起的土体与基础体积之和，根据式（3-3）计算，m³；

G_f——基础自重，kN；

γ_s——基底以上土体重度，kN/m³，地下水位以上取天然重度，地下水位以下取有效重度；

$\gamma_{\theta1}$——基础底板影响系数，反映基础底板兜土能力大小；

ΔV_t——相邻基础影响的微体积，m³，按式（3-4）取值。

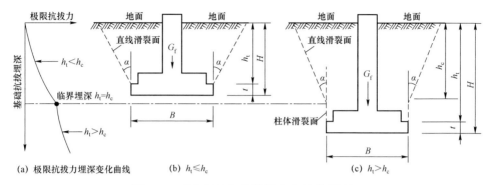

图 3-1 "土重法"抗拔承载力计算模型

(a) 极限抗拔力埋深变化曲线 (b) $h_t \leqslant h_c$ (c) $h_t > h_c$

表 3-1 水平力影响系数取值表

水平力与上拔力的比值	γ_E
0.15~0.40	1.0~0.9
0.40~0.70	0.9~0.8
0.70~1.00	0.8~0.75

土体上拔角α是混凝土现浇扩展基础抗拔承载力计算的关键参数，与地基土性质有关，工程设计中宜采用现场上拔试验确定α值大小。当无条件开展试验时，可参考 DL/T 5219—2014 中推荐值进行设计，如表 3-2 所示。对于沙漠风积沙地基，上拔角α可在 10°~15°范围内取值。

上拔土体重作为抗力的一部分，为工程安全考虑，一般取高水位进行计算。同时基坑开挖过程对土体易造成扰动，因此回填后土体的密度较原状土体密度要小，设计中常采用表 3-2 中的建议值。

表 3-2 土体上拔角及土体重度

参数	黏土及粉质黏土			粉土			砂土			
	坚硬、硬塑	可塑	软塑	密实	中密	稍密	砾砂	粗、中砂	细砂	粉砂
重度γ_s（kN/m³）	17	16	15	17	16	15	19	17	16	15
上拔角α（°）	25	20	10	25	20	10~15	30	28	26	22

注 位于地下水以下时，土体重度取有效重度，上拔角仍按本表取值。

对于台阶式底板，$\gamma_{\theta 1}$取 1.0；对于锥形底板，与基底扩展角有关，当基底扩展角θ大于 45°时（见图 3-2），$\gamma_{\theta 1}$取 1.0，反之$\gamma_{\theta 1}$取 0.8。

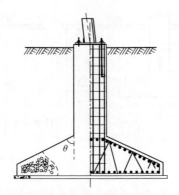

图 3-2 锥型底板的扩展角 θ

$$V_t = \begin{cases} h_t \left(B^2 + 2Bh_t \tan\alpha + \dfrac{4}{3} h_t^2 \tan^2\alpha \right) & (h_t \leqslant h_c) \\ h_c \left(B^2 + 2Bh_c \tan\alpha + \dfrac{4}{3} h_c^2 \tan^2\alpha \right) + B^2(h_t - h_c) & (h_t > h_c) \end{cases} \quad (3-3)$$

式中 B ——基础底面宽度，m;

α ——土体上拔角，按照表 3-2 取值，(°);

h_c ——基础上拔临界深度，m，按照表 3-3 取值;

h_t ——基础的抗拔计算深度，m。

表 3-3 h_c 取值   （m）

土的名称	土的天然状态	h_c
砂类土、粉土	密实—稍密	3.0B
黏性土	坚硬—硬塑	2.5B
	可塑	2.0B
	软塑	1.5B

当相邻基础轴心距离 $L \geqslant B + 2h_t \tan\alpha$ 时，可不考虑相邻基础之间的影响，$\Delta V_t = 0$；当 $L < B + 2h_t \tan\alpha$ 时，ΔV_t 可由式（3-4）计算得到，计算简图见图 3-3

$$\Delta V_t = \frac{(B + 2h_t \tan\alpha - L)^2}{24 \tan\alpha}(2B + L + 4h_t \tan\alpha) \quad (3-4)$$

（二）下压稳定

1. 地基承载力

地基承载力特征值应根据荷载试验或其他原位测试、计算并结合工程实践

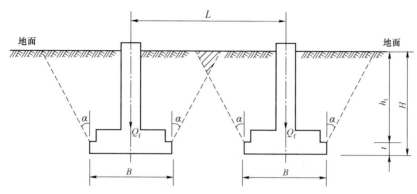

图 3-3　相邻基础抗拔承载力计算简图

经验等方法综合确定。在无资料时，未修正的地基承载力特征值 f_{ak} 可参考 DL/T 5219—2014 附录 F 取值。

当基础底面宽度大于 3m 或埋置深度大于 0.5m 时，地基承载力特征值按下式进行修正

$$f_a = f_{ak} + \eta_b \gamma (B-3) + \eta_d \gamma_s (H-0.5) \qquad (3-5)$$

式中　η_b、η_d——分别为基础宽度和埋深的地基承载力修正系数，按基底下的土的类别查表 3-4 取值；

γ——基底以下土体重度，kN/m^3，地下水位以上取天然重度，地下水位以下取有效重度，此处的土体重度同样作为地基抗力，工程设计中取高水位进行计算；

B——基础底面宽度，m，小于 3m 时，按 3m 取值，大于 6m 时按 6m 取值。

表 3-4　　　　　　　　　　　地基承载力修正系数表

土的类别		宽度修正系数 η_b	深度修正系数 η_d
淤泥和淤泥质土		0	1.0
人工填土 e 或 I_L 不小于 0.85 的黏性土		0	1.0
红黏土	含水比 $\alpha_w > 0.8$	0	1.2
	含水比 $\alpha_w \leq 0.8$	0.15	1.4
大面积压实填土	压实系数大于 0.95、黏粒含量 $\rho_c \geq 10\%$ 的粉土	0	1.5
	最大干密度大于 2.1t/m^3 的级配砂石	0	2.0
粉土	黏粒含量 $\rho_c \geq 10\%$ 的粉土	0.3	1.5
	黏粒含量 $\rho_c < 10\%$ 的粉土	0.5	2.0

土的类别	宽度修正系数η_b	深度修正系数η_d
e 及 I_L 均小于 0.85 的黏性土	0.3	1.6
粉砂、细砂（不包括很湿与饱和时的稍密状态）	2.0	3.0
中砂、粗砂、砾砂和碎石土	3.0	4.4

注 强风化和全风化的岩石，参照所风化成的相应土类取值，其他状态下的岩石不修正。

2. 基底压力

对于开挖回填类的混凝土现浇扩展基础，在计算基础弯矩时不考虑基础周围土体抗力对基础承载性能的贡献。这主要由于回填土体在天然状态下固结时间长，难以在短时间内恢复其原状性，土体抗力小。此外，回填过程中，地基土体的密实度一般难以得到保证，因此基础周围土体抗力可作为设计安全裕度，不参与承载力计算。

对直柱基础，作用于基顶中心的水平力在基础底面 x、y 方向产生的弯矩分别为

$$M_x = N_x(h_0 + H) \tag{3-6}$$

$$M_y = N_y(h_0 + H) \tag{3-7}$$

式中　N_x、N_y——基础下压时 x、y 向水平力设计值，kN；

　　　h_0——基础露出地面高度（简称"露头"），m。

对斜柱基础，由于立柱顶面中心与基底中心存在偏心，作用在基顶中心的竖向力对基础底板会产生负弯矩。水平力与竖向力组合荷载在基础底面 x、y 方向产生的弯矩分别为

$$M_x = N_x(h_0 + H) - N_E e_x \tag{3-8}$$

$$M_y = N_y(h_0 + H) - N_E e_y \tag{3-9}$$

式中　N_E——下压力设计值，kN；

　　　e_x、e_y——基顶截面中心与基底截面中心之间的偏心距，m。

对于竖向荷载作用下的输电线路基础，基底平均压力 p_0 采用式（3-10）进行计算

$$p_0 = \frac{N_E + \gamma_G G}{A} \tag{3-10}$$

式中　γ_G——永久荷载分项系数，取 1.2；

　　　G——基础自重和基础上部土重（应扣除地下水位以下的浮力），kN，计算中平均重度可取 20kN/m³；需要指出的是，此处基础和土体自重

是作为荷载的一部分，为工程安全考虑，宜取低水位进行计算；

A ——基础底板面积，m^2。

对竖向下压力和水平力同时作用的输电线路基础，基底压力分布不均匀，呈图 3-4 所示的分布形态，基底边缘处最大压力 p_{max} 和最小压力 p_{min} 分别采用式（3-11）和式（3-12）进行计算

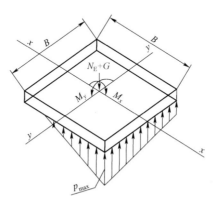

图 3-4 双向偏心荷载作用示意图

$$p_{min} = \frac{N_E + \gamma_G G}{A} - \frac{M_x}{W_y} - \frac{M_y}{W_x} \qquad (3-11)$$

$$p_{max} = \begin{cases} \dfrac{N_E + \gamma_G G}{A} + \dfrac{M_x}{W_y} + \dfrac{M_y}{W_x} & (p_{min} \geqslant 0) \\[3mm] 0.35 \times \dfrac{N_E + \gamma_G G}{C_x C_y} & (p_{min} < 0) \\[3mm] C_{x(y)} = \dfrac{b}{2} - \dfrac{M_{x(y)}}{N_E + \gamma_G G} & \end{cases} \qquad (3-12)$$

式中 W_x、W_y ——分别为基础底面绕 x、y 轴的截面抵抗矩，m^3，对方形底板

$$W_x = W_y = \frac{B^3}{6}$$

3. 持力层地基承载力计算

对于同时承受竖向下压力和水平力共同作用的输电线路基础，基底平均压力 p_0 及边缘处最大压力 p_{max} 应同时满足式（3-13）

$$\begin{cases} \gamma_{rf} p_0 \leqslant f_a \\ \gamma_{rf} p_{max} \leqslant 1.2 f_a \end{cases} \qquad (3-13)$$

式中　γ_{rf}——地基承载力调整系数，取 0.75；

　　　p_0——基底平均压力，可根据式（3-10）计算；

　　　p_{max}——基底边缘处最大压力，根据式（3-12）计算。

4. 软弱下卧层承载力计算

当地基持力层以下有软弱下卧层时，下卧层地基强度应满足式（3-14）

$$\gamma_{rf}(p_{cz} + p_z) \leqslant f_{az} \qquad (3-14)$$

式中　p_{cz}——软弱下卧层顶面处土的自重压力，应扣除地下水位以下的浮力，kPa；

　　　p_z——软弱下卧层顶面处的附加压力，对于方形底板的混凝土现浇扩展基础，可由式（3-15）计算得到，kPa；

　　　f_{az}——软弱下卧层经深度 $H+z$ 修正后的地基承载力特征值，kPa。

软弱下卧层顶面处土的附加压力，应扣除地下水位以下的浮力

$$p_z = \frac{B^2(p_0 - p_c)}{(B + 2z\tan\theta)^2} \qquad (3-15)$$

式中　p_0——基底平均压力，计算方法同上；

　　　p_c——基底处土体的自重压力，kPa，按照式（3-16）计算；

　　　z——基础底面至下卧层顶面距离，m，如图 3-5 所示，由勘测资料获取，可视为已知条件；

　　　θ——地基土压力扩散角，如图 3-5 所示，(°)。θ 宜由试验确定，无试验数据时，可通过表 3-5 查取，当 $z/B < 0.25$ 时，取 $\theta = 0°$，$z/B > 0.5$ 时，θ 按照 $z/B=0.5$ 时取值，$0 < z/B < 0.25$ 时，θ 按线性内插法取用。

$$p_c = \gamma_s H \qquad (3-16)$$

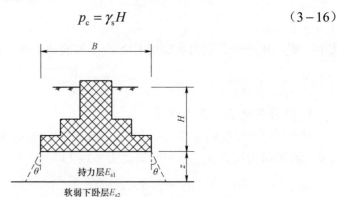

图 3-5　软弱下卧层计算示意图

表 3-5　　　　　　　　　　　地基压力扩散角θ

E_{s1}/E_{s2}	z/B	
	0.25	0.50
3	6°	23°
5	10°	25°
10	20°	30°

表 3-5 中的 E_{s1}、E_{s2} 分别为上部持力土层压缩模量与下部软弱下卧土层压缩模量，MPa，如图 3-5 所示。当两相邻受压基础的中心距离 $L<B+2z\tan\theta$ 时，软弱下卧层顶面处附加应力尚应加上相邻基础对该层的附加压应力，相邻基础引起的附加压应力按照角点法计算。

5. 地基变形计算

地基的不均匀沉降会对输电线路的安全稳定产生影响。基础的不均匀沉降对铁塔稳定的影响程度可用基础的最大倾斜率 δ 定量表示，计算式如下

$$\delta=\frac{\Delta s}{L}\qquad(3-17)$$

式中　Δs——相邻塔腿的最大变形差，m；

　　　L——塔腿相邻基础轴心距离，m。

DL/T 5219—2014 规定基础的最大倾斜率δ（不包含基础预偏值）允许值见表 3-6。

表 3-6　　　　　　　　　　基础最大倾斜率δ允许值

杆塔总高度 H_g（m）	$H_g\leq50$	$50<H_g\leq100$	$100<H_g\leq150$	$150<H_g\leq200$	$200<H_g\leq250$	$250<H_g\leq300$
δ	0.006	0.005	0.004	0.003	0.002	0.0015

计算地基变形时，地基应力分布基于各向同性均质的线性变形体假设，其最终变形（沉降）量可按式（3-18）计算

$$s=\psi_s s'=\psi_s\sum_{i=1}^{n}\frac{p_0'}{E_{si}}(z_i\bar{a}_i-z_{i-1}\bar{a}_{i-1})\qquad(3-18)$$

式中　s——地基最终变形量，m；

　　　s'——按分层总和法计算的地基变形量，m；

ψ_s ——沉降计算经验系数，根据地区沉降观测资料及经验确定，也可采用表 3-7 数值；

n ——地基沉降计算深度范围内所划分的土层数；

p_0' ——准永久组合作用效应下基础底面处的附加压力，kPa；

E_{si} ——基础底面下第 i 层土的压缩模量（取土的自重压力至土的自重压力与附加压力之和的压力段计算），MPa；

z_i、z_{i-1} ——基础底面至第 i 层土、第 $i-1$ 层土底面的距离，m；

$\overline{a}_i$、$\overline{a}_{i-1}$ ——基础底面计算点至第 i 层土、第 $i-1$ 层土底面范围内平均附加应力系数，取值参见 GB 50007—2011 附录 K。

表 3-7   沉降计算经验系数 ψ_s

基底附加压力 p_0' （kPa）	$\overline{E}_s$（MPa）				
	2.5	4.0	7.0	15.0	20.0
$p_0' \geqslant f_{ak}$	1.4	1.3	1.0	0.4	0.2
$p_0' \leqslant 0.75 f_{ak}$	1.1	1.0	0.7	0.4	0.2

表 3-7 中的 $\overline{E}_s$ 为沉降计算深度范围内压缩模量的当量值，MPa，按照式（3-19）计算

$$\overline{E}_s = \frac{\sum A_i}{\sum \dfrac{A_i}{E_{si}}} \tag{3-19}$$

式中 A_i ——第 i 层土附加应力系数沿土层厚度的积分值。

图 3-6 中的 z_n 为地基沉降计算深度。对于一般黏性土，当地基某深度处的计算变形量满足式（3-20）时，该深度范围内的土层即为地基沉降计算深度

$$\Delta s_n' = 0.025 \sum_{i=1}^{n} \Delta s_i' \tag{3-20}$$

式中 $\Delta s_i'$ ——计算深度范围内，第 i 层土的计算变形值，mm；

$\Delta s_n'$ ——在由计算深度向上取厚度为 Δz 的土层计算变形值，mm，Δz 见图 3-6，并按表 3-8 确定。如确定的计算深度下部仍有较软土层时，应继续计算。

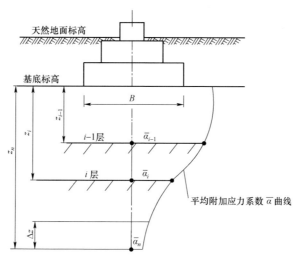

图 3-6 基础沉降计算分层示意图

表 3-8   **Δz 取值**

B (m)	$B \leqslant 2$	$2 < B \leqslant 4$	$4 < B \leqslant 8$	$B > 8$
Δz (m)	0.3	0.6	0.8	1.0

计算地基变形时,应考虑相邻荷载的影响,其值可按应力叠加原理,采用角点法计算。当塔腿相邻基础轴心距离 L 较大时,可不考虑相邻荷载的影响,基础中点的地基沉降计算深度也可按下式进行确定

$$z_n = B(2.5 - 0.4 \ln B) \qquad (3-21)$$

此外,当地基持力层计算深度范围内存在基岩或硬土层时,z_n 的取值应满足以下要求:

(1)计算深度范围内存在基岩时,z_n 可取至基岩表面;

(2)计算深度范围内存在较厚的坚硬黏性土层,其孔隙比小于 0.5、压缩模量大于 50MPa,或存在较厚的密实砂卵石层,其压缩模量大于 80MPa,可取至该层土表面。

(三)倾覆稳定

混凝土现浇扩展基础在水平荷载作用下可能出现基底边缘处最小压力 $p_{\min} \leqslant 0$ 的情况,使底板有脱离地基岩土体的趋势,因此需要验算基础倾覆稳定性。

在进行基础上拔倾覆稳定计算时,假设倾覆力矩由水平力和上拔力共同产生,抗倾覆力矩由上拔角范围内土重和基础自重共同产生，转动中心位于底板底部边缘，其位置由水平力 T_x、T_y 合力方向确定，如图 3－7 所示，计算过程见式（3－22）～式（3－24）。

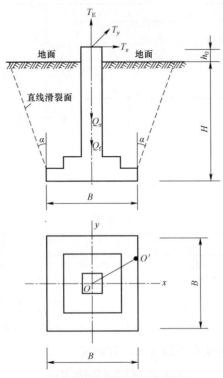

图 3－7　倾覆稳定计算简图

$$\gamma_f \left(M_T + M_{TH} \right) \leqslant Q_s L_{OO'} \tag{3－22}$$

$$M_T = T_E L_{OO'} \tag{3－23}$$

$$M_{TH} = \sqrt{T_x^2 + T_y^2} \left(H + h_0 \right) \tag{3－24}$$

式中　　T_x、T_y——分别为基础上拔时所受的 x 向、y 向水平力设计值，kN；

M_T——上拔力对水平力合力作用线与基础底面交点 O' 的弯矩，kN·m；

M_{TH}——T_x、T_y 合力对其合力作用线与基础底面交点 O' 的弯矩，kN·m；

Q_s——上拔角范围内的土重和基础自重之和，kN；

$L_{OO'}$——基础中心 O 与 T_x、T_y 合力作用线与基础底面交点 O' 之间距离，m，对于斜柱基础或当地脚螺栓偏心设置时，$L_{OO'}$ 取地脚螺栓中心在底面处的投影与点 O' 之间的距离。

对于承受下压力与水平力组合作用下的输电线路基础，由于水平力与下压力对基础产生的转动趋势方向相反，基础自稳性强，一般情况下不作为设计控制因素，因此可不予考虑。

二、混凝土构件承载力计算

混凝土构件承载力计算是为了保证构件自身具有足够的强度，不会发生材料破坏。混凝土现浇扩展基础构件承载力的计算主要包括立柱正截面承载力、立柱斜截面承载力、底板正截面承载力等六项内容，具体如表 3-9 所示。

表 3-9　　　　　　　混凝土现浇扩展基础构件承载力计算内容

构件名称	计算项内容	计算目的	适用基础型式
立柱	立柱正截面承载力	立柱配筋	刚性台阶基础、柔性扩展基础
	立柱斜截面承载力	立柱配箍	刚性台阶基础、柔性扩展基础
底板	混凝土底板正截面承载力	宽高比控制	刚性台阶基础
	钢筋混凝土底板正截面承载力	底板配筋	柔性扩展基础
	钢筋混凝土底板受冲切承载力	宽高比控制	柔性扩展基础
	钢筋混凝土底板受剪承载力	宽高比控制	柔性扩展基础

（一）立柱承载力

1. 立柱正截面承载力计算

输电线路基础同时承受竖向荷载与水平荷载作用，基础立柱截面在这种组合荷载作用下会产生弯曲效应。试验表明：在构件的受弯区段会产生垂直裂缝而导致正截面受弯破坏。为避免基础立柱发生弯曲破坏，工程设计中需要配置一定量的纵筋保证立柱正截面承载力满足设计要求。根据 GB 50010—2010《混凝土结构设计规范（2015 年版）》相关要求及输电线路基础受力特点，在进行立柱正截面承载力计算时，遵循以下基本假定：

（1）截面应变保持平面；

（2）不考虑混凝土的抗拉强度；

（3）混凝土受压应力—应变曲线已确定；

（4）纵向受拉钢筋的极限拉应变取 0.01；

（5）立柱截面采用双向对称配筋。

对于输电线路悬垂型杆塔基础，一般受上拔荷载控制，其钢筋混凝土方形截面可按照双向偏心受拉构件配置纵筋；对于耐张塔、悬垂型转角塔或其他大荷载杆塔基础，首先采用双向偏心受拉构件配置纵筋，然后采用双向偏心受压构件进行正截面承载力校核。

（1）按照双柱截面配筋设计时，已知截面作用力（包括上拔力、下压力、水平力）、截面尺寸参数、混凝土及钢筋材料的规格和强度参数，需要计算出截面的受力钢筋面积。

对于截面宽度为 b_0 且双向偏心受拉的基础立柱，其正截面纵向钢筋截面面积按式（3-25）和式（3-26）计算

$$A_s \geq 2T \left(\frac{1}{2} + \frac{e_{0x}}{Z_x} + \frac{e_{0y}}{Z_y} \right) \frac{\gamma_{ag}}{f_y} \qquad (3-25)$$

$$\begin{cases} A_{sy} \geq 2T \left(\frac{n_y}{n} + \frac{2e_{0y}}{n_x Z_y} + \frac{e_{0x}}{Z_x} \right) \frac{\gamma_{ag}}{f_y} \\[3mm] A_{sx} \geq 2T \left(\frac{n_x}{n} + \frac{2e_{0x}}{n_y Z_x} + \frac{e_{0y}}{Z_y} \right) \frac{\gamma_{ag}}{f_y} \end{cases} \qquad (3-26)$$

$$T'_E = \frac{c_1 T_x + c_2 T_y + T_E}{\sqrt{1 + c_1^2 + c_2^2}} \qquad (3-27)$$

$$T'_x = \frac{T_x - c_1 T_E}{\sqrt{1 + c_1^2}} \qquad (3-28)$$

$$T'_y = \frac{T_y - c_2 T_E}{\sqrt{1 + c_2^2}} \qquad (3-29)$$

$$c_1 = \frac{A_2 - A_1}{2H_v} \qquad (3-30)$$

$$c_2 = \frac{B_2 - B_1}{2H_v} \qquad (3-31)$$

$$e_{0x} = \frac{T_x L_c}{T} \qquad (3-32)$$

$$e_{0y} = \frac{T_y L_c}{T} \qquad (3-33)$$

$$Z_x = Z_y = b_0 - 2c_t - d_r - 2d_{gr} \qquad (3-34)$$

式中　A_s——立柱正截面全部纵向钢筋截面面积，m^2；

T——沿立柱方向的上拔力设计值，直柱基础取值 T_E，斜柱基础采用式（3-27）荷载转换计算后的 T_E' 进行计算，kN；

e_{0x}、e_{0y}——分别为 T 沿 x、y 轴方向的偏心距，可由式（3-32）和式（3-33）计算，对于斜柱基础，T_x、T_y 分别采用 T_x'、T_y' 代替计算；

A_{sx}、A_{sy}——分别为立柱正截面平行于 x、y 轴两侧钢筋的截面面积，见图 3-8 所示，m^2；

Z_x、Z_y——分别为平行于 x、y 轴两侧纵向钢筋截面面积重心间距，见图 3-8，可由式（3-34）计算，m；

γ_{ag}——钢筋配筋调整系数，取 1.10；

f_y——钢筋抗拉强度设计值，kPa；

n——截面内纵向钢筋总根数；

n_x、n_y——分别为平行于 x、y 轴方向一侧钢筋根数；

T_E'——沿立柱方向的上拔力设计值换算值，kN；

c_1、c_2——分别为塔腿正、侧面坡度值，根据式（3-30）、式（3-31）计算获得；

T_x'、T_y'——分别为垂直斜柱平面 x、y 向水平力设计值换算值，kN；

A_1——塔腿正面上开口宽度，m；

A_2——塔腿正面下开口宽度，m；

B_1——塔腿侧面上开口宽度，m；

B_2——塔腿侧面下开口宽度，m；

H_v——塔腿主材轴线垂高，m，各参数的含义见图 3-9；

L_c——立柱长度，m；

b_0——立柱宽度，m；

c_t——纵筋保护层厚度，取纵筋外箍筋外侧至立柱截面边缘之间的距离，如图 3-8 所示，m；

d_r——立柱纵筋直径，m；

d_{gr}——立柱外箍筋直径，m。

（2）按照双向偏心受压构件校核承载力。进行正截面承载力校核时，已知截面尺寸参数、混凝土及钢筋材料的规格和强度参数，以及截面受力钢筋的面积，需要计算出截面的受压承载力，

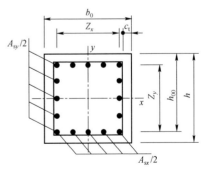

图 3-8　立柱截面各参数示意图

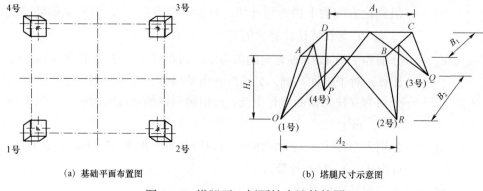

(a) 基础平面布置图   (b) 塔腿尺寸示意图

图 3-9 塔腿正、侧面坡度计算简图

判定是否满足下压力及弯矩的承载力要求。

双向偏心受压构件是指构件所承受的轴向压力在截面两个主轴方向均有偏心，或者构件同时承受通过截面重心的轴向压力及位于两个主轴平面内的弯矩作用。钢筋混凝土双向偏心受压构件正截面承载力的计算方法包括理论精确法、工程近似法、图表法等。GB 50010—2010 推荐采用倪克勤（Nikitin）式的工程近似法，对于具有两个相互垂直的对称主轴的钢筋混凝土双向偏心受压构件，采用式（3-35）进行正截面承载力的校核计算

$$N_E \leqslant \frac{1}{\dfrac{1}{N_{ux}} + \dfrac{1}{N_{uy}} - \dfrac{1}{N_{u0}}} \qquad (3-35)$$

$$N_{u0} = f_c A_0 + f'_y A_s \qquad (3-36)$$

式中 N_{u0}——立柱截面轴心受压承载力，kN，按照式（3-36）计算；

N_{ux}、N_{uy}——分别为轴向压力作用于 x、y 轴，并考虑相应的计算偏心距后，按全部纵向钢筋计算的立柱偏心受压承载力，根据轴向压力 N_E 在立柱截面上偏心距的大小，N_{ux}、N_{uy} 按照大偏心或小偏心两种状态进行计算，kN；

A_0——立柱截面面积，m^2；

f_c——混凝土轴心抗压强度设计值，kPa；

f'_y——钢筋抗压强度设计值，kPa。

由 GB 50010—2010 可知，矩形截面偏心受压构件正截面承载力满足以下条件

$$N_{ux} = \alpha_1 f_c b_0 x + f'_y A'_s - \sigma_s A_s \qquad (3-37)$$

$$N_{ux} e = a_1 f_c b_0 x \left(h_{00} - \frac{x}{2} \right) + f'_y A'_s (h_{00} - \alpha'_s) \qquad (3-38)$$

其中
$$e = e_i + \frac{b_0}{2} - \alpha_s$$

$$e_i = e_0 + e_a$$

式中　α_1——系数，由表 3–10 查取；

　　　x——受压区高度，m；

　　　A_s'——受压区纵向钢筋的截面面积，m²；

　　　σ_s——纵向钢筋的应力，取值与构件的大小偏心状态有关；

　　　e——轴向力作用点至受拉钢筋 A_s 合力点之间的距离，m；

　　　e_i——初始偏心距，m；

　　　e_0——轴向压力对截面重心的偏心距，m；

　　　e_a——附加偏心距，m，取偏心方向截面尺寸的 1/30 和 20mm 中的较大值；

　　　α_s——纵向受拉钢筋的合力点至截面近边缘的距离，m；

　　　α_s'——受压区纵向钢筋的合力点至截面受压边缘的距离，m。

表 3–10　　　　　　　　　　　　　　α_1 取值

混凝土强度等级	≤C50	C55	C60	C65	C70	C75	C80
α_1	1.0	0.99	0.98	0.97	0.96	0.95	0.94

1）当 $\xi < \xi_b$ 时，为大偏心受压构件，其中相对受压区高度 $\xi = x/h_{00}$，界限相对受压区高度 ξ_b 按照式（3–39）计算（对于 C50 及以下等级的混凝土，可查表 3–11 取值），式（3–37）中的纵向钢筋应力 $\sigma_s = f_y$

$$\xi_b = \frac{\beta_1}{1 + \frac{f_y}{E_s \varepsilon_{cu}}} \tag{3–39}$$

式中　β_1——系数，C50 及以下等级混凝土，取 0.8；

　　　E_s——钢筋弹性模量，kPa；

　　　ε_{cu}——正截面的混凝土极限压应变，计算式为 $0.0033 - (f_{cu,k} - 50) \times 10^{-5}$ 且不大于 0.0033；

　　　$f_{cu,k}$——混凝土立方体抗压强度标准值，kPa。

2）当 $\xi > \xi_b$ 时，为小偏心受压构件，其中式（3–37）中的纵向钢筋应力 σ_s 根据式（3–40）计算

$$\sigma_s = \frac{f_y}{\xi_b - \beta_1}\left(\frac{x}{a_{s1}} - \beta_1\right) \tag{3–40}$$

105

式中 a_{s1}——纵向受拉钢筋截面重心至截面受压边缘的距离，m。

3）完成截面配筋后，式（3－37）和式（3－38）中的 A_s 和 A_s' 均已知。事先假设立柱截面为大偏心受压构件，联立式（3－37）和式（3－38），分别计算出 N_{ux}、x 和 ξ，然后根据 ξ 与 ξ_b 的大小关系，判定事先假设是否成立。若成立，则将计算得到的 N_{ux} 代入式（3－35），进行承载力校核；反之，则联立式（3－37）、式（3－38）和式（3－40），计算出 N_{ux}，同理，将计算得到的 N_{ux} 代入式（3－35），进行承载力的校核。N_{uy} 的计算过程同上。

表 3－11 　　　　　　　　　　　　　ξ_b 取值

混凝土强度等级	钢筋种类	
	HRB400、HRBF400、RRB400	HRB500、HRBF500
≤C50	0.518	0.482

2. 立柱斜截面承载力计算

同时承受竖向和水平荷载的基础立柱，除在主要受弯区段内产生垂直裂缝而导致正截面受弯破坏外，在其剪力和弯矩共同作用的剪跨区段内，还会产生斜裂缝并有可能沿斜裂缝导致截面受剪破坏。因此对于偏心受压或偏心受拉基础立柱还需要进行斜截面承载力计算。

基础立柱斜截面破坏主要包括斜拉破坏、剪压破坏和斜压破坏三种破坏形态。为避免立柱截面发生上述破坏，需要立柱截面的尺寸以及箍筋用量满足斜截面承载力的要求。

（1）截面尺寸控制条件。对于矩形截面的基础立柱，其受剪截面应符合以下条件。

当 $h_w / b_0 \leqslant 4$ 时

$$V \leqslant 0.25\beta_c f_c b_0 h_{00} \qquad (3-41)$$

当 $h_w / b_0 \geqslant 6$ 时

$$V \leqslant 0.2\beta_c f_c b_0 h_{00} \qquad (3-42)$$

当 $4 < h_w / b_0 < 6$ 时，按照线性内插法确定。

以上式中　V——立柱截面剪切力，kN，数值等于作用于基础顶面的水平力；

　　　　　β_c——混凝土强度影响系数，当混凝土强度等级不超过 C50 时，β_c 取 1.0；

　　　　　f_c——混凝土轴心抗压强度设计值，kPa；

　　　　　h_w——截面的腹板高度，m，矩形截面 $h_w=h_{00}$。

（2）偏心受压柱斜截面抗剪承载力计算。承受剪力的偏心受压立柱，按照式（3－43）计算截面配箍量

$$A_{sv} = \frac{s\left(V - \dfrac{1.75}{\lambda+1} f_t b_0 h_{00} - 0.07N\right)}{f_{yv} h_{00}} \qquad (3-43)$$

式中　A_{sv}——配置在同一截面内的各肢箍筋的全部截面面积，m^2；

　　　n——同一截面内的箍筋肢数；

　　　A_{sv1}——单肢箍筋的截面面积，m^2；

　　　s——沿立柱长度方向的箍筋间距，m；

　　　V——作用于立柱截面的剪力设计值，$V = \sqrt{N_x^2 + N_y^2}$，kN；

　　　N——与剪力设计值 V 相应的轴向压力设计值，$N = N_E$，kN，当
　　　　　$N > 0.3 f_c A_0$，$N = 0.3 f_c A_0$；

　　　λ——计算剪跨比；

　　　f_t——混凝土轴心抗拉强度设计值，kPa；

　　　f_{yv}——箍筋抗拉强度设计值，kPa。

对于钢筋混凝土偏心受压构件，当满足式（3-44）时，仅需根据规范所规定的构造要求配置箍筋

$$V \leqslant \frac{1.75}{\lambda+1} f_t b_0 h_{00} + 0.07N \qquad (3-44)$$

（3）偏心受拉柱斜截面抗剪承载力计算。承受剪力的偏心受拉柱，按照式（3-45）计算截面配箍量

$$A_{sv} = \frac{s\left(V + 0.2T - \dfrac{1.75}{\lambda+1} f_t b_0 h_{00}\right)}{f_{yv} h_{00}} \qquad (3-45)$$

其中　　　　　　　　　　　$V = \sqrt{T_x^2 + T_y^2}$

式中　V——作用于立柱截面的剪力设计值，kN；

　　　T——与剪力设计值 V 相应的轴向拉力设计值，$T = T_E$；

其他参数同式（3-43）。

当 $\dfrac{1.75}{\lambda+1} f_t b_0 h_{00} < 0.2T$ 时，$A_{sv} = \dfrac{Vs}{f_{yv} h_{00}}$，同时 $A_{sv} \geqslant \dfrac{0.36 f_t b_0 h_{00} s}{f_{yv} h_{00}}$。

式（3-43）和式（3-45）中有两个未知变量 A_{sv} 和 s，当立柱纵筋直径确定后，箍筋间距 s 可参考表 3-12 取值，再根据式（3-43）或式（3-45）计算 $A_{sv}(=nA_{s1})$，进而确定箍筋截面面积 A_{s1} 和箍筋肢数 n。

表 3–12　　　　　　　　　　　　箍筋间距

主筋直径（mm）	箍筋间距 s（mm）	主筋直径（mm）	箍筋间距 s（mm）
12	180	22	280
14	210	25	300
16	240	28	300
18	245	32	300
20	280		

（二）底板承载力

1. 素混凝土底板正截面承载力

对于下压荷载作用下的刚性台阶基础的素混凝土底板，为保证图 3–10 所示的变截面处（1–1，2–2，⋯，i–i）的素混凝土满足正截面承载力要求，变截面处（1–1，2–2，⋯，i–i）基底静反力 p_j 不得大于混凝土强度的允许值 $[\sigma]$，如式（3–46）所示

$$p_j = \frac{p_{j\max} + p_{ji}}{2} < [\sigma] \qquad (3-46)$$

式中　　　p_j——基础下压时，基底平均净反力，kPa；

$p_{j\max}$——基础下压时，基底最大净反力，kPa，按照式（3–47）计算；

$p_{ji}(i=1,2,\cdots)$——基础下压时，计算截面处基底净反力，kPa，按照式（3–48）计算；

$[\sigma]$——根据素混凝土抗拉强度确定的基底压力允许值，按照式（3–49）计算，kPa。

$$p_{j\max} = \max\left(\frac{N_E}{B^2} + \frac{M_x}{W_y}, \frac{N_E}{B^2} + \frac{M_y}{W_x} \right) \qquad (3-47)$$

$$p_{ji}(i=1,2,\cdots) = \begin{cases} \dfrac{b_i' + \psi}{B + \psi} p_{j\max} & (p_{j\min} > 0) \\[2mm] \dfrac{b_i'}{B} p_{j\max} & (p_{j\min} = 0) \\[2mm] \text{其中 } \psi = \dfrac{p_{j\min}}{p_{j\max} - p_{j\min}} B \end{cases} \qquad (3-48)$$

式中 b_i'——计算截面至底板边缘距离（p_{jmin} 端），m。

$$[\sigma] = 0.55 f_t \frac{\tan \delta - \delta}{\delta} \qquad (3-49)$$

式中 δ——根据底板变阶高宽比计算确定。

2. 素混凝土底板上拔剪切承载力

上拔荷载作用下的刚性台阶基础的素混凝土底板，其变截面处，如图 3-11 中所示的 1-1，2-2，…，i-i 截面）的剪切承载力应满足式（3-50）要求

$$\begin{cases} V_i \leqslant 0.4 b_{0i} h_{xi} f_t \\ V_i = \dfrac{\sigma_{jmax} + \sigma_{ji}}{2} A_{ci} \end{cases} \qquad (3-50)$$

式中 σ_{jmax}——基础上拔时，基底最大净反力，按照式（3-51）计算，kPa；

σ_{ji}——基础上拔时，计算截面处净反力，按照式（3-52）计算，kPa；

A_{ci}——基础上拔时，图 3-11 所示梯形面积，m²；

b_{0i}、h_{xi}——分别为计算截面的宽度和高度，m，如图 3-11 所示。

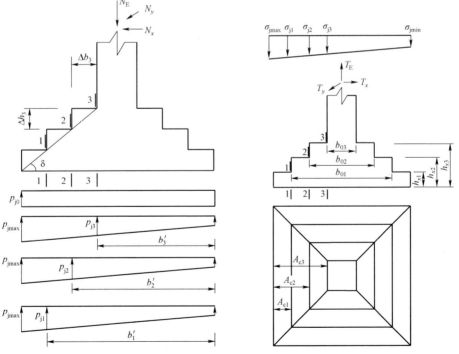

图 3-10 混凝土底板下压时承载力计算简图 图 3-11 混凝土底板上拔时承载力计算简图

$$\sigma_{jmax} = \max\left(\frac{T_E}{B^2 - b_0^2} + \frac{6M_x B}{B^4 - b_0^4}, \frac{T_E}{B^2 - b_0^2} + \frac{6M_y B}{B^4 - b_0^4}\right) \quad (3-51)$$

$$\sigma_{ji}(i=1,2,\cdots) = \begin{cases} \dfrac{b_i' + \psi}{B + \psi}\sigma_{jmax} & (\sigma_{jmin} > 0) \\[2mm] \dfrac{b_i'}{B}\sigma_{jmax} & (\sigma_{jmin} = 0) \\[2mm] \psi = \dfrac{\sigma_{jmin}}{\sigma_{jmax} - \sigma_{jmin}}B \end{cases} \quad (3-52)$$

3. 素混凝土受拉正截面承载力

刚性台阶基础的立柱通常配置受拉钢筋，抵抗上拔与水平荷载的作用，而底板一般不配置受弯钢筋，仅靠素混凝土抵抗外荷载作用。当基础立柱不配置受拉钢筋时，仅靠地脚螺栓或插入角钢抵抗上拔力时，会在底板的上下边缘产生弯曲效应，从而导致受拉区的混凝土产生裂缝（图 3-12 中的 1-1、2-2、3-3 截面），影响基础的耐久性。为防止素混凝土基础的变截面处产生受拉破坏，底板正截面承载力可按照素混凝土的受弯构件进行计算，即满足式（3-53）的要求

$$\frac{T_E}{A_h} + \frac{M_{sx-x}}{\gamma_1 W_0} \leqslant 0.59 f_t \quad (3-53)$$

其中 $$\gamma_1 = 1.55 \times (0.7 + 120/h_{jm})$$

式中 M_{sx-x}——基础上拔时作用于截面 $x-x$（$x=1,2,3\cdots$）上的计算弯矩，kN·m，取 x、y 向水平力产生的弯矩中的较大值；

  A_h——计算截面混凝土面积，m^2；

  W_0——混凝土计算截面弹性抵抗矩，m^3；

  γ_1——受拉区混凝土塑性影响系数；

  h_{jm}——截面高度，mm，当 $h_{jm} < 400mm$ 时，取 400m，当 $h_{jm} > 1600mm$ 时，取 1600mm。

4. 钢筋混凝土正截面受弯承载力

柱下钢筋混凝土独立基础在地基净反力作用下，两个方向都要产生弯曲，若弯曲应力超过材料的抗弯强度，将要导致基础的受弯破坏。为此要对柱下独立基础进行抗弯计算，并在基础底面两个方向配置钢筋。抗弯验算要计算 x、y 两个方向的弯矩，计算时把基础底板看成是固定在柱子边的倒悬

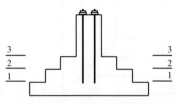

图 3-12 素混凝土立柱刚性底板正截面承载力计算简图

臂板，最大弯矩作用面在柱根截面处或台阶变截面处，如图 3-13 所示。

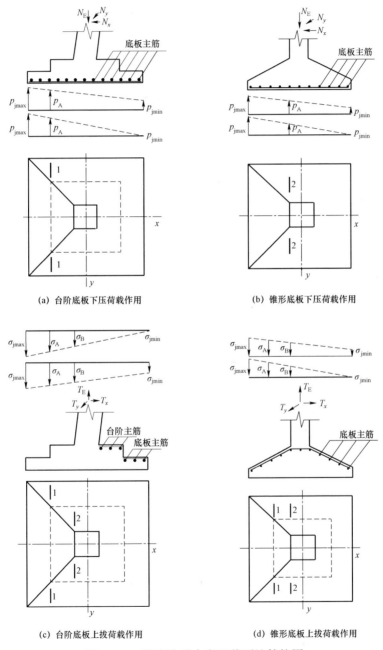

(a) 台阶底板下压荷载作用　　　　　　(b) 锥形底板下压荷载作用

(c) 台阶底板上拔荷载作用　　　　　　(d) 锥形底板上拔荷载作用

图 3-13　基底净反力弯距截面计算简图

架空输电线路基础设计

（1）弯矩计算。作用于混凝土现浇扩展基础底板截面的弯矩主要由作用于基础顶部的水平力提供。对于直柱基础，按照式（3-54）和式（3-55）计算，对于斜柱基础，由于作用于柱顶中心的竖向力相对底板中心位置产生偏心，因此进行弯矩计算时，需要扣除由于竖向力产生的负弯矩，具体按照式（3-56）和式（3-57）计算

$$M_{x,y} = N_{x,y}(H+h_0) \qquad (3-54)$$

$$M_{x,y} = T_{x,y}(H+h_0) \qquad (3-55)$$

$$M_{x,y} = N_{x,y}(H+h_0) - N_E e_{x,y} \qquad (3-56)$$

$$M_{x,y} = T_{x,y}(H+h_0) - T_E e_{x,y} \qquad (3-57)$$

（2）净反力计算。下压荷载作用下，基础底板受到基底的土压力反力作用，导致底板下边缘受拉，产生弯曲效应，为保证底板受弯承载力满足要求，需要在基础底板下边缘配置受弯钢筋，见图 3-13（a）、（b）。上拔荷载作用下，基础底板（台阶）上边缘受到基底的土压力反力作用，导致底板（台阶）上边缘受拉，产生弯曲效应，为保证底板（台阶）受弯承载力满足要求，需要在基础底板（台阶）上边缘配置受弯钢筋，见图 3-13（c）、（d）。作用于基础底板任意截面 $i-i$（i=1，2，…）处的净反力按照下式计算

$$f_{ji} = \frac{b_i' + \psi}{B + \psi} \times f_{jmax} \qquad (3-58)$$

其中
$$\psi = \frac{f_{jmin}}{f_{jmax} - f_{jmin}} \times B$$

式中　f_{ji}——计算截面处净反力，kPa，下压荷载作用时，取 p_{ji}，上拔荷载作用时，取 σ_{ji}；

　　ψ——中间变量。

式（3-58）中基底最大净反力 f_{jmax} 根据底板受力分别按式（3-59）和式（3-60）计算。

下压荷载作用　$p_{jmax} = \max\left(\dfrac{N_E}{B^2} + \dfrac{M_x}{W_y}, \dfrac{N_E}{B^2} + \dfrac{M_y}{W_x}\right) \qquad (3-59)$

上拔荷载作用　$\sigma_{jmax} = \max\left(\dfrac{T_E}{B^2 - b_i^2} + \dfrac{6M_x B}{B^4 - b_i^4}, \dfrac{T_E}{B^2 - b_i^2} + \dfrac{6M_y B}{B^4 - b_i^4}\right) \qquad (3-60)$

式中　b_i——截面计算宽度，m，对于 1-1 截面，取台阶宽度（锥形底板取中部截面），2-2 截面，取立柱宽度。

112

（3）底板配筋计算。按照"倒悬臂板"的假设模型，对基底净反力在底板宽度方向上取矩，可以得出任意截面 $i-i$（$i=1$、2、$\cdots$）处弯矩的计算如式（3-61）所示

$$M_{ji} = \frac{f_{jmax} + f_{ji}}{48}(B-b_i)^2(2B+b_i) \qquad (3-61)$$

对于锥形底板，由于底板上边缘中每一根受拉钢筋作用点至其中心轴的距离不等，无法采用精确的解析方法计算出截面弯矩，工程中通常取柱根截面处与中部截面处弯矩的较大值作为配筋计算弯矩，近年来的工程实践表明，这种近似算法是偏于安全的。以上计算方法适用于宽高比 $(\Delta h / \Delta b) \leqslant 2.5$ 时的情况。对于 $(\Delta h / \Delta b) > 2.5$ 的底板，应采用弹性地基梁模型进行计算。

GB 50010—2010 规定底板抗弯受力钢筋应满足式（3-62）要求

$$\begin{cases} A_{ws} \geqslant \dfrac{M_{ji}}{\left(h_{00} - \dfrac{x}{2}\right)f_y} \\ x = h_{00} - \sqrt{h_{00}^2 - \dfrac{2M_{ji}}{f_c B}} \end{cases} \qquad (3-62)$$

式中　x ——混凝土受压区高度，m；

$\quad A_{ws}$ ——垂直于弯矩计算截面的底板下边缘（承压时）、底板（台阶）上边缘（承拉时）纵向受拉钢筋截面面积，m^2；

$\quad h_{00}$ ——底板计算截面有效高度，m；

$\quad M_{ji}$ ——计算截面处 x 向或 y 向弯矩设计值，$kN \cdot m$。

5. 钢筋混凝土底板冲切计算

下压荷载作用下的钢筋混凝土底板，在柱根截面以及台阶变截面处易发生呈45°扩展角的冲切破坏，如图 3-14 所示。在进行底板的宽度与厚度设计时，需要进行底板冲切承载力的计算，具体计算过程见式（3-63）

$$\begin{cases} F_1 \leqslant 0.7\beta_{hp}f_t a_m h_{yx} \\ F_1 = p_{jmax}A_1 \\ a_m = \dfrac{a_t + a_b}{2} \\ p_{jmax} = \max\left(\dfrac{N_E}{B^2} + \dfrac{M_x}{W_y}, \dfrac{N_E}{B^2} + \dfrac{M_y}{W_x}\right) \end{cases} \qquad (3-63)$$

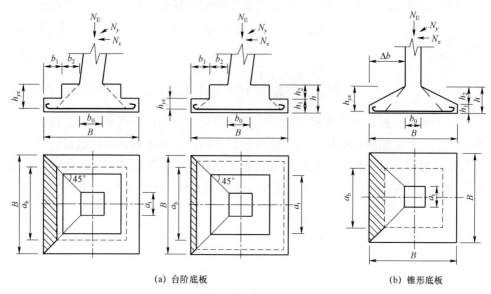

(a) 台阶底板   (b) 锥形底板

图 3-14　柔性扩展基础冲切承载力计算简图

其中

$$\beta_{hp} = \begin{cases} 1 & h \leqslant 0.8 \\ 1.07 - 0.083h_{yx} & 0.8 < h < 2 \\ 0.9 & h \geqslant 2 \end{cases}$$

式中　F_1——作用在 A_1 上的地基土净反力设计值，kN；

　　　β_{hp}——受冲切承载力截面高度影响系数；

　　　h_{yx}——基础冲切破坏椎体的有效高度，m；

　　　A_1——冲切计算时取用的部分基底面积（见图 3-14 中阴影梯形面积），m^2；

　　　a_t——冲切破坏锥体最不利一侧斜截面上边长，m；

　　　a_b——冲切破坏锥体最不利一侧斜截面在基础底面积范围内的下边长，m。

6. 钢筋混凝土底板剪切计算

钢筋混凝土底板在上拔荷载作用下，当无腹筋时，柱根截面及台阶变截面处的悬臂端会受到上部土体的压力，相应截面处易发生如图 3-15 所示的剪切破坏。

在进行底板设计时，除应计算底板的抗冲切计算，还应进行抗剪切承载力的计算，具体计算过程见式（3-64）

$$\begin{cases} V \leqslant 0.6 b_{0i} h_{00} f_{t} \\ V = \dfrac{\sigma_{j\max} + \sigma_{ji}}{2} A_{cx} \end{cases} \qquad (3-64)$$

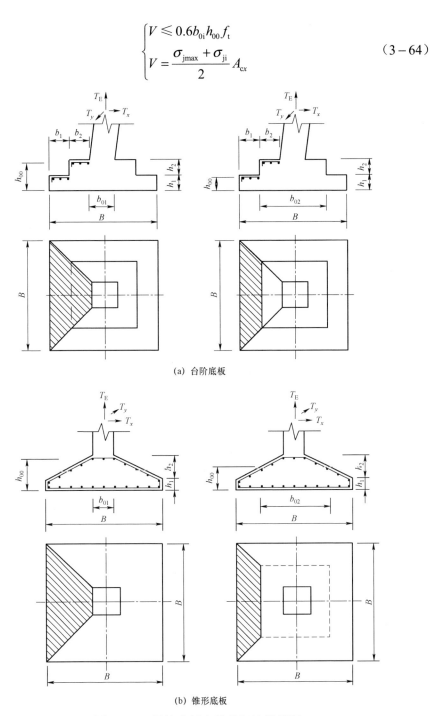

(a) 台阶底板

(b) 锥形底板

图 3-15　柔性底板上拔剪切计算简图

式中　　V——剪切力设计值，kN；

$\quad\quad b_{0i}$——计算截面处中和轴宽度，m，柱根截面处，b_{0i} 取立柱宽度，台阶变截面处，b_{0i} 取台阶宽度（锥形底板时取底板中部截面宽度）；

$\quad\quad A_{cx}$——计算截面处阴影面积，m²；

σ_{ji} 和 σ_{jmax}——分别按照式（3-58）和式（3-60）计算。

三、基础构造设计

（1）混凝土现浇扩展基础构造设计，应符合下列要求：

1）刚性台阶基础台阶数不宜大于 5，柔性扩展基础台阶数不宜大于 2。

2）柔性扩展基础锥形底板的边缘高度不宜小于 200mm，且底板坡度不宜大于 1:3；阶梯形底板每阶高度宜为 300～500mm。

3）垫层混凝土厚度不宜小于 70mm，强度等级不宜低于 C10。

4）纵向受力钢筋直径不宜小于 12mm，全部纵向钢筋配筋率不宜大于 5%，且不宜小于表 3-13 中数值。

5）柱中纵向钢筋的净间距不应小于 50mm，且不宜大于 300mm，宜在 100～200mm。

6）底板受力钢筋最小配筋率不应小于 0.15%，底板受力钢筋的最小直径不应小于 10mm，间距不应大于 200mm，也不应小于 100mm。当有垫层时，钢筋的混凝土保护层厚度不应小于 40mm；无垫层时不应小于 70mm。

7）当底板边长大于或等于 2.5m 时，底板受力钢筋长度可取底板宽度的 0.9 倍，并宜交错布置（见图 3-16）。

表 3-13　　　　　　　基础中纵向受力钢筋的最小配筋率

受力类型			最小配筋率（%）
受压钢筋	全部纵向钢筋	强度等级 500MPa	0.50
		强度等级 400MPa	0.55
		强度等级 300、335MPa	0.60
	一侧纵向钢筋		0.20
受弯构件、偏心受拉构件、轴心受拉构件一侧的受拉钢筋			0.2 和 $45f_t/f_y$ 中的较大值

注　1. 偏心受拉构件中的受压钢筋，应按受压构件一侧纵向钢筋考虑。

　　2. 受压构件的全部纵向钢筋和一侧纵向钢筋的配筋率以及轴心受拉构件和小偏心受拉构件一侧受拉钢筋的配筋率，均应按构件的全截面面积计算。

　　3. 当钢筋沿构件截面周边布置时，"一侧纵向钢筋"是指沿受力方向两个对边中一边布置的纵向钢筋。

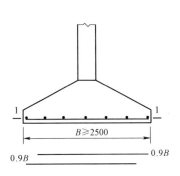
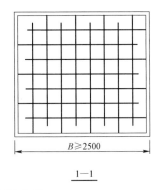

图 3-16 底板受力钢筋布置

（2）钢筋混凝土立柱纵向受力钢筋在底板内的锚固长度应符合下列规定：

1）当计算中充分利用钢筋抗拉强度时，受拉钢筋锚固长度应满足式（3-65）要求

$$l_a \geqslant 0.6\alpha \frac{f_y}{f_t} d_r \zeta_a \qquad (3-65)$$

式中 l_a ——受拉钢筋锚固长度，m，其钢筋锚固端应采取可靠锚固措施（见图 3-17）；

f_t ——混凝土轴心抗拉强度设计值，kPa，当混凝土强度等级高于 C60 时，按 C60 取值；

f_y ——钢筋抗拉强度设计值，kPa；

α ——钢筋外形系数，按表 3-14 取用；

ζ_a ——锚固长度修正系数，一般取 1.0，当钢筋直径大于 25mm 或钢筋在混凝土施工过程中易受扰动时，取 1.1。

2）当基础底板高度小于 l_a 时，纵向受力钢筋的锚固总长度除符合上述要求外，其最小直锚段的长度还不应小于 $20d_r$，弯折段长度不应小于 150mm。

表 3-14　　　　　　　　　　　钢筋外形系数 α

钢筋类型	光圆钢筋	带肋钢筋	螺旋肋钢丝	三股钢绞丝	七股钢绞丝
α	0.16	0.14	0.13	0.16	0.17

（3）混凝土现浇扩展基础立柱的纵向受力钢筋可全部采用通长布置，也可部分通长布置，部分采用插筋布置。插筋的直径以及钢筋种类应与柱内纵向受力钢筋相同，插筋的锚固长度应满足式（3-65），插筋的下端宜做成直钩放在基础底

板钢筋网上，当符合下列条件之一时，可仅将四角的插筋伸至底板钢筋网上，其余插筋锚固在基础底板下 l_a 处：

1）柱为轴心受压或小偏心受压，底板高度大于或等于 1200mm。

2）柱为大偏心受压，底板高度大于或等于 1400mm。

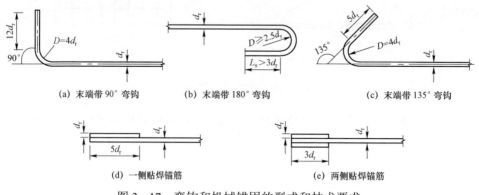

(a) 末端带 90°弯钩   (b) 末端带 180°弯钩   (c) 末端带 135°弯钩

(d) 一侧贴焊锚筋   (e) 两侧贴焊锚筋

图 3-17   弯钩和机械锚固的型式和技术要求

第二节   挖 孔 基 础

一、掏挖基础

（一）上拔稳定

1. 基础破坏模式

根据地形特点及掏挖基础所处位置，输电线路掏挖基础可分为图 3-18 所示的三种情形。图 3-18（a）所示为平地条件下的掏挖基础，图 3-18（b）和图 3-18（c）分别为临坡、斜坡条件下的掏挖基础。输电线路斜坡条件下的基础需要考虑斜坡地形边界对掏挖基础承载性能降低的影响，而临坡条件下的基础

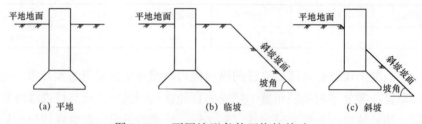

(a) 平地   (b) 临坡   (c) 斜坡

图 3-18   不同地形条件下掏挖基础

则需要根据地基条件、掏挖基础结构尺寸以及基础坡顶距大小评价斜坡地形对基础承载性能是否产生影响。

平地条件下的掏挖基础基底以上土体沿如图 3-19 所示的 LK 和 MN 圆弧滑动面发生剪切破坏。若以基底中心处为坐标原点，立柱方向为 y 轴，则圆弧圆心 O 的坐标为 $\left(\dfrac{D}{2}+r\cos\alpha, -r\sin\alpha\right)$，半径 r、滑动面几何特征参数 α、α_1、α_2 按照式（3-66）确定

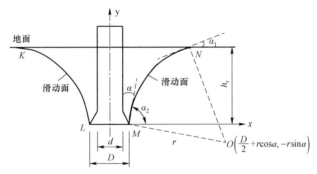

图 3-19 平地条件下掏挖基础计算剪切面简图

$$\left.\begin{array}{l} r=\dfrac{h_t}{\cos\left(\dfrac{\pi}{4}-\dfrac{\varphi}{2}\right)-\sin\alpha} \\[4mm] \alpha=\left(\dfrac{\pi}{4}+\dfrac{\varphi}{2}\right)\left(\dfrac{D}{2h_t}\right)^n \\[4mm] \alpha_1=\dfrac{\pi}{4}-\dfrac{\varphi}{2} \\[4mm] \alpha_2=\dfrac{\pi}{2}-\alpha \end{array}\right\} \qquad (3-66)$$

式中　h_t——基础抗拔计算深度，m；

　　　φ——上拔土体内摩擦角，（°）；

　　　D——基础扩底直径，m；

　　　α——中间计算参数，表示半径 γ 随基础深径比（h_t/D）的变化特征；

　　　n——滑动面形状参数，黏性土地基中取 4，砂类土地基中取 2～3，戈壁滩碎石土地基中取 1～1.5。

图 3-20（a）所示为现场实测 20°斜坡面上掏挖基础上部土体破坏时的裂缝

分布图，从图中可以看出基础两侧上拔土体的滑动面形态存在差异。与平地条件下掏挖基础上拔土体破坏模式不同的是，上拔土体的滑动面不再具有轴对称的特征。这主要是由于位于斜坡面上的掏挖基础周围高、低坡侧土体的不对称性，导致基础高、低坡侧的土体应力状态出现差异，上拔土体的破坏模式受到斜坡边界的影响。

为研究方便，假设位于斜坡面上的掏挖基础上拔土体的破坏模式仍可按图 3−20（b）所示的 MN 和 LK 圆弧滑动面发生破坏，则斜坡低坡侧的滑动面 MN 与斜坡边界 AB 相交于图 3−20（b）中的 Q 点。计图 3−20（b）中的 MQ 段为斜坡边界上掏挖基础低坡侧滑动面，则 Q 点至基础底面的距离以及至基础中心线的距离分别称为有效抗拔计算深度 h_t' 和地基破坏范围 L'，h_t' 和 L' 可按式（3−67）计算。

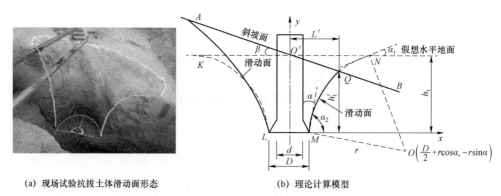

（a）现场试验抗拔土体滑动面形态　　　　（b）理论计算模型

图 3−20　斜坡条件下掏挖基础抗拔土体滑动面参数计算简图

$$\left.\begin{aligned}
h_t' &= h_t - \tan\beta\,\frac{-N-\sqrt{N^2-4MP}}{2M} \\[4pt]
L' &= \frac{-N-\sqrt{N^2-4MP}}{2M} \\[4pt]
M &= 1+\tan^2\beta \\[4pt]
N &= 2\left[-\tan\beta(h_t+r\sin\alpha)-\left(\frac{D}{2}+r\cos\alpha\right)\right] \\[4pt]
P &= \left(\frac{D}{2}+r\cos\alpha\right)^2+(h_t+r\sin\alpha)^2-r^2
\end{aligned}\right\}
\qquad(3-67)$$

式中　β——斜坡倾角，（°）；

h_t' 的取值不应小于 $0.85\,h_t$。

临坡地基条件下掏挖基础基底上部土体的破坏模式与基础坡顶距 L_0、基础深径比（h_t/D）及斜坡倾角 β 有关，临坡基础掏挖基础抗拔承载力的计算模型如图 3-21 所示。

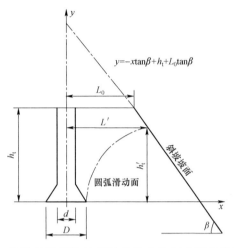

图 3-21　临坡条件下掏挖基础抗拔土体滑动面参数计算简图

基于图 3-21 所示的计算模型，建立如式（3-68）所示的方程组

$$\left.\begin{array}{l}\left(x - \dfrac{D}{2} - r\cos\alpha\right)^2 + (y + r\sin\alpha)^2 = r^2 \\ y = -x\tan\beta + h_t + L_0\tan\beta\end{array}\right\} \qquad (3-68)$$

式中　L_0——基础坡顶距，为基础中心线至坡肩的距离，m。

通过求解方程组（3-68），可以得出临坡地基条件下掏挖基础有效抗拔计算深度 h_t' 及其对应的水平影响范围 L' 计算式如下

$$h_t' = h_t - \tan\beta \frac{-N' - \sqrt{N'^2 - 4M'P'}}{2M'} \qquad (3-69)$$

$$L' = \frac{-N' - \sqrt{N'^2 - 4M'P'}}{2M'} \qquad (3-70)$$

其中

$$M' = (1 + \tan^2\beta)$$

$$N' = 2\left[-\tan\beta(h_t + r\sin\alpha) - \left(\frac{D}{2} + r\cos\alpha\right)\right]$$

$$P' = \left[\left(\frac{D}{2} + r\cos\alpha \right)^2 + (h_t + r\sin\alpha + L_0 \tan\beta)^2 - r^2 \right]$$

根据式（3−70）计算得到的 L' 与基础坡顶距 L_0 的比较结果，临坡地基条件下掏挖基础上拔土体破坏模式可划分为如图 3−22 所示的三种型式，其判定准则由式（3−71）确定。

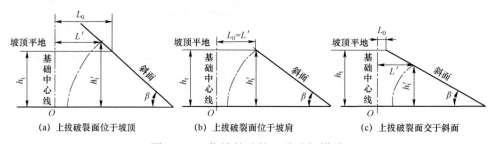

图 3−22 临坡基础的三种破坏模式

$$\begin{cases} L' < L_0 & \text{破坏模式为图3−22(a)} \\ L' = L_0 & \text{破坏模式为图3−22(b)} \\ L' > L_0 & \text{破坏模式为图3−22(c)} \end{cases} \qquad (3-71)$$

2. 抗拔承载力计算

掏挖基础抗拔承载力推荐采用"剪切法"计算，"剪切法"的基本原理是：基础破坏时，上拔土体达到极限平衡状态，滑动面形状为圆弧形（图 3−19 中的 MN，图 3−20 中的 MQ）。基础抗拔承载力由基础自重、抗拔土体滑动面旋转体包含的土体重及滑动面上的剪切阻力的垂直分量三部分组成，如图 3−23 所示。同时取荷载—位移曲线的初始线性段终点对应的荷载作为抗拔承载力的设计值，即图 3−24 中的 a 点。

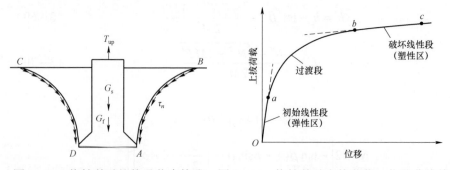

图 3−23 掏挖基础抗拔承载力构成   图 3−24 掏挖基础上拔荷载—位移曲线特征阶段

众所周知，地基土体类型不同，抗拔土体圆弧滑动面的形状特征也不同。同时，不同的地形条件下（平地、斜坡、临坡），抗拔承载力计算方法也不同。如前所述，斜坡地基条件下，由于高低坡两侧抗拔土体的贡献程度不一致，导致基础低坡侧破坏后，高坡侧土体仍有较大的安全裕度，可采用有效抗拔计算深度（图 3–20 或图 3–21 中的 h_t'）定量表征斜坡对基础抗拔承载力的影响，采用临坡距（图 3–21 中的 L_0）作为判定临坡基础上拔土体破坏模式的主要参数，判定准则详见图 3–22 和式（3–71）。

当破坏模式为图 3–22（a）或（b）时，不考虑斜坡的影响，与平地地基条件下计算方法相同；破坏模式为图 3–22（c）时，考虑斜坡的影响，采用有效抗拔计算深度 h_t' 代替 h_t 参与计算。基于上述分析，掏挖基础抗拔承载力 R_T 可用式（3–72）表示

$$R_T = \begin{cases} \dfrac{A_1 c h_t^2 + A_2 \gamma_s h_t^3 + \gamma_s (A_3 h_t^3 - V_0) + G_f}{2.0} & (h_t \leqslant h_c) \\[4mm] \dfrac{A_1 c h_c^2 + A_2 \gamma_s h_c^3 + \gamma_s (A_3 h_c^3 + \Delta V - V_0) + G_f}{2.0} & (h_t > h_c) \end{cases} \qquad (3-72)$$

式中　A_1、A_2、A_3——无因次系数，与土体的抗剪强度参数及基础尺寸参数有关，可按照式（3–73）～式（3–77）计算；

　　　　c——按饱和不排水剪或相当于饱和不排水剪方法确定的黏聚力，kPa；

　　　　h_c——基础上拔临界深度（见图 3–25），一般取（3.0～4.0）D；

　　　　ΔV——（$h_t - h_c$）范围内的基础及柱状滑动面内土体的体积，m³；

　　　　V_0——h_t 范围内基础体积，m³。

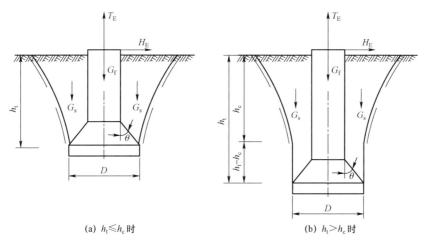

(a) $h_t \leqslant h_c$ 时　　　　　　　　(b) $h_t > h_c$ 时

图 3–25　剪切法抗拔承载力计算模型

$$A_1 = 2\pi\zeta^2 K_1(1+\sin\varphi)e^{2\left(\frac{\pi}{4}-\frac{\varphi}{2}\right)\tan\varphi} \tag{3-73}$$

$$A_2 = \frac{2\pi\sin\varphi}{1+4\tan^2\varphi}\zeta^3\left\{K_2 - K_1\cos\left(\frac{\pi}{4}+\frac{\varphi}{2}\right)e^{2\left(\frac{\pi}{4}-\frac{\varphi}{2}\right)\tan\varphi}\left[2\tan\varphi\tan\left(\frac{\pi}{4}+\frac{\varphi}{2}\right)-1\right]\right\} \tag{3-74}$$

$$K_1 = -\frac{1}{1+4\tan^2\varphi}\left\{\left(\frac{1}{2\lambda\zeta}+\cos\alpha\right)\left[e^{-2\left(\frac{\pi}{2}-\alpha\right)\tan\varphi}(\sin\alpha+2\tan\varphi\cos\alpha)\right.\right.$$
$$\left.\left.-e^{-2\left(\frac{\pi}{4}-\frac{\varphi}{2}\right)\tan\varphi}\left[\cos\left(\frac{\pi}{4}-\frac{\varphi}{2}\right)+2\tan\varphi\sin\left(\frac{\pi}{4}-\frac{\varphi}{2}\right)\right]\right]\right\}$$

$$+\frac{1}{4\tan\varphi}\left[e^{-2\left(\frac{\pi}{2}-\alpha\right)\tan\varphi}-e^{-2\left(\frac{\pi}{4}-\frac{\varphi}{2}\right)\tan\varphi}\right] \tag{3-75}$$

$$+\frac{1}{4(1+\tan^2\varphi)}\left[e^{-2\left(\frac{\pi}{2}-\alpha\right)\tan\varphi}(\tan\varphi\cos2\alpha+\sin2\alpha)+e^{-2\left(\frac{\pi}{4}-\frac{\varphi}{2}\right)\tan\varphi}(\tan\varphi\sin\varphi-\cos\varphi)\right]$$

$$K_2 = \left(\frac{1}{2\lambda\zeta}+\cos\alpha\right)\left[\left(\frac{3\pi}{8}-\frac{3\alpha}{2}+\frac{3\varphi}{4}\right)\sin\varphi-\frac{1}{2}\sin(2\alpha-\varphi)\tan\varphi+\frac{1}{2}\tan\varphi-\frac{1}{4}\cos(2\alpha-\varphi)\right]$$
$$+2\tan\varphi\left[\frac{1}{12}\sin(3\alpha-\varphi)+\frac{1}{2}\sin(\alpha-\varphi)+\frac{1}{4}\sin(\alpha+\varphi)+\frac{1}{12}\cos\left(\frac{3\pi}{4}-\frac{\varphi}{2}\right)\right.$$
$$\left.-\frac{1}{2}\cos\left(\frac{\pi}{4}+\frac{\varphi}{2}\right)-\frac{1}{4}\cos\left(\frac{\pi}{4}-\frac{3\varphi}{2}\right)\right]+\frac{1}{2}\cos(\alpha-\varphi)-\frac{1}{4}\cos(\alpha+\varphi) \tag{3-76}$$
$$+\frac{1}{12}\cos(3\alpha-\varphi)-\frac{1}{2}\sin\left(\frac{\pi}{4}+\frac{\varphi}{2}\right)+\frac{1}{4}\sin\left(\frac{\pi}{4}-\frac{3\varphi}{2}\right)+\frac{1}{12}\sin\left(\frac{3\pi}{4}-\frac{\varphi}{2}\right)$$

$$A_3 = \pi\left(\frac{1}{4\lambda^2}+\frac{1}{\lambda}\zeta\cos\alpha+\zeta^2\cos^2\alpha\right)$$
$$-\frac{1}{4}\pi\zeta^2\left(\frac{1}{\lambda}+2\zeta\cos\alpha\right)\left(\frac{\pi}{2}-2\alpha+\varphi-\sin2\alpha+\cos\varphi\right) \tag{3-77}$$
$$-\frac{1}{3}\pi\zeta^3\left\{\sin\alpha(2+\cos^2\alpha)-\cos\left(\frac{\pi}{4}-\frac{\varphi}{2}\right)\left[2+\sin^2\left(\frac{\pi}{4}-\frac{\varphi}{2}\right)\right]\right\}$$

其中
$$\begin{cases}\zeta=\dfrac{1}{\cos\left(\dfrac{\pi}{4}-\dfrac{\varphi}{2}\right)-\sin\alpha}\\ \lambda=h_t/D\end{cases}$$

3. 基础上拔稳定性判定

掏挖基础的上拔稳定性采用基于可靠度指标的附加分项系数法进行设计，基本要求是荷载设计值与基础附加分项系数之积，不大于抗拔承载力的设计值，如式（3−78）所示

$$\gamma_f T_E \leq \gamma_E \gamma_\theta R_T \qquad (3-78)$$

式中　γ_θ——基底展开角系数，一般取 1，当基础的基底扩展角 θ（见图 3−26）大于 45°时，取 1.2；

R_T——基础抗拔承载力设计值，kN，通过式（3−72）计算。

尺寸相同的相邻基础同时受上拔力，当采用图 3−26 计算简图，并按式（3−72）和式（3−78）计算上拔稳定时，式（3−78）右侧应再乘以相邻基础影响系数 γ_{E2}，按表 3−15 确定 γ_{E2}。

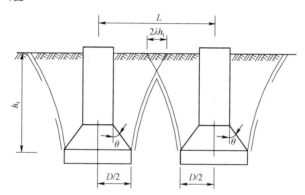

图 3−26　相邻上拔基础剪切法计算简图

表 3−15　　　　　　　　　　相邻基础影响系数 γ_{E2}

相邻上拔基础中心距离 L（m）	影响系数 γ_{E2}
$L \geq D + 2\lambda h_t$ 或 $L \geq D + 2\lambda h_c$	1.0
$L = D$ 和 h_t 或 $h_c \leq 2.5D$	0.7
$L = D$ 和 $2.5D < h_t$ 或 $h_c \leq 3.0D$	0.65
$L = D$ 和 $3.0D < h_t$ 或 $h_c \leq 4.0D$	0.55
$D + 2\lambda h_t$ 或 $D + 2\lambda h_c > L > D$	按插入法确定

注　λ 为与相邻抗拔土体剪切面有关的系数，$\lambda = \dfrac{\cos\left[\left(\dfrac{\pi}{4} + \dfrac{\varphi}{2}\right)\left(\dfrac{D}{2h_t}\right)^2\right] - \sin\left(\dfrac{\pi}{4} - \dfrac{\varphi}{2}\right)}{\cos\left(\dfrac{\pi}{4} - \dfrac{\varphi}{2}\right) - \sin\left[\left(\dfrac{\pi}{4} - \dfrac{\varphi}{2}\right)\left(\dfrac{D}{2h_t}\right)^2\right]}$，当 $h_t > h_c$ 时，$h_t = h_c$；

当 $h_t \geq 1.0D$ 时，也可按表 3−16 查取。

表 3-16 与相邻抗拔土体剪切面有关的系数 λ

土体内摩擦角 φ（°）	λ
45	0.65
40	0.60
30	0.55
20	0.50
10	0.45
0	0.40

（二）下压稳定

1. 基底压力

由于掏挖基础埋深浅且底部带有扩大端，因此在下压力作用下，可忽略基础立柱周围的侧摩阻力，基底压力为作用于基础顶部的下压力与基础及上部土体自重之和在基底范围内产生的应力强度。基底平均压力 p_0 可采用式（3-10）进行计算。

当基础顶部作用水平力或弯矩时，应考虑偏心作用对基底压力分布的影响，基底边缘最大压力 p_{max} 和最小压力 p_{min} 分别采用式（3-79）和式（3-80）计算

$$p_{min} = p_0 - \frac{M_h}{W_D} \tag{3-79}$$

$$p_{max} = \begin{cases} p_0 + \dfrac{M_h}{W_D} & p_{min} \geqslant 0 \\ 0.35\dfrac{N_E + \gamma_G G}{C_r} & p_{min} < 0 \\ C_r = \dfrac{D}{2} - \dfrac{M_h}{N_E + \gamma_G G} \end{cases} \tag{3-80}$$

式中　M_h ——基础底面弯矩设计值，kN·m；

W_D ——基础底面截面抵抗矩，m^3，$W_D = \pi D^3 / 32$；

D ——扩底直径，m。

与混凝土现浇扩展基础不同，掏挖基础基底弯矩 M_h 按照考虑周围土抗力有

利作用的"m"法进行计算，如图 3-27
所示。

由于输电线路掏挖基础深径比较小，承
载性能一般属于刚性范畴。首先根据式
（3-81）、式（3-82）判定基础是否满足刚
性条件

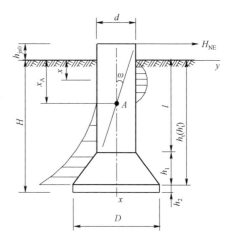

图 3-27 基于"m"法的掏挖基础
截面弯矩计算模型示意图

$$l \leqslant 2.5 / \alpha \qquad (3-81)$$

$$\alpha = \left(\frac{md}{EI}\right)^{\frac{1}{5}} \qquad (3-82)$$

式中 l ——基础立柱入土长度，m；

α ——基础立柱的水平变形系数，m^{-1}，按照式（3-82）计算；

d ——基础立柱直径，对于混凝土护壁的掏挖基础，取护壁内直径，m；

EI ——基础抗弯刚度，悬垂型杆塔取 $0.8E_cI$；其他类型杆塔取 $0.667E_cI$；

E_c ——混凝土的弹性模量，MPa；

I ——截面的惯性矩，m^4；

m ——基础立柱侧土体水平抗力系数的比例系数，可通过水平静载荷试验
获得，当无试验数据时，可按表 3-17～表 3-19 选取，MN/m^4。

当基础在地面处的允许位移大于表 3-17～表 3-19 所列数值时，m 值应适当
降低。

表 3-17 地基土的水平抗力系数的比例系数 m 值（JGJ 94—2008）

序号	地基土类别	m（MN/m^4）	基础在地面处的水平位移（mm）
1	淤泥，淤泥质土，饱和湿陷性黄土	2.5～6	6～12
2	流塑（$I_L>1$）、软塑（$0.75<I_L \leqslant 1$）状黏性土，$e>0.9$ 粉土，松散粉细砂，松散、稍密填土	6～14	4～8
3	可塑（$0.25<I_L \leqslant 0.75$）状黏性土、湿陷性黄土，$e=0.75～0.9$ 粉土、中密填土、稍密细砂	14～35	3～6
4	硬塑（$0<I_L \leqslant 0.25$）、竖硬（$I_L \leqslant 0$）状黏性土、湿陷性黄土，$e<0.75$ 粉土、中密的中粗砂，密实老填土	35～100	2～5
5	中密、密实的砾砂、碎石类土	100～300	1.5～3

表 3-18　地基土水平抗力系数的比例系数 m 值（TB 10093—2017）

序号	地基土类别	m（MN/m⁴）	基础在地面处的水平位移（mm）
1	流塑黏性土、淤泥	3~5	
2	软塑黏性土、粉砂、中砂	5~10	
3	硬塑黏性土、细砂、中砂	10~20	≤6
4	坚硬黏性土、粗砂	20~30	
5	角砾土、圆砾土、碎石土、卵石土	30~80	
6	块石土、漂石土	80~120	

表 3-19　地基土水平抗力系数的比例系数 m 值（JTG D63—2007）

序号	地基土类别	m（MN/m⁴）	基础在地面处的水平位移（mm）
1	流塑黏性土 $I_L>1$，软塑黏性土 $1 \geq I_L>0.75$，淤泥	3~5	
2	可塑黏性土 $0.75 \geq I_L>0.25$，粉砂，稍密粉土	5~10	
3	硬塑黏性土 $0.25 \geq I_L>0$，细砂，中砂，中密粉土	10~20	≤6
4	坚硬，半坚硬黏性土 $I_L \leq 0$，粗砂，密实粉土	20~30	
5	砾砂，角砾，圆砾，碎石，卵石	30~80	
6	密实卵石夹粗砂，密实漂、卵石	80~120	

当基础满足式（3-81）和式（3-82）时，依据图 3-27 所示计算模型，按式（3-83）计算基础立柱任意截面的弯矩

$$M_x = H_{NE}h_{js0} + H_{NE}x - d'\omega\frac{mx^3}{12}(2x_A - x) \qquad (3-83)$$

式中　x ——基础立柱计算截面距地面距离，m，对于基底处的弯矩，取 $x=H$；

　　　ω ——基础的转角，根据式（3-84）计算；

　　　x_A ——基础转动中心至地面距离，m，根据式（3-85）计算

$$\omega = \frac{12(3H_{NE}h_{js0} + 2H_{NE}H)}{m(d'H^4 + 180W_D D)} \qquad (3-84)$$

$$x_A = \frac{6H_{NE} + 2md'\omega H^3}{3m\omega d'H^2} \qquad (3-85)$$

其中
$$H_{NE} = \sqrt{N_x^{\,2} + N_y^{\,2}}$$

式中 H_{NE} ——下压工况对应的水平力合力设计值；

$\quad h_{js0}$ ——计算露头，m，平地条件下取实际露头，斜坡条件下取计算露头；

$\quad d'$ ——基础立柱的计算直径，m，按式（3-86）计算。

$$d' = \begin{cases} 0.9(1.5d + 0.5) & d \leqslant 1.0 \\ 0.9(d + 1.0) & d > 1.0 \end{cases} \qquad (3-86)$$

对于斜坡和临坡条件下的掏挖基础，式（3-84）和式（3-85）中的 H 取有效抗拔计算深度 h_t' 与底板厚度 h_2 之和，h_t' 的具体计算方法详见式（3-67）和式（3-69）。

2. 地基承载力

地基承载力是从地基稳定的角度判断地基土体所能承受的最大荷载。目前，GB 50007—2011 和 DL/T 5219—2014 中提到的地基承载力是基于正常使用极限状态的设计方法提出的允许承载力。工程实践中确定地基承载力的方法有公式计算法、现场原位试验法和经验方法。目前设计中地基承载力取值并未区分基础类型。

掏挖基础成孔过程中未扰动基底以上土体，成孔后以土代模，直接浇筑混凝土形成基础体，基底以下土体未发生明显扰动。由于掏挖基础基底周围没有一倍宽度的原状土临空面，因此基础周围土体的超载作用对地基承载力的贡献不可忽略。根据基础埋深的深浅以及地基土体的特性，下压荷载作用下，基底以下土体可能发生如图 3-28 所示的两种破坏模式。对于如图 3-28（a）所示的浅基础破坏模式，基底以下土体的滑动面延伸至地面，在地面处显见破坏裂纹；对于如图 3-28（b）所示的深基础破坏模式，滑动面从基底延伸至基底以下的某个深度处，未延伸到地面，地面处裂纹分布不明显。

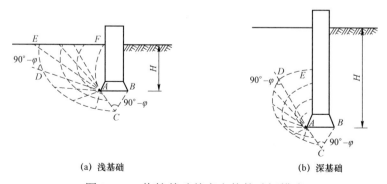

(a) 浅基础　　　　　　　　　　　(b) 深基础

图 3-28　掏挖基础基底土体的破坏模式

架空输电线路基础设计

从上述分析可知，掏挖基础地基承载力宜按下压静载荷试验或者深层平板载荷试验结果取值。当无试验数据时，掏挖基础地基承载力 f_a 可参考大直径桩桩端阻力 q_{pk} 进行取值，并不做深度修正。

3. 下压稳定性校验计算

不考虑偏心荷载作用时，基础下压稳定性应满足式（3-87）要求

$$\gamma_{rf} p_0 \leqslant f_a \qquad (3-87)$$

式中 p_0 按式（3-10）计算确定。

考虑偏心荷载作用时，基础下压稳定性应同时满足式（3-87）和式（3-88）的要求

$$\gamma_{rf} p_{max} \leqslant 1.2 f_a \qquad (3-88)$$

式中 p_{max} 由式（3-80）计算确定。

（三）倾覆稳定

掏挖基础在水平荷载作用下产生侧向变形，其受力性状与刚性短桩类似。针对基础埋深范围内为土或强风化岩地基中的掏挖基础，本书推荐采用"m"法进行倾覆稳定性的计算，计算简图如图 3-29 所示。

基于"m"法计算掏挖基础侧向位移时，需满足如下假设条件：

（1）基础未被拔出，且不考虑基础侧摩阻力的影响；

（2）基础转动中心的位置位于基础立柱上；

（3）基础埋深范围内，地基土体水平抗力系数的比例系数 m 遵从地基系数图形面积相等的原则；

（4）基础刚度远大于土体，可满足刚性基础条件。

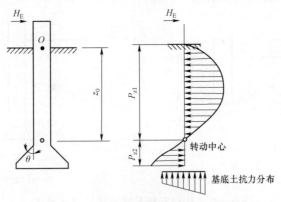

图 3-29 掏挖基础倾覆稳定计算简图

原状地基掏挖基础顶面水平位移应满足式（3-89）要求

$$y_0 = (x_A + h_{js0})\omega < [y] \qquad (3-89)$$

式中　y_0——基础顶部水平位移，mm；

　　　　ω、x_A——分别采用式（3-84）和式（3-85）计算，各式中的水平力取值 $\sqrt{T_x^2 + T_y^2}$ 和 $\sqrt{N_x^2 + N_y^2}$ 较大值；

　　　　$[y]$——基础顶部允许位移，mm。

当 H 深度内存在两层或两层以上土时，应按照地基系数图形面积相等的原则将每一层土的 m 值换算为 H 深度内的当量 m 值进行计算，具体可参考 TB 10093—2017 相关条文。

（四）主柱承载力

1. 正截面承载力

（1）偏心受拉（抗弯）构件。同时承受竖向上拔荷载与水平荷载的掏挖基础，按双向偏心受拉构件进行基础立柱正截面承载力计算，计算简图如图 3-30 所示。

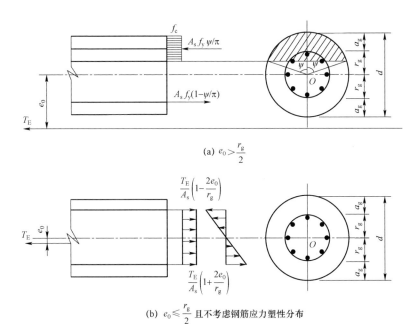

(a) $e_0 > \dfrac{r_g}{2}$

(b) $e_0 \leqslant \dfrac{r_g}{2}$ 且不考虑钢筋应力塑性分布

图 3-30　掏挖基础立柱正截面承载力计算简图（一）

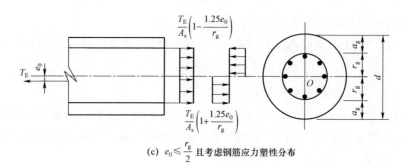

$$(c)\ e_0 \leqslant \frac{r_g}{2}\ \text{且考虑钢筋应力塑性分布}$$

图 3-30　掏挖基础立柱正截面承载力计算简图（二）

当 $e_0 > r_g/2$（r_g 为截面中心至纵向钢筋截面中心距离），按大偏心受拉构件考虑，计算简图见图 3-30（a），按照式（3-90）计算钢筋面积

$$A_s = \gamma_{bg} \alpha_1 \frac{A_h f_c}{f_y} \qquad (3-90)$$

$$\begin{cases} \left[\alpha_1(1-2\alpha) - \alpha + \dfrac{\sin(2\pi\alpha)}{2\pi} \right] \dfrac{e_0}{d} - \alpha_1 \left(\dfrac{d-2a_g}{d} \right) \times \dfrac{\sin(\pi\alpha)}{\pi} - \dfrac{\sin^3(\pi\alpha)}{3\pi} = 0 \\ n_1 \dfrac{e_0}{d} - \alpha_1 \left(\dfrac{d-2a_g}{d} \right) \dfrac{\sin(\pi\alpha)}{\pi} - \dfrac{\sin^3(\pi\alpha)}{3\pi} = 0 \end{cases}$$

$$(3-91)$$

式中　γ_{bg} ——钢筋配筋调整系数，$\gamma_{bg} = 1.28$；

　　　α ——受压区混凝土截面面积的圆周角与 π 的比值，$\alpha = \dfrac{\varphi}{\pi}$；

　　　A_h ——圆形截面中混凝土的面积，可近似取立柱截面积，m^2；

　　　e_0 ——作用于计算截面的弯矩 M_0 对计算截面产生的偏心距，受拉时取 M_0/T_E，受压时取 M_0/N_E；

　　　a_g ——截面边缘至纵向钢筋截面中心的距离，m；

　　　α_1 ——系数，当 $e_0/d = 0.25 \sim 4.0$，$a_g = (0.05 \sim 0.1)d$ 时，α_1 可按照图 3-31 查取，其中系数 $\beta_1 = e_0/d$，系数 $n_1 = 0.86 T_E/(A_h f_c)$。

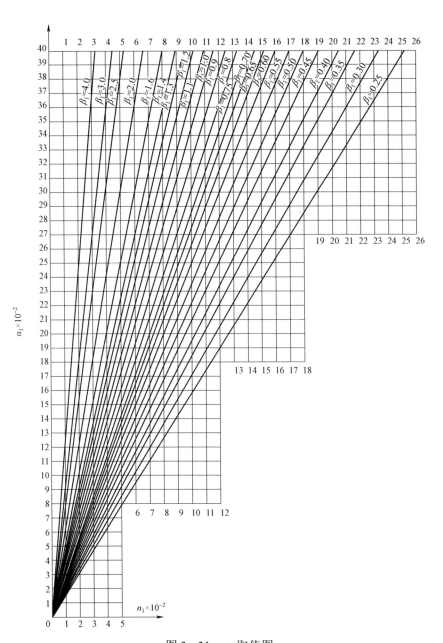

图 3-31　α_1 取值图

当 $e_0 \leqslant r_g / 2$，按小偏心受拉构件考虑。当不考虑钢筋应力塑性分布时，如图 3-30（b）所示，按式（3-92）计算钢筋面积

$$A_s = \frac{1.1T_E}{f_y}\left(1 + \frac{2.0e_0}{r_g}\right) \qquad (3-92)$$

当考虑纵向钢筋应力塑性分布时，如图 3-30（c）所示，按式（3-93）计算钢筋面积。

$$A_s = \frac{1.1T_E}{f_y}\left(1 + \frac{1.25e_0}{r_g}\right) \qquad (3-93)$$

（2）偏心受压构件。沿周边均匀配置纵向钢筋的圆形截面钢筋混凝土偏心受压构件，其正截面受压承载力按照式（3-94）～式（3-96）计算并配置相应的钢筋

$$N_E \leqslant \alpha \alpha_1 f_c A_h\left(1 - \frac{\sin 2\pi\alpha}{2\pi\alpha}\right) + (\alpha - \alpha_t)f_y A_s \qquad (3-94)$$

$$N_E e_i \leqslant \frac{2}{3}\alpha_1 f_c A_h r_d \frac{\sin^3 \pi\alpha}{\pi} + f_y A_s r_s \frac{\sin \pi\alpha + \sin \pi a_t}{\pi} \qquad (3-95)$$

$$e_i = e_0 + e_a \qquad (3-96)$$

以上式中　　r_d ——基础立柱截面半径，m；

　　　　　　r_s ——纵向钢筋重心所在圆周的半径，m；

　　　　　　α_t ——纵向受拉钢筋截面面积与全部纵向钢筋截面面积的比值，$\alpha_t = 1.25 - 2\alpha$，当 $\alpha > 0.625$ 时，取 $\alpha_t = 0$。

2. 斜截面承载力

圆形截面钢筋混凝土偏心受压、受拉构件，其截面限制条件和斜截面受剪承载力可参照式（3-41）～式（3-45）计算，但式（3-41）～式（3-45）中的 b_0 和 h_{00} 应分别以 $1.76r_d$ 和 $1.6r_d$ 代替，计算所需的受剪箍筋截面面积，进而合理配制箍筋。

（五）底板承载力

1. 素混凝土的扩大端斜截面受拉承载力

掏挖基础底部扩大端通常不配置受弯钢筋，可认为是素混凝土底板。素混凝土底板在下压、上拔荷载作用下，基底净反力 p_j（σ_j）不应大于根据素混凝土抗拉强度确定的基底压力允许值 [σ]，即满足下式的要求

$$p_{\text{j}}(\sigma_{\text{j}}) \leqslant [\sigma] \qquad\qquad (3-97)$$

基底净反力 p_{j}、p_{jmax}、p_{j1} 和 σ_{j}、σ_{jmax}、σ_{j1} 见图 3-32。其中 p_{j}、p_{j1}、σ_{j}、σ_{j1} 参考式（3-46）、式（3-48）、式（3-52）计算，p_{jmax}、σ_{jmax} 按式（3-98）和式（3-99）计算

$$p_{\substack{\text{jmax} \\ \text{jmin}}} = \frac{4N_{\text{E}}}{\pi D^2} \pm \frac{M_{\text{h}}}{W_{\text{D}}} \qquad\qquad (3-98)$$

$$\sigma_{\substack{\text{jmax} \\ \text{jmin}}} = \frac{4T_{\text{E}}}{\pi(D^2-d^2)} \pm \frac{32DM_{\text{h}}}{\pi(D^4-d^4)} \qquad\qquad (3-99)$$

$[\sigma]$ 按式（3-49）确定，其基础扩展角 θ 如图 3-32 所示。

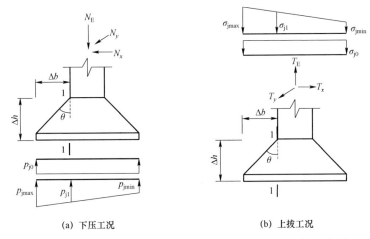

(a) 下压工况　　　　　　　　　(b) 上拔工况

图 3-32　掏挖基础素混凝土扩大端抗剪承载力计算示意图

2. 素混凝土的扩大端正截面受拉承载力

掏挖基础底部扩大端通常不配置受弯钢筋，仅靠素混凝土抵抗外荷载作用。当基础立柱不配置受拉钢筋时，仅靠地脚螺栓或插入角钢抵抗上拔力时，会在扩大端上下边缘产生弯曲效应（图 3-33 中的 $X-X$ 截面），导致受拉区混凝土产生裂缝，影响基础的耐久性。与刚性台阶基础相同，掏挖基础扩大端正截面承

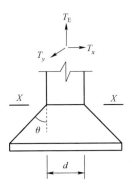

图 3-33　掏挖基础素混凝土扩大端正截面受拉承载力计算简图

载力可按照素混凝土的受弯构件进行计算，具体计算过程详见式（3-53）。其中式（3-53）的受拉区混凝土塑性影响系数 γ_1 按照式（3-100）计算，式中 h_{jm} 取 d

$$\gamma_1 = 1.6\left(0.7 + \frac{120}{h_{jm}}\right) \qquad (3-100)$$

（六）基础构造设计

（1）为保证人工开挖的作业空间，掏挖基础立柱直径不宜小于 800mm，而对于机械掏挖基础的设计应考虑施工的可操作性和施工机械的匹配性。表 3-20 为我国输电线路工程中常用的旋挖钻机钻头规格，掏挖基础设计时，立柱截面尺寸以满足机械钻头规格为准。

表 3-20　　　　　　　　　旋挖钻机钻头规格

地基类别	钻头直径（mm）							
土质地基	600	800	1000	1200	1400	1600	1800	2000
岩质地基	600	800	1000	1200	—	—	—	—

（2）人工掏挖基础不宜过深，主要考虑到人工开挖作业过程中的安全性。对于机械掏挖基础，可在满足设计要求的基础上适当加大埋深。表 3-21 中给出了在不同地基条件下掏挖基础的最大钻孔深度推荐值。

表 3-21　　　　　　　　　旋挖钻机最大钻孔深度

地基类别	最大钻孔深度（m）
土质地基	25
岩质地基	12

（3）掏挖基础底部尺寸应满足以下要求：

1）人工开挖时，底部扩展角 θ 不宜大于 45°。

2）机械旋挖时，土类地基扩底直径不宜大于 $2d$ 且不大于 4m。

3）机械旋挖时，岩类地基的扩底直径与岩石强度相关。

（4）立柱中纵向受力钢筋应符合下列规定：

1）纵向钢筋的直径不宜小于 12mm，全部纵向钢筋配筋率不宜大于 5%，根数不宜少于 8 根，不应少于 6 根。

2）柱内纵向钢筋的净距不应小于 50mm，宜在 100～200mm 之间。

3）纵向受力钢筋的接头应相互错开，同一区段的接头面积百分率，根据接头型式应满足下列规定：

a. 焊接接头：同一连接区段长度为 35 倍焊接钢筋直径，且不小于 500mm 的长度范围内，凡接头中点位于该连接区段长度内的焊接接头均属于同一连接区段。位于同一连接区段内纵向受力钢筋的焊接接头面积百分率，对纵向受拉钢筋接头，不应大于 50%。纵向受压钢筋的接头面积百分率可不受限制。

b. 绑扎接头：同一连接区段长度为 1.3 倍搭接长度且不小于 300mm 范围内，凡搭接接头中点位于该连接区段长度内的搭接接头均属于同一连接区段。同一连接区段内纵向钢筋搭接接头面积百分率：对于掏挖基础的立柱纵筋不应大于 50%。

（5）立柱中箍筋应符合下列规定：

1）箍筋应为封闭式，箍筋直径不应小于 8mm。

2）箍筋间距不应大于 400mm 及立柱截面尺寸，且不应大于 15 倍纵向钢筋的最小直径。

3）纵向受力钢筋搭接长度范围内应配置箍筋，其直径不应小于搭接钢筋较大直径的 0.25 倍，间距不应大于搭接钢筋较小直径的 5 倍，且不应大于 100mm。

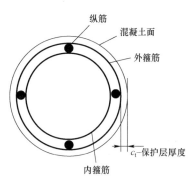

图 3-34　基础立柱侧边保护层厚度

（6）立柱纵向钢筋保护层最小厚度（图 3-34 中的 c_t）应符合表 3-22 规定。

表 3-22　　　　　　　　钢筋保护层最小厚度

基础部位	最小厚度（mm）
立柱侧边	40
顶部	40
底部	70

（7）基础中纵向受力钢筋的配筋率不应小于表 3-12 规定的数值。

二、大直径扩底桩

（一）上拔稳定

大直径扩底桩上拔稳定计算时，应满足上拔荷载标准值与基础附加分项系数之积不大于单桩抗拔承载力特征值，如式（3-101）所示

$$\gamma_f T_K \leq R_{Ta} \qquad (3-101)$$

$$R_{Ta} = \frac{1}{K} R_{Tu} \qquad (3-102)$$

式中 T_K——按荷载效应标准组合计算的单桩上拔力，kN；

R_{Ta}——单桩抗拔极限承载力特征值，kN，按照式（3-102）计算；

K——安全系数，无特殊要求时取 2；

R_{Tu}——单桩抗拔极限承载力标准值，kN。

式（3-102）中的单桩抗拔极限承载力标准值 R_{Tu} 根据杆塔的设计等级确定，输电线路桩基的设计等级详见表 3-23。设计等级为甲级和乙级的输电线路桩基，宜通过现场上拔静载荷试验确定；设计等级为丙级的输电线路桩基，无法进行现场试验时，可采用单桩抗拔承载力的理论式进行确定。

表 3-23   输电线路桩基的设计等级

设计等级	杆塔类型
甲级	特别重要的杆塔结构
乙级	各电压等级线路的各类杆塔
丙级	临时使用的各类杆塔

现场试验表明：上拔荷载作用下，大直径扩底桩沿着桩土（岩）界面附近形成连续的剪切面，最终以"柱状"滑动面发生破坏，其中邻近底部，近似以 D 为直径的"柱状"滑动面发生破坏，邻近地面处，则近似以 d 为直径的柱状滑动面发生破坏，如图 3-35 所示。

基于上述桩周土体破坏模式的分析，大直径扩底桩抗拔承载力由桩周土体的侧摩阻力与桩体自重两部分组成，可采用下式进行计算

$$R_{\mathrm{Tu}} = \sum \lambda_i \psi_{si} q_{sik} u_i l_i + G_p \qquad (3-103)$$

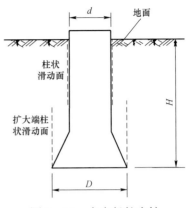

图 3-35　大直径扩底桩抗拔土体滑动面

式中　λ_i——抗拔系数，用以表征上拔荷载作用下桩侧土体泊松效应对桩侧土体摩阻力的影响，按表 3-24 取值，长径比（桩长与桩径比值）小于 20 时，取较小值；

　　　ψ_{si}——桩侧阻力尺寸效应系数，按表 3-25 取值；

　　　u_i——桩周剪切面周长，按照表 3-26 取值，m；

　　　l_i——桩周第 i 层土的厚度，m；

　　　q_{sik}——桩侧第 i 层土体极限侧阻力标准值，kPa，宜通过现场上拔静载荷试验获得，当无试验数据时，可根据桩周土性质按照表3-27和表3-28取值；

　　　G_p——单桩抗拔自重，包括抗拔计算模型中的土体自重及桩体自重，kN。

表 3-24　　　　　　　　　　　　　抗拔系数λ_i

土　类	λ_i 值
砂土	0.50～0.70
黏性土、粉土	0.70～0.80

表 3-25　　　　　　　　大直径桩桩侧阻力尺寸效应系数ψ_{si}

土类	黏性土、粉土	砂土、碎石类土
ψ_{si}	$(0.8/d)^{1/5}$	$(0.8/d)^{1/3}$

表 3-26　　　　　　　　　　　　桩周剪切面周长 u_i

自桩底起算的高度	$\leqslant (4\sim10) d$	$> (4\sim10) d$
u_i	πD	πd

注　对于软土取低值，对于卵石、砾石取高值。

表 3–27   土体中桩的极限侧阻力标准值

土的名称	土的状态		q_{sik}（kPa）
黏性土	可塑	$0.50<I_L\leq0.75$	53～66
	硬可塑	$0.25<I_L\leq0.50$	66～82
	硬塑	$0<I_L\leq0.25$	82～94
	坚硬	$I_L\leq0$	94～104
红黏土	$0.7<\alpha_w\leq1$		12～30
	$0.5<\alpha_w\leq0.7$		30～70
粉土	稍密	$e>0.9$	24～42
	中密	$0.75\leq e\leq0.9$	42～62
	密实	$e<0.75$	62～82
砾砂	稍密	$5<N_{63.5}\leq15$	60～100
	中密（密实）	$N_{63.5}>15$	112～130
圆砾、角砾	中密、密实	$N_{63.5}>10$	135～150
碎石、卵石	中密、密实	$N_{63.5}>10$	150～170

注 I_L 为塑限含水率，α_w 为含水比，e 为孔隙比，$N_{63.5}$ 为重型圆锥动力触探击数。

表 3–28   强风化和全风化岩中桩的极限侧阻力标准值

岩体类别	动探指标/击	q_{sik}（kPa）
全风化软质岩	$30<N\leq50$	80～100
全风化硬质岩	$30<N\leq50$	120～150
强风化软质岩	$N_{63.5}>10$	140～220
强风化硬质岩	$N_{63.5}>10$	160～260

注 N 为标准贯入击数。

（二）下压稳定

大直径扩底桩下压稳定性按照式（3–104）进行计算。当考虑地震效应时，应满足式（3–105）

$$\gamma_f N_k \leqslant R_{Na} \qquad (3-104)$$

$$\gamma_f N_{Ek} \leqslant 1.25 R_{Na} \qquad (3-105)$$

$$R_{Na} = \frac{1}{K} R_{Nu} \qquad (3-106)$$

式中　N_k——按荷载标准组合计算的单桩下压力，kN；

$\quad\quad N_{Ek}$——考虑地震效应的单桩下压荷载标准组合值，kN；

$\quad\quad R_{Na}$——大直径扩底桩竖向抗压承载力特征值，kN；

$\quad\quad K$——安全系数，无特殊要求时取2；

$\quad\quad R_{Nu}$——单桩抗压极限承载力标准值，kN。

式（3-106）中的大直径扩底桩抗压极限承载力标准值 R_{Nu} 需要根据杆塔的设计等级确定。设计等级为甲级的输电线路桩基，宜采用现场下压静载荷试验，并结合静力触探、标准贯入等原位测试方法综合确定；设计等级为乙级的输电线路桩基，应根据静力触探、标准贯入、动探等数据估算，并参照地质条件相同的试桩资料，综合确定；对于设计等级为丙级的输电线路桩基，当无原位测试资料时，可依据土体参数按照承载力理论计算式进行估算单桩抗压极限承载力。

根据土的物理指标和承载力参数之间的经验关系确定 R_{Nu} 时，宜按下式计算

$$R_{Nu} = \sum u_i \psi_{si} q_{sik} l_i + \psi_p q_{pk} A_p \qquad (3-107)$$

式中　u_i——桩身周长，m，当采用混凝土护壁时，取护壁外围周长；

$\quad\quad q_{sik}$——桩侧第 i 层土体极限侧阻力标准值，kPa，其中桩身变截面以上 $2d$ 长度范围内及变截面以下部分土体不计入侧阻力；

$\quad\quad \psi_p$——大直径桩端阻力尺寸效应系数，按表 3-29 取值；

$\quad\quad q_{pk}$——桩径为800mm 的极限端阻力标准值，kPa，可通过深层平板载荷试验确定，无试验数据时，可按照表 3-30 和表 3-31 取值；

$\quad\quad A_p$——桩端面积，m²。

表 3-29　　　　　　　大直径桩端阻力尺寸效应系数 ψ_p

土类	黏性土、粉土	砂土、碎石类土
ψ_p	$(0.8/D)^{1/4}$	$(0.8/D)^{1/3}$

表 3-30　　　　　　　土体中极限端阻力标准值 q_{pk}（kPa）

土名称		状　态		
黏性土		$0.25<I_L\leqslant0.75$	$0<I_L\leqslant0.25$	$I_L\leqslant0$
		800～1800	1800～2400	2400～3000
粉土		—	$0.75\leqslant e<0.9$	$e<0.75$
		—	1000～1500	1500～2000
砂土、碎石类土		稍　密	中　密	密　实
	粉　　砂	500～700	800～1100	1200～2000
	细　　砂	700～1100	1200～1800	2000～2500
	中　　砂	1000～2000	2200～3200	3500～5000
	粗　　砂	1200～2200	2500～3500	4000～5500
	砾　　砂	1400～2400	2600～4000	5000～7000
	圆砾、角砾	1600～3000	3200～5000	6000～9000
	卵石、碎石	2000～3000	3300～5000	7000～11000

注　1. 本表适用于干作业且清底干净的大直径扩底桩。

　　2. 当桩进入持力层的深度 h_b 分别为：$h_b\leqslant D$，$D<h_b\leqslant4D$，$h_b>4D$；q_{pk} 可相应取低、中、高值。

　　3. 砂土密实度可根据标贯击数 N 判定，$N\leqslant10$ 为松散，$10<N\leqslant15$ 为稍密，$15<N\leqslant30$ 为中密，$N>30$ 为密实。

　　4. 当桩的长径比不大于 8 时，q_{pk} 宜取较低值。

　　5. 当对沉降要求不严时，q_{pk} 可取高值。

表 3-31　　　　　　　岩体中桩端阻力标准值 q_{pk}（kPa）

岩体名称	动探指标（击）	桩长 l/m		
		$5\leqslant l<10$	$10\leqslant l<15$	$15\leqslant l$
全风化软质岩	$30<N\leqslant50$	1200～2000		
全风化硬质岩	$30<N\leqslant50$	1400～2400		
强风化软质岩	$N_{63.5}>10$	1600～2600		
强风化硬质岩	$N_{63.5}>10$	2000～3000		

（三）倾覆稳定

大直径扩底桩通常采用位移控制的水平承载力验算方法进行基础的倾覆稳定计算。

受水平荷载的大直径扩底桩应满足下式要求

$$H_{\text{K}} \leqslant R_{\text{ha}} \qquad\qquad (3-108)$$

式中　H_{K}——作用于基础顶面的水平力的标准值，kN；

R_{ha}——单桩水平承载力特征值，kN。

单桩水平承载力特征值 R_{ha} 根据输电线路的设计等级确定。设计等级为甲级的输电线路桩基，应通过单桩水平静载试验确定，试验方法可按 JGJ 106 执行；对于桩身正截面配筋率不小于 0.65%的大直径扩底桩，可根据水平静载荷试验结果取地面处水平位移为 10mm 所对应的荷载的 75%为单桩水平承载力特征值；对于桩身配筋率小于 0.65%的大直径扩底桩，可取单桩水平静载试验的临界荷载的75%为单桩水平承载力特征值。

对于设计等级为乙级或丙级的输电线路桩基，当桩身配筋率小于 0.65%时，水平承载力由桩身本体强度控制，可采用式（3-109）计算 R_{ha}；当桩身配筋率大于或等于 0.65%时，其水平承载力由桩侧土体稳定性控制，可采用式（3-110）计算桩的水平承载力特征值 R_{ha}

$$R_{\text{ha}} = \frac{0.75\alpha\gamma_{\text{m}}f_{\text{t}}W_0}{v_{\text{M}}}(1.25+22\rho_{\text{g}})\left(1\pm\frac{\zeta_{\text{N}}F_{\text{K}}}{\gamma_{\text{m}}f_{\text{t}}A_{\text{n}}}\right) \qquad (3-109)$$

$$R_{\text{ha}} = 0.75\frac{\alpha^3 EI}{v_{\text{x}}}\chi_{\text{oa}} \qquad (3-110)$$

$$圆形截面\ W_0 = \frac{\pi d}{32}[d^2 + 2(\alpha_{\text{E}}-1)\rho_{\text{g}}d_0^2]$$

$$圆形截面\ A_{\text{n}} = \frac{\pi d^2}{4}[1+(\alpha_{\text{E}}-1)\rho_{\text{g}}]$$

其中　　　　　　　　　　$$\alpha = \sqrt[5]{\frac{mb_0}{EI}}$$

式中　F_{K}——桩顶竖向力的特征值，kN，受拉时取 T_{K}，受压时取 N_{K}，±号根据桩顶竖向力 F_{K} 性质确定，压力取"＋"，拉力取"－"；

γ_{m}——桩截面模量塑性系数，对于圆形截面取值 2.0；

f_{t}——桩身混凝土抗拉强度设计值，kPa；

W_0——桩身换算截面受拉边缘的截面模量，m³；

d——桩径，m；

d_0——扣除保护层厚度的桩径，m；

α_{E}——钢筋弹性模量与混凝土弹性模量的比值；

v_{M}——桩身最大弯矩系数，按表 3-32 取值；

ρ_g——桩身配筋率；

α——桩的水平变形系数，m^{-1}；

b_0——桩身的计算宽度，对于圆形截面的桩，当桩径 $d \leqslant 1m$ 时，取值 0.9 $(1.5d+0.5)$，当桩径 $d > 1m$ 时，取值 0.9 $(d+1)$；

A_n——桩身换算截面积，m^2；

ζ_N——桩顶竖向影响系数，竖向压力取 0.5，竖向拉力取 1.0；

χ_{oa}——桩顶允许水平位移，m，可取10mm（对水平位移敏感的塔位取 $\chi_{oa} = $ 6mm）；

v_x——桩顶水平位移系数，按表 3 - 32 取值；

EI——桩身抗弯刚度，悬垂型杆塔取 $0.8E_cI_0$，其他类型杆塔取 $0.667E_cI_0$；

E_c——混凝土弹性模量，kPa；

I_0——桩身换算截面惯性矩，m^4，圆形截面为 $\dfrac{W_0d_0}{2}$，矩形截面为 $\dfrac{W_0b_0}{2}$。

表 3-32　　　桩顶（身）最大弯矩系数 v_M 和桩顶水平位移系数 v_x

桩顶约束情况	桩的换算埋深（αH）	v_M	v_x
铰接、自由	4.0	0.768	2.441
	3.5	0.750	2.502
	3.0	0.703	2.727
	2.8	0.675	2.905
	2.6	0.639	3.163
	2.4	0.601	3.526
固接	4.0	0.926	0.940
	3.5	0.934	0.970
	3.0	0.967	1.028
	2.8	0.990	1.055
	2.6	1.018	1.079
	2.4	1.045	1.095

注　1. 铰接（自由）的 v_M 系桩身的最大弯矩系数，固接的 v_M 系桩顶的最大弯矩系数。

　　2. 当 $\alpha H > 4.0$ 时，取 $\alpha H = 4.0$，其中 H 为基础埋深。

（四）混凝土构件承载力

大直径扩底桩构件承载力计算主要包括立柱正截面承载力、斜截面承载力两部分内容，其具体设计计算过程可参考掏挖基础的相关内容。

（五）基础构造设计

（1）桩身混凝土强度等级不应低于 C25。

（2）桩身主筋除满足正截面承载力要求外，还需满足以下条件：

1）桩身主筋应通长配置。

2）当桩身直径不大于 2000mm 时，配筋率不宜小于 0.65%。

3）桩身主筋不宜小于 $8 \times \phi 12mm$，纵向主筋应沿桩身周边均匀布置，其净距不应小于 60mm。应尽量减少主筋接头，其混凝土保护层厚度不得小于 50mm。

（3）箍筋宜采用螺旋式，直径不应小于 6mm，间距宜为 200～300mm；受水平荷载较大的桩基、承受水平地震作用的桩基以及考虑主筋作用计算桩身受压承载力时，桩顶以下 $5d$ 范围及液化土层范围内的箍筋应加密，间距不应大于 100mm；当钢筋笼长度超过 4m 时，应每隔 2m 设一道直径不小于 12mm 的焊接加劲箍筋。

（4）桩端扩底尺寸应符合下列规定，见图 3-36：

1）扩底直径应根据承载力要求、扩底端部侧面和桩端持力层土性特征，以及扩底施工方法确定，一般情况下扩底直径与桩身直径比 D/d 不应大于 3。

2）扩底端侧面的斜率应根据实际成孔及土体自立条件确定。砂土中 a/h_c 宜取 1/4，粉土、黏性土中，a/h_c 宜取 1/3～1/2。

3）扩底端底面可设计成平底或锅底形，锅底形矢高 h_b 可取（0.15～0.20）D。

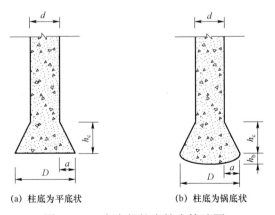

（a）柱底为平底状　　　　（b）柱底为锅底状

图 3-36　大直径扩底桩底构造图

三、岩石嵌固基础

（一）上拔稳定

　　岩石嵌固基础的上拔稳定性一般采用基于可靠度指标的附加分项系数法进行设计，基本要求是荷载设计值与基础附加分项系数之积，不大于抗拔承载力的设计值，如式（3－78）所示。输电线路工程中水平荷载与竖向荷载之比一般不大于1/7，且岩石嵌固基础周围地基类型为岩体，已有试验表明，水平荷载对岩石嵌固基础抗拔承载性能影响较小，工程设计中可忽略不计。DL/T 5219 中也明确规定嵌固基础可不考虑水平力的影响，因此采用式（3－78）进行嵌固基础上拔稳定性设计时，参数 γ_{E} 与 γ_{θ} 分别取 1。

　　上拔荷载作用下岩石嵌固基础的抗拔承载力，一般由基础自身质量 G_{f} 以及均匀分布于倒圆锥体表面的等代极限剪切阻力的垂直分量 R_{tsy} 之和组成，如图 3－37 所示，其抗拔承载力计算式如式（3－111）所示

$$\begin{cases} R_{\mathrm{T}} = R_{\mathrm{tsy}} + G_{\mathrm{f}} \\ R_{\mathrm{tsy}} = \pi H \tau_{\mathrm{s}} (D + H) \end{cases} \qquad (3-111)$$

式中　R_{T}——岩石嵌固基础抗拔承载力，kN；

　　　　τ_{s}——岩石等代极限剪切强度，kPa，DL/T 5219—2014 推荐按照表 3－33 取值；

　　　　D——嵌固基础底径，m；

　　　　H——基础埋深，m；

　　　　G_{f}——嵌固基础自重，kN。

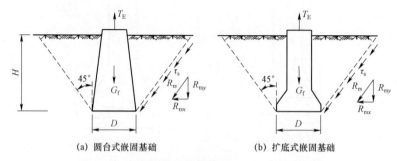

(a) 圆台式嵌固基础　　　　　　　　(b) 扩底式嵌固基础

图 3－37　岩石嵌固基础抗拔承载力计算简图

表 3-33　　　　　　DL/T 5219—2014 中推荐的 τ_s 值　　　　　　　（kPa）

岩石类别	风化程度		
	强风化	中等风化	未风化或微风化
硬质岩石	17～30	30～80	80～150
软质岩石	10～20	20～40	40～80

工程实践表明：在大荷载、覆盖层较厚的特高压输电线路工程中，岩石嵌固基础的整体剪切破坏成为设计控制条件，这主要与计算参数 τ_s 取值有关。众所周知，岩石等代极限剪切强度 τ_s 属于计算模型参数，并非岩体自身的力学强度参数，因此不能通过常规岩石力学强度试验获取，工程中通常采用现场静载试验结果反算获得，这与掏挖基础中的设计参数 c、φ 获取方法不同。

中国电科院先后在甘肃、宁夏、浙江、广东、湖北、陕西、安徽 7 个省区进行了 44 组岩石嵌固基础的抗拔承载力试验，通过试验基础的承载力反算出各个试验场地的岩石等代极限剪切强度 τ_s 的值，如表 3-34～表 3-36 所示。DL/T 5544—2018《架空输电线路锚杆基础设计规程》中给出了依据岩石饱和单轴抗压强度 f_{rk} 确定 τ_s 的推荐值，如表 3-37 所示。

表 3-34　　　　　　现场试验反算的岩石等代极限剪切强度 τ_s

序号	试验地点	基础数量	岩体特性			τ_s 值（kPa）
			硬度	风化程度	岩石名称	
1	甘肃白银	5	软岩	强风化—中等风化	粉砂质黏土岩	＞92
2	宁夏灵武	2	硬岩	全风化—强风化	砂岩	80
3	浙江舟山	2	硬岩	强风化	凝灰岩	80
4	广东深圳	2	软岩	强风化	混合岩	40
5	湖北宜昌	9	硬岩	未风化—微风化	石灰岩	507
6	陕西汉中	2	硬岩	全风化	花岗岩	20
		5	软岩	全风化—强风化	千枚岩	30
7	安徽太湖	17	软岩	强风化—中等风化	泥质砂岩	30
8	安徽霍山	20	软岩	强风化	凝灰岩	46

表 3-35　　　岩石等代极限剪切强度 τ_s 试验成果按岩石强度与
风化程度统计结果

岩石强度	风化程度		
	未风化和微风化	中等风化	强风化
硬质岩石	9 个	—	4 个
软质岩石	—	7 个	22 个

表 3-36　　　岩石等代极限剪切强度 τ_s 的规范值与试验值对比表

岩石强度	风化程度		
	未风化和微风化	中等风化	强风化
硬质岩石	80～150（规范值）	30～80（规范值）	17～30（规范值）
	507（试验值）	—（试验值）	80（试验值）
软质岩石	40～80（规范值）	20～40（规范值）	10～20（规范值）
	—（试验值）	＞92（试验值）	30（试验值）

表 3-37　　　　　　DL/T 5544—2018 中 τ_s 推荐值

岩石类型	极软岩 $(f_{rk} \leqslant 5)$	软岩 $(5 < f_{rk} \leqslant 15)$	较软岩 $(15 < f_{rk} \leqslant 30)$	较硬岩 $(30 < f_{rk} \leqslant 60)$	坚硬岩 $(f_{rk} > 60)$
τ_s (kPa)	15～25	25～45	45～75	75～90	90～150

注　岩石坚硬程度按饱和单轴抗压强度标准值 f_{rk}（MPa）划分。

（二）下压稳定

由于岩石嵌固基础不考虑水平荷载的影响，因此可按照不考虑偏心荷载作用的工况校验基础下压稳定性，具体计算过程详见式（3-87），值得说明的一点是，本式忽略了侧摩阻力对下压稳定的有利因素，在工程中偏于安全。

式（3-87）的地基承载力特征值 f_a 可采用岩石饱和单轴抗压强度的折减来确定，也可根据岩体基本质量级别取值。

（1）根据岩石饱和单轴抗压强度确定岩石基础承载力特征值时，按式（3-112）计算

$$f_a = \varphi_r f_{rk} \qquad (3-112)$$

式中　φ_r——折减系数，无经验时，对完整岩体取 0.5，较完整岩体取 0.2～0.5，
　　　　　较破碎岩体取 0.1～0.2；

　　　f_rk——岩石饱和单轴抗压强度标准值，kPa。

（2）根据地基岩体基本质量级别确定岩石基础承载力特征值时，f_a 按表 3–38
取值。

表 3–38　　　　　　　　各级岩体承载力特征值 f_a

岩体基本质量级别	I	II	III	IV	V
f_a（MPa）	>7.0	7.0～4.0	4.0～2.0	2.0～0.5	≤0.5

（三）混凝土构件承载力

岩石嵌固基础构件承载力计算主要包括立柱正截面承载力、斜截面承载力两
部分内容，其具体计算过程可参考掏挖基础相关内容。

岩石嵌固基础周围地基岩体承载性能良好，作用于基顶的水平荷载一般难以
传递至基岩表面以下，因此在计算截面弯矩时，可仅考虑水平力在基础露出基岩
表面的悬臂长度内所产生的弯矩，见式（3–113）

$$M = H_\mathrm{E} h_0 \qquad\qquad (3-113)$$

式中　H_E——作用于岩石嵌固基础顶部的水平力合力，kN；

　　　h_0——露出基岩表面段的悬臂长度，m，对于斜坡地基条件下，取基础计
　　　　　算露头。

四、嵌岩桩

（一）上拔稳定

嵌岩桩稳定性设计采用综合安全系数法，安全系数 K 一般取 2.5～3.0。

嵌岩桩抗拔极限承载力标准值由桩身自重、覆盖土层和嵌岩段岩层桩侧阻力
三部分组成，如图 3–38 所示。当根据岩土体物理力学性质指标与承载力之间的
经验关系确定嵌岩桩竖向抗拔极限承载力时，按式（3–114）计算

$$R_\mathrm{Tu} = R_\mathrm{usk} + R_\mathrm{urk} + G_\mathrm{f} = U_1 \sum \xi'_\mathrm{fi} \xi_\mathrm{fi} q_\mathrm{fik} l_i + U_2 \xi'_\mathrm{s} \xi_\mathrm{s} f_\mathrm{ucs} h_\mathrm{r} + G_\mathrm{f} \qquad (3-114)$$

式中　R_Tu——嵌岩桩竖向抗拔极限承载力标准值，kN；

　　　R_usk——土层桩侧抗拔极限侧阻力标准值，kN；

　　　R_urk——嵌岩段桩侧抗拔极限侧阻力标准值，kN；

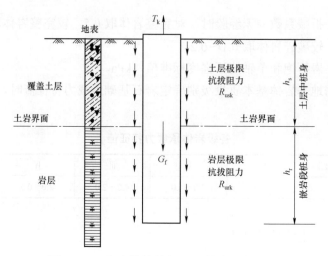

图 3-38 嵌岩桩抗拔极限承载力计算模型

U_1、U_2——分别为覆盖土层和嵌岩段桩身周长，m；

ζ'_{fi}——第 i 层覆盖土体的侧阻力抗拔折减系数，取 0.7~0.8；

ζ_{fi}——桩周第 i 层土体侧阻力计算系数，取 0.5~0.7；

q_{fik}——桩周第 i 层土体极限侧阻力标准值，kPa，如无当地经验值时，可按表 3-27 取值；

l_i——桩穿过第 i 层土的厚度，m；

h_r——桩身嵌岩长度（不计全风化岩层、极软岩层、极破碎岩层），m；

G_f——基础自重，kN；

f_{ucs}——岩石单轴抗压强度，MPa，应通过试验并结合工程经验确定，当 f_{ucs} 大于桩身混凝土轴心抗压强度标准值 f_{ck} 时，取 f_{ck}；

ζ'_s——嵌岩段岩石极限侧阻力抗拔计算折减系数，取 0.7；

ζ_s——嵌岩段桩侧极限阻力系数，宜通过试验确定。如无当地经验值，可根据岩石单轴抗压强度，按表 3-39 取值或按式（3-115）计算确定。

$$\zeta_s = 0.436(f_{ucs})^{-0.68} \qquad (3-115)$$

表 3-39 嵌岩段岩石极限侧阻力系数 ζ_s 值

f_{ucs}（MPa）	$f_{ucs} \leqslant 5$	$5 < f_{ucs} \leqslant 15$	$15 < f_{ucs} \leqslant 30$	$30 < f_{ucs} \leqslant 60$	$f_{ucs} > 60$
ζ_s	0.339	0.144	0.071	0.036	0.016

（二）下压稳定

当根据岩土体物理力学性质指标与承载力之间的经验关系确定嵌岩桩竖向抗压极限承载力 R_{Nu} 时，计算模型如图 3-39 所示，其考虑了覆盖土层与嵌岩段岩层的共同作用，且将嵌岩段桩的极限承载力分为桩侧抗压极限侧阻力与桩端抗压极限端阻力两部分，具体见式（3-116）

$$R_{\mathrm{Nu}} = R_{\mathrm{Nsk}} + R_{\mathrm{Nrk}} + R_{\mathrm{pk}} = U_1 \sum \xi_{\mathrm{fi}} q_{\mathrm{fik}} l_i + U_2 \xi_{\mathrm{s}} f_{\mathrm{ucs}} h_{\mathrm{r}} + \xi_{\mathrm{p}} f_{\mathrm{ucs}} A_{\mathrm{p}} \qquad (3-116)$$

$$\xi_{\mathrm{p}} = 4.99 (f_{\mathrm{ucs}})^{-0.70} \qquad (3-117)$$

式中 R_{Nu} ——嵌岩桩竖向抗压极限承载力标准值，kN；

       R_{Nsk} ——土层桩侧抗压极限侧阻力标准值，kN；

       R_{Nrk} ——嵌岩段桩侧抗压极限侧阻力标准值，kN；

       R_{pk} ——嵌岩段桩端抗压极限端阻力标准值，kN；

       A_{p} ——嵌岩段桩端截面积，m²；

       ξ_{p} ——岩石极限端阻力系数，宜通过试验确定。如无当地经验值，也根据岩石单轴抗压强度，按式（3-117）计算确定。

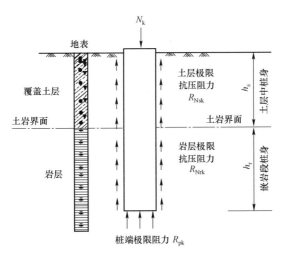

图 3-39 嵌岩桩抗压极限承载力计算模型

（三）倾覆稳定

输电线路岩石地基嵌岩桩抗水平承载性能宜通过试验确定。当嵌岩段桩长大于最小嵌岩深度且不小于 1.5 倍桩径时，可不考虑弯矩和水平剪力影响。但应对嵌岩桩的桩顶水平位移进行验算，即外荷载作用下桩顶水平位移不大于位移允许值。当桩顶露出地面高度较大时，尚应对露出地面部分进行结构承载性能计算。

1. 最小嵌岩深度计算

输电线路岩石地基嵌岩桩最小嵌岩深度可按式（3-118）计算确定

$$h_{rmin}=\frac{4.23H+\sqrt{17.92H^2+12.7\varphi_r\varphi_\beta f_{ucs}Md}}{\varphi_r\varphi_\beta f_{ucs}d} \qquad (3-118)$$

式中 h_{rmin} ——嵌岩段桩身最小嵌岩深度，m；

H ——嵌岩段岩石表面处桩身截面水平力设计值，kN；

M ——嵌岩段岩石表面处桩身截面弯矩设计值，kN·m；

d ——嵌岩段桩身直径，m；

φ_r ——嵌岩段桩侧岩体竖向抗压强度换算为水平抗压强度的折减系数，取 0.5~1.0，岩体节理发育时取小值，反之取大值；

φ_β ——嵌岩段桩周岩体坡度修正系数，当坡度 $\beta\leqslant10°$ 时，取 1.0；当 $10°<\beta\leqslant45°$ 时，取 0.67；当 $\beta>45°$ 时，取 0.33；

f_{ucs} ——岩石单轴抗压强度，MPa，当 $\varphi_r\varphi_\beta f_{ucs}$ 大于桩身混凝土轴心抗压强度标准值 f_{ck} 时，取 $\varphi_r\varphi_\beta f_{ucs}=f_{ck}$。

2. 无覆盖土层的嵌岩桩水平位移计算

无覆盖土层的嵌岩桩水平承载性能计算模型如图 3-40 所示。

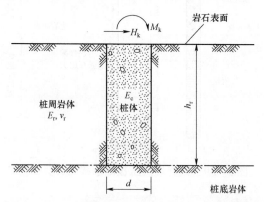

图 3-40 无覆盖层嵌岩桩水平承载力计算模型

根据图 3-40 所示嵌岩段桩的深径比、桩径、桩周岩体性质、桩身混凝土强度及其配筋情况计算确定嵌岩桩水平承载性能状态，具体可分为下列三种情形。

（1）柔性

$$\frac{h_r}{d} \geqslant \left(\frac{E_e}{G^*}\right)^{\frac{2}{7}} \qquad\qquad (3-119)$$

（2）刚性

$$\frac{h_r}{d} \leqslant 0.05 \left(\frac{E_e}{G^*}\right)^{\frac{1}{2}} \qquad\qquad (3-120)$$

（3）介于柔性和刚性之间

$$0.05 \left(\frac{E_e}{G^*}\right)^{\frac{1}{2}} < \frac{h_r}{d} < \left(\frac{E_e}{G^*}\right)^{\frac{2}{7}} \qquad\qquad (3-121)$$

其中

$$E_e = \frac{(EI)_p}{\dfrac{\pi d^4}{64}} \qquad\qquad (3-122)$$

$$(EI)_p = 0.85 E_c I_0 \qquad\qquad (3-123)$$

$$I_0 = \frac{\pi d^2}{64}[d^2 + 2(\alpha_E - 1)\rho_s d_0^{\ 2}] \qquad\qquad (3-124)$$

$$G^* = G_r \left(1 + \frac{3v_r}{4}\right) \qquad\qquad (3-125)$$

$$G_r = \frac{E_r}{2(1+v_r)} \qquad\qquad (3-126)$$

以上式中　　h_r——嵌岩段桩长（不计全风化岩层、极软岩层、极破碎岩层），m；

　　　　　　d——桩身直径，m；

　　　　　　E_e——桩身等效弹性模量，kPa；

　　　$(EI)_p$——嵌岩段桩身计算抗弯刚度，$kN \cdot m^2$；

　　　　　　E_c——桩身混凝土弹性模量，kPa；

　　　　　　I_0——桩身换算截面惯性矩，m^4；

　　　　　　d_0——桩身纵筋所在圆环直径，m；

　　　　　　G^*——桩周岩体等效剪切模量，kPa；

　　　　　　G_r——嵌岩段桩周岩体剪切模量，kPa；

　　　　　　E_r——嵌岩段桩周岩体弹性模量，kPa；

　　　　　　v_r——嵌岩段桩周岩体的泊松比，无量纲；

α_E——钢筋弹性模量与混凝土弹性模量之比，混凝土弹性模量和对应的 α_E 值可参考表 3-40；

ρ_s——桩身配筋率，%，桩身配筋率经验值见表 3-41。

表 3-40 混凝土弹性模量和对应的 α_E 值

混凝土强度等级	C20	C25	C30	C35	C40	C45	C50
弹性模量 E_c（GPa）	25.5	28.0	30.0	31.5	32.5	33.5	34.5
α_E	8.24	7.50	7.00	6.67	6.46	6.27	6.09

表 3-41 桩身配筋率经验值

桩径 d (m)	0.30~0.60	0.60~1.00	1.00~1.40
配筋率（%）	0.65~0.40	0.50~0.35	0.40~0.25

根据嵌岩桩水平承载性能状态，相应的桩顶水平位移及转角可按式（3-127）~式（3-130）计算。

对柔性嵌岩桩

$$u=0.50\left(\frac{H_k}{G^*d}\right)\left(\frac{E_e}{G^*}\right)^{-\frac{1}{7}}+1.08\left(\frac{M_k}{G^*d^2}\right)\left(\frac{E_e}{G^*}\right)^{-\frac{3}{7}} \qquad (3-127)$$

$$\theta=1.08\left(\frac{H_k}{G^*d^2}\right)\left(\frac{E_e}{G^*}\right)^{-\frac{3}{7}}+6.40\left(\frac{M_k}{G^*d^3}\right)\left(\frac{E_e}{G^*}\right)^{-\frac{5}{7}} \qquad (3-128)$$

对刚性嵌岩桩

$$u=0.40\left(\frac{H_k}{G^*d}\right)\left(\frac{2h_r}{d}\right)^{-\frac{1}{3}}+0.30\left(\frac{M_k}{G^*d^2}\right)\left(\frac{2h_r}{d}\right)^{-\frac{8}{7}} \qquad (3-129)$$

$$\theta=0.30\left(\frac{H_k}{G^*d^2}\right)\left(\frac{2h_r}{d}\right)^{-\frac{7}{8}}+0.80\left(\frac{M_k}{G^*d^3}\right)\left(\frac{2h_r}{d}\right)^{-\frac{5}{3}} \qquad (3-130)$$

式中 H_k——嵌岩桩基岩顶面处水平力标准值，kN；

M_k——嵌岩桩基岩顶面处弯矩标准值，kN·m。

对水平承载性能介于柔性和刚性之间的嵌岩桩，其水平位移取下列两种情形计算得到位移较大者的 1.25 倍取值。

（1）根据 $\frac{E_e}{G^*}$ 按式（3-127）所示的柔性嵌岩桩计算得到的桩顶水平位移。

（2）根据嵌岩深径比 h_r/d 按式（3-129）所示的刚性嵌岩桩计算得到的桩顶水平位移。

3. 有覆盖层嵌岩桩水平位移计算

有覆盖土层嵌岩桩水平位移计算时，作出如下基本假定：

（1）将水平力和弯矩共同作用下的嵌岩桩在土岩界面处等效为图3-41（b）所示的覆盖土层中悬臂段桩和基岩中嵌岩段桩两部分。

（2）当基岩中桩身嵌岩深度大于最小嵌岩深度 h_{rmin} 且不小于 1.5 倍桩径时，可认为覆盖土层中悬臂段桩在土岩界面处为固定端约束条件。

（3）覆盖土层中悬臂段桩侧土压力分布及其计算可分为图3-42所示的两种情形：黏结作用（$\varphi=0$）和摩擦作用（$c=0$）。

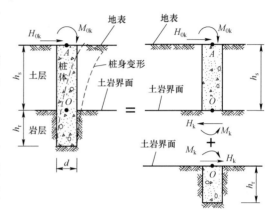

(a) 嵌岩桩受力及其变形　　(b) 受力分解计算简图

图3-41　有覆盖土层嵌岩桩水平
承载性能计算模型

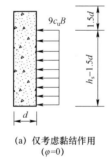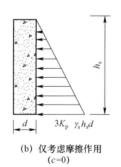

(a) 仅考虑黏结作用　　　　(b) 仅考虑摩擦作用
　　　（$\varphi=0$）　　　　　　　　　（$c=0$）

图3-42　覆盖土层桩侧土压力分布及其计算模型

（4）土岩界面处桩身截面水平力 H_k 和弯矩 M_k 共同作用下，基岩中嵌岩桩土岩界面处水平位移以及嵌岩部分桩身截面转角，可根据嵌岩段桩水平承载性能状态，按式（3-127）～式（3-130）进行计算。

（5）有覆盖土层嵌岩桩的桩顶水平位移由三部分组成：① 嵌岩段桩身土岩界面处水平位移；② 嵌岩段桩身土岩界面处转角引起悬臂段桩顶水平位移（不考虑桩侧覆盖层土体约束作用）；③ 水平力 H_{0k} 和弯矩 M_{0k} 作用下覆盖土层中悬臂段桩

顶水平位移，按式（3-131）计算确定。

$$(EI)_{\mathrm{p}} u_{\mathrm{AO}} = \frac{1}{3} H_{0k} h_s^3 + \frac{1}{2} M_{0k} h_s^2 - \frac{9}{8} c_u (h_s - 1.5d)^3 (h_s + 0.5d) d - \frac{1}{10} K_p \gamma h_s^5 d$$

（3-131）

其中

$$H_k = H_{0k} - 9 c_u (h_s - 1.5d) d - 1.5 K_p \gamma h_s^2 d \qquad （3-132）$$

$$M_k = M_{0k} + H_{0k} h_s - 4.5 c_u (h_s - 1.5d)^2 d - 0.5 K_p \gamma h_s^3 d \qquad （3-133）$$

$$K_p = \frac{1 + \sin\varphi}{1 - \sin\varphi} \qquad （3-134）$$

以上式中　H_{0k}——桩顶水平力标准值，kN；

M_{0k}——桩顶弯矩标准值，kN·m；

u_{AO}——覆盖土层桩身在 H_{0k} 和 M_{0k} 作用下的桩顶位移，m；

h_s——覆盖土层厚度，m；

d——桩身直径，m；

c_u——覆盖土层桩侧土体不排水剪切试验的黏聚强度，kPa；

γ——覆盖土层土体容重，kN/m³；

K_p——覆盖土层桩侧土体的侧向土压力系数；

φ——覆盖土层桩侧土体不排水剪切试验确定的内摩擦角，（°）。

第三节　岩石锚杆基础

架空输电线路工程中的岩石锚杆基础一般采用群锚型式，上拔荷载作用下岩石群锚基础需要分别对群锚基础整体稳定及上拔荷载分配到单根锚杆上作用效应的局部稳定性进行计算。

一、锚杆桩顶作用效应

直锚式群锚基础可忽略水平力的作用，锚桩桩顶作用力按照式（3-135）确定；承台式群锚基础需考虑水平力的作用，锚桩桩顶作用力按照式（3-136）确定

$$T_{Ei} = \frac{T_E}{n} \qquad （3-135）$$

$$T_{Ei} = \frac{T_E - G_s}{n} + \frac{M_x y_i}{\sum\limits_{i=1}^{n} y_i^2} + \frac{M_y x_i}{\sum\limits_{i=1}^{n} x_i^2} \qquad (3-136)$$

式中　　T_{Ei}——群锚中第 i 根单锚上拔力设计值，kN；

n——锚杆数量；

G_s——承台自重及承台上部岩土体重量，kN；

M_x、M_y——分别为作用于承台柱顶面的水平力对通过群锚重心的 x 轴和 y 轴的弯矩，kN·m；

x_i、y_i——锚桩 i 至通过群锚重心 y 轴和 x 轴距离，m。

二、上拔稳定性

岩石群锚基础是由若干数量的单锚组成，承受上拔力的岩石群锚基础，应同时满足群锚基础的整体稳定性和单锚的局部稳定性。

（一）群锚整体破坏

当岩石群锚基础发生岩体的整体剪切破坏时，岩石锚杆基础应满足式（3-137）的要求，此时，上拔岩体的破裂面呈喇叭形的曲面，如图 3-43 所示，基础的抗拔承载力 R_{Tu} 由曲面上应力 τ 形成剪切力的垂直方向分力、旋转面内岩体重量和基础重量三部分组成，可采用式（3-138）表述。

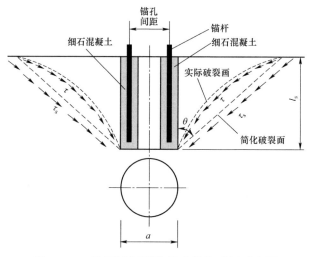

图 3-43　岩石锚杆群锚基础整体破坏示意图

$$\gamma_f T_E \leqslant R_{Tu} \quad\quad\quad (3-137)$$

$$R_{Tu} = \sum \tau_v + \gamma_r V_h + G_f \quad\quad\quad (3-138)$$

式中 $\sum \tau_v$ ——实际破坏面上剪力的垂直方向分力，kN；

   γ_r ——岩石地基的重度，kN/m³；

   V_h ——旋转曲面所包围的岩体的体积，m³。

为进一步计算方便，我国现行 DL/T 5219—2014 针对岩石群锚基础整体破坏时，其抗剪极限承载力的计算给出了如图 3-43 中虚线表示的简化模型，即将实际曲线破裂面等效为与垂直方向呈 45°夹角的虚直线破裂面。同时，在抗拔承载力组成中忽略了倒锥体内岩体重量 [（式 3-138）中的 $\gamma_r V_h$]，采用岩石等代极限剪切强度 τ_s 提高岩体抗剪强度予以补偿。由此，式（3-138）中基础抗拔承载力 R_{Tu} 可改写为式（3-139），即 R_{Tu} 由平均分布于倒锥体侧表面的岩石等代极限剪切强度 τ_s 形成的剪切力垂直分量和基础自重两部分组成

$$R_{Tu} = \pi l_s \tau_s (a + l_s) + G_f \quad\quad\quad (3-139)$$

式中 l_s ——包裹体和锚筋形成的锚固握裹体长度（即锚桩长度），m；

   τ_s ——岩石等代极限剪切强度，kPa，参考表 3-33、表 3-34、表 3-36、表 3-37 取值；

   a ——群锚外切圆直径，m。

（二）群锚非整体破坏

当岩石群锚基础发生非整体破坏时（即群锚中的单根锚杆发生破坏），岩石锚杆基础的承载力计算更加复杂。单锚基础是由三种材料（锚筋、包裹体、岩体）、两个界面（锚筋-包裹体界面，包裹体-岩体界面）组成的承载和传力系统。在上拔荷载作用下，岩石单锚基础可能会发生如图 3-44 所示的四种破坏模式：锚筋自身拉断、锚筋和包裹体结合面滑动破坏、包裹体和岩体结合面滑动破坏、单锚周围岩体剪切破坏。工程设计中需要分别对上述四种破坏模式中每一种工况进行计算，并取四种破坏模式中计算出的抗拔承载力最小值作为岩石锚杆基础的抗拔承载力，用于上拔稳定性设计。

（1）为保证锚筋的强度满足设计要求，避免发生如图 3-44（a）所示的锚筋拉断破坏，锚筋的抗拔承载力应不小于作用于单根锚杆的上拔力，如式（3-140）所示

$$T_{Eimax} \leqslant f_y A_n \quad\quad\quad (3-140)$$

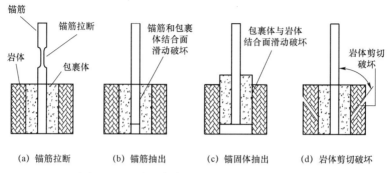

(a) 锚筋拉断　　　(b) 锚筋抽出　　　(c) 锚固体抽出　　　(d) 岩体剪切破坏

图 3-44　岩石锚杆基础非整体破坏示意图

式中　T_{Eimax} ——群锚基础中单根锚桩承受的最大上拔力，kN，直锚式基础采用
　　　　　　式（3-135）计算，承台式群锚基础采用式（3-136）计算；

　　　f_y ——锚筋抗拉强度设计值，kPa，若锚筋同时作为地脚螺栓时，f_y 按
　　　　　　照 f_g 取值，见表 3-42；

　　　A_n ——锚筋净面积，取普通钢筋的公称截面面积或地脚螺栓净截面积，m²。

表 3-42　　　　　　　　　　　　地脚螺栓强度设计值 f_g

种类	f_g（N/mm²）
Q235	160
Q235	205
35 号优质碳素钢	190
45 号优质碳素钢	215
40Cr 合金结构钢	260
42CrMo 合金结构钢	310

（2）为避免锚筋从包裹体中抽出［见图 3-45（b）］，单根锚筋与包裹体之间
的抗拔承载力应不小于作用于锚桩上的最大上拔力，见式（3-141）

$$\gamma_f T_{Eimax} \leqslant \pi d_a l_a \tau_a \qquad (3-141)$$

式中　d_a ——锚筋直径，m；

　　　l_a ——锚筋在包裹体内的锚固长度，直锚式基础取钻孔深度，承台式群锚
　　　　　　基础取承台底至孔底深度，当锚桩底部留有保护层时，应扣除保护
　　　　　　层厚度，m；

　　　τ_a ——锚筋与包裹体（砂浆或细石混凝土）间黏结强度，kPa，电力行业按
　　　　　　照表 3-43 取值，其他行业按照表 3-44 取值。

表 3-43　　　　　DL/T 5219—2014 中 τ_a 的推荐值（kPa）

包裹体强度等级	M20（C20）	M30（C25）	M40（C30）
τ_a	2000	2500	3000

表 3-44　　　　　其他行业相关规范中 τ_a 的推荐值（kPa）

序号	规范名称	包裹体强度等级				
		M20（C20）	M25	M30（C25）	M35	M40（C30）
1	GB 50086—2015《岩土锚杆与喷射混凝土支护工程技术规范》	2000	—	2500	—	3000
2	GB 50330—2013《建筑边坡工程技术规范》	—	2100	2400	2700	—
3	CECS 22—2005《岩土锚杆（索）技术规程》	2000～3000				

（3）为避免包裹体从岩体中抽出［见图 3-44（c）］，单根锚桩与岩体间的抗拔承载力应不小于作用于单根锚桩上的最大上拔力，如式（3-142）所示

$$\gamma_f T_{Eimax} \leqslant \pi D_b l_b \tau_b \qquad (3-142)$$

式中　D_b——包裹体直径，即锚孔直径，m；

　　　l_b——锚杆在岩体内的锚固长度，直锚式基础取钻孔深度，承台式群锚基础取承台底至孔底的深度，m；

　　　τ_b——包裹体与岩体间的黏结强度，kPa，电力行业按照表 3-45 或表 3-46取值，其他行业按照表 3-47 取值。

表 3-45　　　　　DL/T 5219—2014 中 τ_b 的推荐值（kPa）

岩石类别	风化程度		
	未风化或微风化	中等风化	强风化
硬质岩石	1500～2500	800～1200	500～800
软质岩石	600～800	250～600	150～250

表 3-46　　　　　DL/T 5544—2018 中 τ_b 的推荐值

岩石类型	极软岩（$f_{rk}\leqslant 5$）	软岩（$5<f_{rk}\leqslant 15$）	较软岩（$15<f_{rk}\leqslant 30$）	较硬岩（$30<f_{rk}\leqslant 60$）	坚硬岩（$f_{rk}>60$）
τ_b（kPa）	150～250	250～600	600～900	900～1500	1500～2500

注　岩石坚硬程度按饱和单轴抗压强度标准值 f_{rk}（MPa）划分。

表 3-47　　　　　　　　　　其他行业相关规范中 τ_b 推荐值

序号	规范名称	τ_b 取值（kPa）				
1	GB 50086—2015	极软岩	软岩	—	较硬岩	坚硬岩
		600～1000	600～1200	—	1000～1500	1500～2500
2	GB 50007—2011《建筑地基基础设计规范》	—	软岩	较软岩	较硬岩	—
		—	400	400～800	800～1200	—
3	日本 JSF：D1—88《地层锚杆设计施工规程》	—	软岩	—	—	坚硬岩
		—	600～1500	—	—	1500～2500
4	GB 50330—2013	极软岩	软岩	较软岩	较硬岩	坚硬岩
		270～360	360～760	760～1100	1100～1800	1800～2600
5	CECS 22—2005	极软岩	软岩	较软岩	较硬岩	坚硬岩
		200～300	300～800	800～1200	1200～1600	1600～3000
6	美国《岩层与土体预应力锚杆的建议》（1996 年）	极软岩	软岩	较软岩	较硬岩	坚硬岩
		150～250	200～800	800～1700	1400～2700	1700～3100

（4）为避免发生如图 3-44（d）所示的倒锥体状岩体整体剪切破坏，岩体在滑动面上的抗剪承载力应不小于作用于单根锚桩上的最大上拔力，如式（3-143）所示，其中图 3-43（d）所示的虚线为工程设计中假设的呈 45°角倒锥体的滑动面

$$\gamma_f T_{Eimax} \leqslant \pi l_s \tau_s (D_b + l_s)\qquad(3-143)$$

式中　τ_s ——岩石等代极限剪切强度，kPa，通过现场基础抗拔试验反算获得，当无试验资料时，可参考表 3-33～表 3-37 取值。

中国电科院大量的现场真型试验结果表明，岩石锚杆单锚或群锚基础发生岩体整体剪切破坏的情况极少，绝大多数情况下均发生锚筋拉断破坏。

三、基础构造设计

岩石锚杆基础由锚筋、锚孔内的包裹体、周围岩体三部分组成，如图 3-45 所示。以 2×2 群锚基础为例，详细介绍岩石锚杆基础的构造设计内容及要求。

（1）直锚式群锚基础中的防风化层的主要作用是预防地表岩体的风化，不作为承重结构，因此采用素混凝土即可，不需要配筋；承台式群锚基础中的承台和

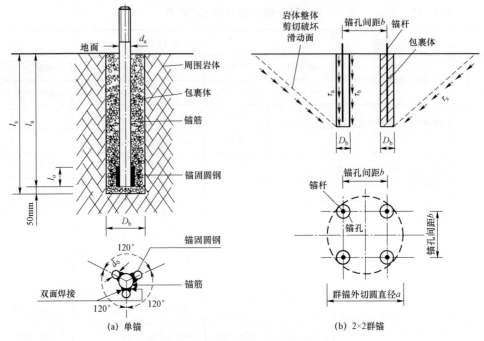

图 3−45 岩石锚杆基础构造示意图

承台柱主要起到连接地脚螺栓与下部锚筋的作用，承台以受弯为主，承台柱以拉弯为主。一般情况下承台按照 0.15% 的最小配筋率配筋，即可满足设计要求，对于高电压等级的输电线路，水平荷载往往达到 100kN 以上，此时承台应按照双向受弯构件配筋，同时满足最小配筋率不小于 0.15% 的构造要求。

（2）锚筋材质宜选用 HRB400 及以上的高强度螺纹筋，锚筋直径宜选用 28～40mm，且不得小于 16mm。锚筋底部应有可靠的锚固措施，且锚筋底部应留有保护层，保护层厚度宜取 50mm。

（3）锚筋嵌入包裹体长度不应小于 3m，不宜大于 6m。当锚筋长度超过 6m 时，应采取增加锚筋数量、改善锚固段岩体质量、扩大锚固体直径等措施解决。

（4）锚孔直径 D_b 一般取 2~3 倍锚筋直径 d_a，且不应小于 d_a + 50mm。

（5）群锚基础的锚孔孔间距 b 宜取 3～4 倍锚孔直径 D_b，且最小孔距不应小于 160mm。

（6）承台式群锚基础立柱（承台）嵌岩深度宜取 0.5～0.8m。

（7）岩石锚杆基础包裹体材料宜选用细石混凝土，且细石混凝土强度等级不宜低于 C30 级；当采用水泥砂浆作为包裹体材料时，其强度等级不应低于

M20 级。

（8）细石混凝土的细石粒径宜为 5～8mm，砂子宜采用中砂，并可根据需要掺入水泥用量 3%～6% 的膨胀剂。

（9）基岩表面应采取防风化措施，如设置防风化层、加大埋深等，具体措施根据地区经验确定。

考虑到输电线路基础行业特点，岩石锚杆基础施工过程中，需注意以下几点：

（1）钻孔施工应以机械作业为主，尽可能采用干钻成孔，减少对周围岩体的扰动。在施工中需"准确就位、规范操作、注意环保"。

（2）钻孔成型后应及时进行清孔，将孔洞中的石粉、浮土及孔壁松散石块清除干净。

（3）细石混凝土浇筑前应进行二次清孔，对易风化的岩石，应尽量缩短开孔与包裹体材料灌注之间的时间间隔。

（4）灌注锚孔时，每 300～500mm 分层灌注并振捣密实，推荐采用微型振动棒进行振捣施工。

第四节 灌 注 桩 基 础

架空输电线路工程灌注桩基础可分单桩和群桩两种型式。灌注桩单桩基础与大直径扩底桩设计方法和流程相似。为避免相关内容重复，本节主要介绍灌注桩群桩基础设计与优化方法。

根据桩基础中不同构件的受力特点，架空输电线路桩基础按照承载能力极限状态和正常使用极限状态进行设计。设计计算的主要内容包括：

（1）桩基竖向承载力计算和水平承载力计算；

（2）对桩身和承台结构承载力进行计算；

（3）当桩端平面以下存在软弱下卧层时，应进行软弱下卧层承载力验算；

（4）应进行桩基内力计算，并根据内力计算结果进行配筋计算；

（5）对承台进行受弯、受剪、受冲切和局部受压验算，并进行承台配筋计算。

一、桩顶作用效应

假定灌注桩群桩基础的承台为刚性板，作用于群桩中基桩桩顶反力呈线性分布，则群桩中基桩桩顶的上拔力采用式（3－144）和式（3－146）计算，下压力采用式（3－145）和式（3－147）计算，水平力采用式（3－148）计算。

不考虑偏心荷载作用时

$$T_{Ki} = \frac{T_K - G_K}{n} \qquad (3-144)$$

$$N_{Ki} = \frac{N_K + G_K}{n} \qquad (3-145)$$

考虑偏心荷载作用时

$$T_{Ki} = \frac{T_K - G_K}{n} \pm \frac{M_{xk} y_i}{\sum y_j^2} \pm \frac{M_{yk} x_i}{\sum x_j^2} \qquad (3-146)$$

$$N_{Ki} = \frac{N_K + G_K}{n} \pm \frac{M_{xk} y_i}{\sum y_j^2} \pm \frac{M_{yk} x_i}{\sum x_j^2} \qquad (3-147)$$

$$H_{Ki} = \frac{H_K}{n} \qquad (3-148)$$

以上式中　　T_{Ki}——群桩中的第 i 根基桩上拔力标准值，kN；

$\quad T_K$——群桩上拔力标准值，kN；

$\quad G_K$——桩基承台和承台上土自重标准值，kN；

$\quad n$——桩数；

$\quad N_{Ki}$——群桩中的第 i 根基桩下压力标准值，kN；

$\quad N_K$——群桩下压力标准值，kN；

M_{xk}、M_{yk}——分别为作用于承台底面，绕通过桩群形心的 x、y 主轴力矩标准值，kN·m；

$\quad H_{Ki}$——作用于群桩中第 i 根基桩水平力标准值，kN；

$\quad H_K$——作用于桩基承台底面的水平力标准值，kN。

二、稳定性计算

（一）上拔稳定

上拔荷载作用下的群桩基础，通常情况下会发生两种破坏模式，即整体破坏和非整体破坏。群桩整体破坏是指整个群桩体作为一个整体产生破坏，非整体破坏是指群桩中的某根承受上拔荷载较大的基桩发生破坏。为保证上拔荷载作用下的群桩安全稳定，应该分别计算群桩基础呈整体破坏和呈非整体破坏时基桩的抗拔承载力，具体见式（3-149）～式（3-152）。其中式（3-149）和式（3-150）为群桩按照整体破坏时的上拔稳定性计算式，式（3-151）和式（3-152）为群桩按照非整体破坏时的上拔稳定性计算式

$$\gamma_f T_{Ki} \leqslant T_{gk} / 2 + G_{gp} \tag{3-149}$$

$$T_{gk} = \frac{1}{n} u_1 \sum \lambda_i q_{sik} l_i \tag{3-150}$$

$$\gamma_f T_{Ki} \leqslant T_{uk} / 2 + G_p \tag{3-151}$$

$$T_{uk} = \sum \lambda_i q_{sik} u_i l_i \tag{3-152}$$

式中　T_{gk}——群桩呈整体破坏时基桩的抗拔极限承载力标准值，kN；

G_{gp}——群桩基础所包围体积的桩土总自重除以总桩数，kN，地下水位以下取浮重度计算桩土重量；

T_{uk}——群桩呈非整体破坏时基桩的抗拔极限承载力标准值，kN；

G_p——基桩自重，kN，地下水位以下取浮重度计算桩体自重；

u_1——桩群外围周长，m，如图3-46所示。

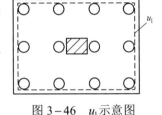

图3-46　u_1示意图

考虑地震作用效应时，桩基上拔稳定性按照式（3-153）和式（3-154）计算。

$$\gamma_f T_{EK} \leqslant 1.25 T_{gk} / 2 + G_{gp} \tag{3-153}$$

$$\gamma_f T_{EKimax} \leqslant 1.25 T_{uk} / 2 + G_p \tag{3-154}$$

式中　T_{EK}——地震效应和荷载效应标准组合下，群桩中的基桩平均上拔力，kN；

T_{EKimax}——地震效应和荷载效应标准组合下，群桩中的基桩的最大上拔力，kN。

（二）下压稳定

1. 下压承载力计算

群桩中的基桩下压承载力计算与大直径扩底桩相同，可参照式（3-104）和式（3-105），式中的 R_{Na} 为群桩中基桩的抗压承载力特征值，分为不考虑承台效应与考虑承台效应两种情况考虑。

（1）不考虑承台效应。对端承型桩基、桩数小于4的摩擦型桩基或由于地层土性、使用条件等因素不宜考虑承台效应时，基桩抗压承载力特征值等同于单桩竖向承载力特征值，可参照式（3-106）取值。

（2）考虑承台效应。考虑承台效应的基本条件是桩基在受力过程中，承台底部的土体始终处于压缩状态，这也意味着基桩发生了沉降，为摩擦型桩。

对于考虑承台效应的复合基桩下压承载力特征值的计算可参见 JGJ 94—2008 5.2.5 条。

2. 桩端持力层下卧软弱层强度计算

对于桩间距不超过 6 倍桩径的群桩基础，桩端持力层下存在承载力低于桩端持力层承载力 1/3 的软弱下卧层时，可按式（3-155）验算软弱下卧层的承载力（见图 3-47），其中软弱下卧层顶面处的附加压力按照式（3-156）计算

$$\sigma_z + \sigma_{cz} \leqslant \sigma_{az} \tag{3-155}$$

$$\sigma_z = \frac{(N_K + G_K) - 3/2(A_0 + B_0)\sum q_{sik}l_i}{(A_0 + 2t\tan\theta)(B_0 + 2t\tan\theta)} \tag{3-156}$$

式中　　σ_z——作用于软弱下卧层顶面上的附加压力，kPa；

σ_{cz}——软弱下卧层顶面处土的自重压力，应扣除地下水位以下的浮力，kPa；

t——桩端硬持力层厚度，m；

σ_{az}——软弱下卧层经深度 z 修正的地基承载力特征值，kPa；

A_0、B_0——桩群外缘矩形底面的长、短边边长，m；

θ——桩端硬持力层压力扩散角，（°），宜由试验确定，无试验数据时，可通过表 3-48 查取，当 $t < 0.25B_0$ 时，取 $\theta = 0°$；$0.25B_0 < t < 0.5B_0$ 时，可内插值。

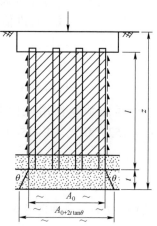

图 3-47　软弱下卧层承载力计算示意图

表 3-48　　　　　　　　桩端硬持力层压力扩散角 θ（°）

E_{s1}/E_{s2}	$t = 0.25B_0$	$t \geqslant 0.50B_0$
1	4	12
3	6	23
5	10	25
10	20	30

注　E_{s1}、E_{s2} 分别为硬持力层与软弱下卧层的压缩模量。

（三）倾覆稳定

为保证承受水平荷载的输电线路群桩满足倾覆稳定性要求，群桩中的基桩应

满足式（3-108）要求，式（3-108）中单桩水平承载力特征值 R_{ha} 由群桩中基桩的水平承载力特征值 R_h 代替。与单桩不同的是，群桩中的基桩应考虑由承台、桩群、土相互作用产生的群桩效应，R_h 按照式（3-157）确定

$$R_h = \eta_h R_{ha} \qquad (3-157)$$

式中 η_h ——群桩效应综合系数，考虑地震作用且 $S_a / d \leqslant 6$ 时，按照式（3-158）确定；对于其他情况，按照式（3-159）确定

$$
\begin{cases}
\eta_h = \eta_i \eta_r + \eta_l \\[2mm]
\eta_i = \dfrac{\left(\dfrac{s_a}{d}\right)^{0.15n_2 + 0.45}}{0.15n_1 + 0.10n_2 + 1.9} \\[4mm]
\eta_l = \dfrac{m \chi_{oa} B'_{ct} h_{ct}^2}{2 n_1 n_2 R_{ha}} \\[3mm]
\chi_{oa} = \dfrac{R_{ha} \nu_x}{\alpha^3 EI}
\end{cases} \qquad (3-158)
$$

$$
\begin{cases}
\eta_h = \eta_i \eta_r + \eta_l + \eta_b \\[2mm]
\eta_b = \dfrac{\mu P_c}{n_1 n_2 R_{ha}} \\[2mm]
B'_{ct} = B_{ct} + 1 \\[1mm]
P_c = \eta_c f_{ak}(A_{ct} - n A_p)
\end{cases} \qquad (3-159)
$$

以上式中 η_i ——桩的相互影响效应系数；

η_r ——桩顶约束效应系数（桩顶嵌入承台长度 50～100mm 时），根据基桩截面配筋率，参照表 3-49 取值；

η_l ——承台侧向土抗力效应系数（承台外围回填土松散时取值为 0）；

η_b ——承台底摩阻效应系数；

s_a / d ——沿水平荷载方向的距径比；

n_1、n_2 ——分别为沿水平荷载方向与垂直水平荷载方向每排桩中的桩数；

χ_{oa} ——桩顶（承台）的水平位移允许值，m；

B'_{ct} ——承台受侧向土抗力一边的计算宽度，m；

B_{ct} ——承台宽度，m；

h_{ct} ——承台高度，m；

P_c ——承台底地基土分担的竖向总荷载标准值，kN；

167

μ ——承台底与地基土间的摩擦系数，可按表 3−50 取值；

f_{ak} ——承台下 1/2 承台宽度且不超过 5m 深度范围内各层土的地基承载
力特征值按厚度加权的平均值，kPa；

η_c ——承台效应系数，可按表 3−51 取值；

A_{ct} ——承台总面积，m^2；

A_p ——桩身截面面积，m^2。

表 3−49 桩顶约束效应系数

换算深度 αh	2.4	2.6	2.8	3.0	3.5	≥4.0
位移控制	2.58	2.34	2.20	2.13	2.07	2.05
强度控制	1.44	1.57	1.71	1.82	2.00	2.07

注 α 为基桩的水平变形系数，h 为基桩的入土深度。

表 3−50 承台底与地基土间的摩擦系数 μ

土的类别		μ
黏性土	可塑	0.25～0.30
	硬塑	0.30～0.35
	坚硬	0.35～0.45
粉土	密实、中密（稍湿）	0.30～0.40
中砂、粗砂、砾砂		0.40～0.50
碎石土		0.40～0.60
软岩、软质岩		0.40～0.60
表面粗糙的较硬岩、坚硬岩		0.65～0.75

表 3−51 承台效应系数 η_c

B_c / l	s_a / d				
	3	4	5	6	>6
≤0.4	0.06～0.08	0.14～0.17	0.22～0.26	0.32～0.38	
0.4～0.8	0.08～0.10	0.17～0.20	0.26～0.30	0.38～0.44	0.50～0.80
>0.8	0.10～0.12	0.20～0.22	0.30～0.34	0.44～0.50	
单排桩条形承台	0.15～0.18	0.25～0.30	0.38～0.45	0.50～0.60	

注 1. s_a / d 为桩中心距与桩径之比；B_c / l 为承台宽度与桩长之比。当计算基桩为非正方形排列时，$s_a = \sqrt{A/n}$（A 为承台计算域面积，n 为总桩数）。

2. 对于单排桩条形承台，当承台宽度小于 1.5d 时，η_c 按照非条形承台取值。

3. 对于采用后注浆灌注桩的承台，η_c 取低值。

三、承台计算

群桩中的承台是连接上部承台柱与下部基桩的重要构件，其承受来自承台柱与基桩的弯剪作用。为保证承台构件承载力满足要求，应分别进行承台的抗弯、抗冲切、抗剪计算。

（一）抗弯承载力

为保证承台不发生弯曲破坏，应在承台上下平面配置受弯钢筋。承台上下平面截面受弯钢筋可根据上拔、下压时最不利截面的弯矩计算，如图 3－48所示。

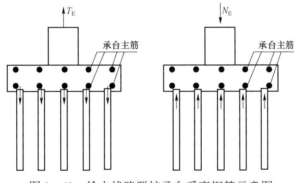

图 3－48　输电线路群桩承台受弯钢筋示意图

承台受弯计算截面通常取柱根截面（两层台阶时，取柱根截面与变阶处截面），如图 3－49 中的 $x—x$ 截面和 $y—y$ 截面。作用于 x、y 方向上的截面弯矩可采用式（3－160）和式（3－161）计算，承台钢筋面积采用式（3－162）、式（3－163）计算

$$M_{ctx} = \sum N_i y_i \qquad (3-160)$$

$$M_{cty} = \sum N_i x_i \qquad (3-161)$$

$$A_{ctx(y)} \geqslant \frac{M_{ctx}(y)}{\left(h_{ct0} - \dfrac{x}{2} \right) f_y} \qquad (3-162)$$

$$x = h_{ct0} - \sqrt{h_{ct0}^2 - \frac{2M_{ctx}}{f_c B_{ct}}} \qquad (3-163)$$

以上式中　M_{ctx}、M_{cty} ——分别为绕 x、y 轴方向计算截面处的弯矩设计值，kN·m；

$\qquad\qquad$ x_i、y_i ——分别为垂直 y 轴和 x 轴方向第 i 根基桩轴线到相应计算截面的距离，m；

$\qquad\qquad$ N_i ——不计承台自重及其上覆土重，第 i 根基桩竖向反力的设计值，kN；

$\qquad$ A_{ctx}、A_{cty} ——分别为 x、y 方向承台截面钢筋面积，m^2；

$\qquad\qquad$ h_{ct0} ——承台计算截面有效高度，m，为扣除保护层后的承台厚度；

$\qquad\qquad$ x ——混凝土受压区高度，m；

$\qquad\qquad$ B_{ct}——承台宽度，m。

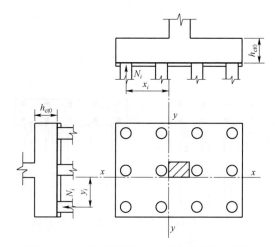

图 3-49　矩形多桩承台弯矩计算示意图

（二）抗冲切承载力计算

桩基承台厚度应满足承台柱对承台的冲切和基桩对承台的冲切承载力要求。

下压荷载作用下承台受到承台柱的冲切，其破坏锥体应采用自柱边至相应桩顶边缘连线所构成的锥体，其中锥体斜面与承台底面之间的夹角不应小于 45°，如图 3-50 所示。承台柱对承台的冲切承载力按照式（3-164）～式（3-166）计算

$$F_l \leqslant 2[\beta_{0x}(b_c + a_{0y}) + \beta_{0y}(h_c + a_{0x})]\beta_{hp}f_t h_{ct0} \qquad (3-164)$$

$$F_l = N_j - \sum Q_i \qquad (3-165)$$

$$\beta_{0x(y)} = \frac{0.84}{\lambda_{0x(y)} + 0.2} \qquad (3-166)$$

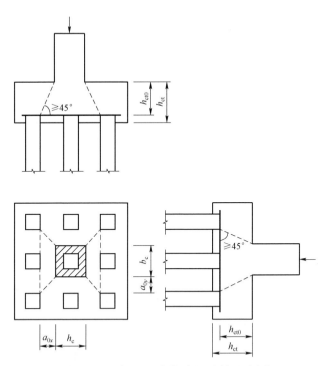

图 3-50　柱对承台的冲切计算示意图

以上式中　F_l——不计承台自重及其上覆土重，在荷载效应基本组合下作用于冲

切破坏锥体上的冲切力设计值，kN；

f_t——承台混凝土抗拉强度设计值，kPa；

β_{hp}——承台受冲切承载力截面高度影响系数，当 $h_{ct} \leqslant 800mm$ 时，β_{hp}

取 1.0，$h_{ct} \geqslant 2000mm$ 时，β_{hp} 取 0.9，其间按线性内插法取值；

h_{ct0}——承台冲切破坏锥体的有效高度，m；

N_j——不计承台自重及其上覆土重，在荷载效应基本组合下柱底的下

压力设计值，kN；

$\sum Q_i$——不计承台自重及其上覆土重，在荷载效应基本组合下冲切破坏

锥体内各基桩的反力设计值之和，kN；

β_{0x}、β_{0y}——分别为 x、y 方向的柱冲切系数，由式（3-166）确定；

λ_{0x}、λ_{0y}——分别为 x、y 方向的冲跨比，$\lambda_{0x} = a_{0x}/h_{ct0}$、$\lambda_{0y} = a_{0y}/h_{ct0}$ 均应

满足 0.25～1.0 的要求；

a_{0x}、a_{0y}——分别为 x、y 方向柱边至最近桩边的水平距离，m。

对于四桩以上（含四桩）的承台，如图 3-51 所示，其受角桩冲切的承载力

按式（3-167）～式（3-169）进行计算

$$N_l \le [\beta_{1x}(c_2 + a_{1y}/2) + \beta_{1y}(c_1 + a_{1x}/2)]\beta_{hp}f_t h_{ct0} \qquad (3-167)$$

$$\beta_{1x} = \frac{0.56}{\lambda_{1x} + 0.2} \qquad (3-168)$$

$$\beta_{1y} = \frac{0.56}{\lambda_{1y} + 0.2} \qquad (3-169)$$

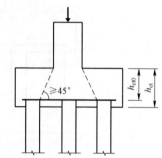

以上式中　　N_l——不计承台自重及其上覆土重，在荷载效应基本组合下作用下角桩的反力设计值，kN；

β_{1x}、β_{1y}——角桩冲切系数；

a_{1x}、a_{1y}——从承台底角桩顶内边缘引45°冲切线与承台顶面相交点至角桩内边缘的水平距离，当柱边位于该45°线之内时，取由柱边与桩内边缘连线为冲切破坏锥体的锥线，m，其值不大于承台的厚度；

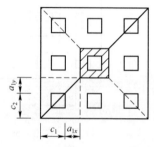

图 3-51　四桩及以上群桩承台角桩冲切计算示意图

λ_{1x}、λ_{1y}——角桩冲跨比，其值为 $\lambda_{1x} = \alpha_{1x}/h_{ct0}$，$\lambda_{1y} = \alpha_{1y}/h_{ct0}$。

以上式适用于承台柱和基桩截面均为方形，对于圆形截面的承台柱和圆桩，计算时应将截面换算成方形，即取换算截面的边长 $b_c = 0.8d_c$，其中 d_c 为承台柱直径或基桩直径。

（三）抗剪切计算

柱下桩基承台，应分别对柱边、变阶处和桩边连线形成的贯通承台的斜截面的受剪承载力进行验算。当承台悬挑边有多排基桩形成多个斜截面时，应对每个斜截面的受剪承载力进行验算，如图 3-52 所示。

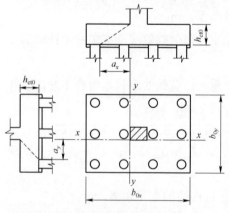

图 3-52　承台斜截面受剪计算示意

柱下独立桩基承台斜截面受剪承载力应按式（3－170）～式（3－172）计算

$$V_{\mathrm{j}} \leqslant \beta_{\mathrm{hs}} \alpha f_{\mathrm{t}} b_0 h_{\mathrm{ct0}} \tag{3－170}$$

$$\alpha = \frac{1.75}{\lambda + 1} \tag{3－171}$$

$$\beta_{\mathrm{hs}} = \left(\frac{800}{h_{\mathrm{ct0}}}\right)^{\frac{1}{4}} \tag{3－172}$$

以上式中　V_{j} ——不计承台自重及其上覆土自重，在荷载效应基本组合下，斜截面的最大剪力设计值，kN；

$\quad\quad\quad b_0$ ——承台计算截面处的计算宽度，m；

$\quad\quad\quad \alpha$ ——承台剪切系数；

$\quad\quad\quad \beta_{\mathrm{hs}}$ ——受剪切承载力截面高度影响系数；

$\quad\quad\quad \lambda$ ——计算截面的剪跨比，$\lambda_x = a_x / h_{\mathrm{ct0}}$，$\lambda_y = a_y / h_{\mathrm{ct0}}$，$a_x$、$a_y$ 为柱边至 x、y 方向计算一排桩的桩边水平距离，当 $\lambda < 0.25$ 时，λ 取 0.25；当 $\lambda > 3$ 时，λ 取 3。

式（3－172）中，当 $h_{\mathrm{ct0}} < 800\mathrm{mm}$ 时，取 $h_{\mathrm{ct0}} = 800\mathrm{mm}$；当 $h_{\mathrm{ct0}} > 2000\mathrm{mm}$ 时，取 $h_{\mathrm{ct0}} = 2000\mathrm{mm}$；其间按线性内插法取值。

对于阶梯形或锥形承台的斜截面受剪承载力可参考 JGJ 94 相关要求。

（四）局部受压承载力

对于柱下桩基，当承台混凝土强度等级低于柱或桩的混凝土强度等级时，应验算柱下或桩上承台的局部受压承载力。

局部受压承载力可按式（3－173）进行计算

$$N_{\mathrm{E}} \leqslant 1.35 \beta_{\mathrm{c}} \beta_{\mathrm{l}} f_{\mathrm{c}} A_{\mathrm{l}} \tag{3－173}$$

式中　N_{E} ——柱轴力设计值，kN；

$\quad\quad\quad \beta_{\mathrm{l}}$ ——混凝土局部受压时的强度提高系数，$\beta_{\mathrm{l}} = \sqrt{\dfrac{A_{\mathrm{b}}}{A_{\mathrm{l}}}}$，其中 A_{b} 为局部受压的计算面积，可参考 GB 50010—2010 取值；

$\quad\quad\quad f_{\mathrm{c}}$ ——承台混凝土轴心抗压设计强度，kPa；

$\quad\quad\quad A_{\mathrm{l}}$ ——柱或桩顶截面面积，m^2。

四、构造设计

（1）桩身及承台的混凝土强度等级不应低于 C25。

（2）基桩桩身配筋的构造要求参见本书第二节大直径扩底桩相关内容。

（3）承台厚度宜取为桩径的 1.0～2.0 倍，并应满足冲切承载力要求，且不应小于 300mm。

（4）边桩外侧与承台边缘的距离应满足下列要求：

1）对直径不大于 1m 的桩不得小于桩径的 0.5 倍且不小于 250mm；

2）对直径大于 1m 的桩不得小于桩径的 0.3 倍且不小于 500mm。

（5）承台的受力钢筋应通长配置，对四桩及以上承台宜按双向均匀布置，对三桩的三角形承台应按三向板带均匀布置，且最里面的三根钢筋围成的三角形应在塔脚底板截面范围内。承台纵向受力钢筋的直径不应小于 12mm，间距不应大于 200mm。桩基承台的最小配筋率不应小于 0.15%。

（6）桩与承台的连接构造应符合下列要求：

1）桩嵌入承台内的长度对中等直径桩（桩径介于 250～800mm）不宜小于 50mm；对大直径桩（桩径不小于 800mm）不宜小于 100mm。

2）桩顶纵向主筋应锚入承台内，其锚入长度应满足受拉钢筋锚固长度的要求并不应小于纵向主筋直径的 40 倍。

3）桩顶主筋宜外倾成喇叭形（大约与竖直线夹 15° 角），并应设置箍筋或螺旋筋，其直径与桩身箍筋直径相同，间距为 100～200mm。

（7）承台底面钢筋的混凝土保护层厚度，当有混凝土垫层时，不应小于 50mm，无垫层时不应小于 70mm；同时不应小于桩头嵌入承台内的长度。

（8）承台埋深应不小于 600mm。在季节性冻土及膨胀土地区，其埋深及处理措施，应按 GB 50007—2011 和 GBJ112《膨胀土地区建筑技术规范》等有关规定执行。

第五节 新型基础设计

一、单桩十字梁基础

单桩十字梁基础由支柱、十字梁、单桩三部分组成，其中铁塔通过支柱与十字梁相连，十字梁通过单桩将上部作用力传递于地基土体中，如图 3−53 所示。单桩十字梁基础很好地利用了自平衡原理，即两支柱受拉时，另外两支柱受压，呈"跷跷板"的受力状态，从而使得单桩所受上拔力近乎为零，仅承受倾覆弯矩和较小的下压力。

十字梁的受力状态与牛腿相似，因其跨高比大于 1，可认为是长牛腿，其工作应力状态与悬臂梁极为相似，可按照悬臂梁进行十字梁设计计算。

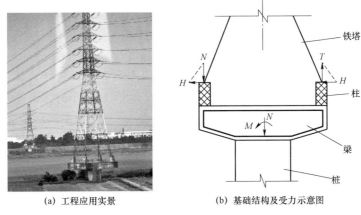

(a) 工程应用实景　　　　　　　(b) 基础结构及受力示意图

图 3-53　单桩十字梁基础示意图

图 3-54 给出了单桩十字梁基础真型试验中十字梁的典型破坏模式及实物图。试验结果表明，十字梁从受荷到破坏的过程，经历了弹性阶段、裂缝出现与展开、破坏形态三个阶段。当十字梁所受荷载较小（小于破坏荷载的 20%），十字梁处在弹性工作状态；随着荷载增加到破坏荷载的 20%～40%，开始出现裂缝，但其展开度很小，对十字梁受力性能影响不大；当荷载继续加大至破坏荷载的 40%～60% 时，在加载内侧附近出现第一条裂缝①见图 3-54（c）、（d），随着荷载的增加，裂缝不断发展；最后，当荷载加至接近破坏荷载时（约为破坏荷载的 80%），开始出现裂缝②见图 3-54（d），预示十字梁即将破坏。

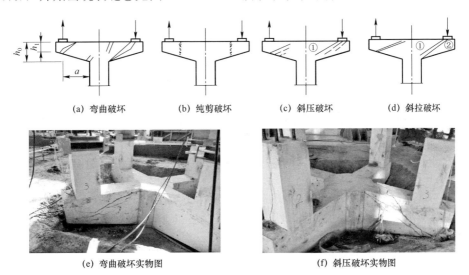

(a) 弯曲破坏　　　(b) 纯剪破坏　　　(c) 斜压破坏　　　(d) 斜拉破坏

(e) 弯曲破坏实物图　　　　　　　(f) 斜压破坏实物图

图 3-54　单桩十字梁基础真型试验中十字梁的破坏模式示意图及实物图

十字梁的结构破坏形态主要决定于 a/h_0 值，可分为以下四种类型：

（1）弯曲破坏。当 $a/h_0 > 0.75$ 和纵向受力钢筋配筋率较低时，一般发生弯曲破坏。见图 3-54（a）。

（2）剪切破坏。剪切破坏又分为纯剪、斜压和斜拉破坏三种。其中纯剪破坏是当 a/h_0 值很小（≤0.1）或 a/h_0 值较大但边缘高度 h_1 较小时，可能发生沿加载板内侧接近竖直截面的剪切破坏，见图 3-54（b）。当十字梁跨高比 $a/h_0 > 1$，且 h_1 不小于 $1/3 h_0$ 时，构件多发生斜拉和斜压破坏，见图 3-54（c）、（d）。

（一）十字梁构件强度计算

1. 十字梁正截面受弯计算

十字梁在竖向力和水平力共同作用下，可认为是以桩边缘 A 和 B 为固端的悬臂梁。梁的弯矩计算示意图如图 3-55 所示。

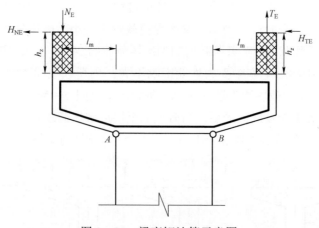

图 3-55　梁弯矩计算示意图

如图 3-55 所示，压腿侧的单支十字梁承受下压力和水平力作用，下压力产生的弯矩 M_1，水平力产生的弯矩 M_2；拉腿侧的单支十字梁承受上拔力和水平力作用，上拔力产生弯矩的 M_1'，水平力产生的弯矩 M_2'，见式（3-174）～式（3-177）

$$M_1 = N_E l_m \qquad (3-174)$$

$$M_2 = H_{NE} h_z \qquad (3-175)$$

$$M_1' = T_E l_m \qquad (3-176)$$

$$M_2' = H_{TE} h_z \qquad (3-177)$$

以上式中　N_E——作用于压腿侧支柱顶部的下压力设计值，kN；

　　　　　l_m——竖向力作用力臂，m；

　　　　　h_z——支柱高度，m；

　　　　　H_{NE}——作用于压腿侧支柱顶部的水平力合力设计值，kN；

　　　　　T_E——作用于拉腿侧支柱顶部的上拔力设计值，kN；

　　　　　H_{TE}——作用于拉腿侧支柱顶部的水平合力设计值，kN。

　　为保证十字梁不发生超筋破坏或少筋破坏，十字梁截面钢筋面积应满足受弯承载力要求。一般情况下，十字梁受压区主要依靠混凝土承受压力，因此按照单筋截面计算配筋。

　　界限受压区高度 ξ_b

$$\xi_b = \frac{\beta_1}{1 + \dfrac{f_y}{E_s \varepsilon_{cu}}} \tag{3-178}$$

式中　β_1——计算系数，C50 以下混凝土取 0.8；

　　　f_y——钢筋抗拉强度设计值，kPa；

　　　E_s——钢筋弹性模量，kPa；

　　　ε_{cu}——混凝土极限压应变，值为 0.0033。

　　相对受压区高度 ξ 按式（3-179）计算

$$\xi = 1 - \sqrt{1 - 2\alpha_s} \tag{3-179}$$

系数 α_s 按照式（3-180）计算

$$\alpha_s = \frac{M}{\alpha_1 f_c b_1 h_{10}^2} \tag{3-180}$$

式中　M——弯矩设计值，kN·m，在进行梁上层配筋时，取 $M_1 + M_2$，进行下层配筋计算时，取 $M_1' + M_2'$；

　　　α_1——计算系数，C50 以下混凝土取 1.0；

　　　f_c——混凝土抗压强度设计值，kPa；

　　　b_1——十字梁截面宽度，m；

　　　b_{10}——十字梁截面的有效高度，m。

　　当 $\xi \leqslant \xi_b$ 时，为适筋破坏，按照下式配筋，其中，截面配筋率不小于 0.15%

$$A_s = \frac{\alpha_1 f_c b_1 h_{10}^2 \xi}{f_y} \tag{3-181}$$

当 $\xi > \xi_b$ 时，为超筋破坏，应该采取以下措施：

（1）增加截面尺寸；

（2）提高混凝土强度等级；

（3）配置受压钢筋，按照式（3−182）～式（3−184）进行双筋截面配筋计算。

由于当 $\xi = \xi_b$ 时，双筋截面的总用钢量 $A_s + A'_s$ 最小，截面设计最经济，因此取 $\xi = \xi_b$。

$$\alpha_{sb} = \xi(1 - 0.5\xi) \tag{3−182}$$

$$A'_s = \frac{M - \alpha_s \alpha_1 f_c b_1 h_{10}^2}{f'_y(h_0 - a'_s)} \tag{3−183}$$

$$A_s = \frac{\alpha_1 f_c \xi b_1 h_{10}^2 + f'_y A'_s}{f_y} \tag{3−184}$$

式中 f'_y ——受压区钢筋抗拉强度设计值，kPa；

$\quad\quad\quad A'_s$ ——受压区钢筋面积，m^2。

2. 十字梁斜截面受剪计算

为避免梁的斜截面发生斜压破坏或斜拉破坏，梁截面的尺寸需满足式（3−185）和式（3−186）的要求：

当 $h_{10} / b_1 \leqslant 4$ 时

$$V \leqslant 0.25\beta_c f_c b_1 h_{10} \tag{3−185}$$

当 $h_{10} / b_1 \geqslant 6$ 时

$$V \leqslant 0.2\beta_c f_c b_1 h_{10} \tag{3−186}$$

当 $4 < h_{10} / b_1 < 6$ 时：按照线性内插法确定。

以上式中 V——作用于梁截面的剪切力，kN；

$\quad\quad\quad \beta_c$——混凝土强度影响系数，当混凝土强度等级不超过 C50 时，β_c 取 1.0；

$\quad\quad\quad f_c$——混凝土轴心抗压强度设计值，kPa。

对于矩形受弯构件，当混凝土足以承担荷载引起的剪力时，也可以不进行构件的受剪承载力计算，GB 50007—2011 规定，当满足式（3−187）时，可不进行斜截面受剪承载力计算，仅需根据规范的有关构造规定，配置构造箍筋。当不满足式（3−187）时，需进行构件斜截面受剪承载力的计算，按照需要配相应箍筋

$$V \leqslant \alpha_{cv} f_t b_1 h_{10} \tag{3−187}$$

式中 α_{cv}——斜截面混凝土受剪承载力系数（对于一般受弯构件取 0.7，对于集

中荷载作用下的十字梁，可通过式 $\dfrac{1.75}{\lambda+1}$ 计算，式中 λ 为计算剪跨比，

其值不小于 1.5 且不大于 3；

f_t——混凝土轴心抗拉设计值，kPa。

当梁截面受力不满足式（3-187）的要求，对于压腿侧的十字梁，按照式（3-188）计算抗剪箍筋面积，式中的剪切力 V 取 N_E

$$A_{sv} \geqslant \frac{V-\alpha_{cv}f_t b_1 h_{10}}{f_{yv}h_{10}}s \qquad (3-188)$$

式中 A_{sv}——配置在同一截面内的各肢箍筋的全部截面面积，等于 nA_{sv1}（其中 n 为同一截面内的箍筋肢数，A_{sv1} 为单肢箍筋的截面面积），m^2；

f_{yv}——箍筋抗拉强度设计值，kPa；

s——沿梁长度方向的箍筋间距，m。

对于拉腿侧的十字梁，下缘倾斜侧受拉时，依据受拉边倾斜的受弯构件计算承载力，如图 3-56 所示，可按式（3-189）计算抗剪箍筋面积，式中的剪切力 V 取 T_E

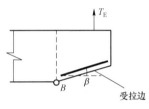

图 3-56 拉腿侧倾斜受拉边示意图

$$\left.\begin{array}{l} V \leqslant V_{cs}+V_{sp} \\[2mm] V_{cs}=\alpha_{cv}f_t b_1 h_{10}+f_{yv}\dfrac{A_{sv}}{s}h_{10} \\[2mm] V_{sp}=\dfrac{M-0.8\sum f_{yv}A_{sv}z_{sv}}{z+c\tan\beta}\tan\beta \end{array}\right\} \qquad (3-189)$$

式中 V_{cs}——构件斜面上混凝土和箍筋的受剪承载力设计值，kN；

V_{sp}——构件截面上受拉边倾斜的纵向受拉钢筋的合力设计值在垂直方向上的投影，其值不大于 $f_y A_s \sin\beta$，kN；

M——构件斜截面受压区末端的弯矩设计值，kN·m；

z_{sv}——同一截面内箍筋的合力至斜截面受压区合力点的距离，m；

z——斜截面受压区始端处纵向受拉钢筋合力的水平分力至斜截面受压区合力点的距离，m，可近似取为 $0.9h_{10}$；

β——斜截面受压区始端处倾斜纵向受拉钢筋的倾角，°；

c——斜截面的水平投影长度，m，可近似取为 h_{10}。

式（3-189）为含有两个未知量 A_{sv} 和 s 的隐形表达式。当箍筋间距 s 已知时，可通过式（3-188）计算出 $A_{sv}=nA_{sv1}$，进而确定箍筋直径和箍筋肢数。箍筋间距

架空输电线路基础设计

可参考表 3-12 取值。

3. 十字梁挠度计算

为保证十字梁的正常运行，十字梁产生的挠度 f 不应大于构件的挠度允许值 $[f]$

$$f \leqslant [f] \qquad (3-190)$$

依据 GB 50010—2010 3.4.3 条，十字梁构件的挠度允许值按照式（3-191）确定

$$[f] = \frac{l_0}{200} \qquad (3-191)$$

式中 l_0 ——梁的计算跨度，m，对于悬臂的十字梁，取实际悬臂长度的 2 倍。

根据材料力学中悬臂梁挠度的计算式，可得十字梁受弯时的挠度按照式（3-192）计算

$$f = \frac{Pa^2}{6B}(3l_1 - a) \qquad (3-192)$$

其中

$$B = \frac{M_k}{M_q(\theta - 1) + M_k} B_s \qquad (3-193)$$

$$B_s = \frac{E_s A_s h_{l0}^2}{1.15\psi + 0.2 + \dfrac{6\alpha_E \rho}{1 + 3.5\gamma_f}} \qquad (3-194)$$

式中 P ——作用于十字梁上的下压力或上拔力，kN；

a ——集中力作用点至梁根处距离，m，见图 3-57；

l_1 ——十字梁的悬臂长度，m；

B ——构件的长期刚度，当采用荷载的标准组合计算构件挠度时，按照式（3-193）计算；

M_k 和 M_q ——分别为按照荷载的标准组合和准永久组合计算的弯矩，取梁内最大弯矩，kN·m；

θ ——考虑荷载长期作用对挠度增大的影响系数，取 1.6；

B_s ——构件的短期刚度，按照式（3-194）计算；

E_s ——纵向受拉钢筋的弹性模量，kPa；

ψ ——裂缝间纵向受拉钢筋应变不均匀系数，取 1.0；

α_E ——钢筋弹性模量与混凝土弹性模量的比值；

ρ——纵向受拉钢筋配筋率，对钢筋混凝土受弯构件，取 $A_s/(b_1 h_{10})$；

γ_f——受拉翼缘截面面积与腹板有效截面面积的比值（对于矩形截面，其值为 0）。

4. 裂缝计算

按照正常使用极限状态，并采用荷载的准永久组合计算钢筋混凝土构件的钢筋应力，对于受弯构件十字梁，最大裂缝宽度计算值应不大于最大裂缝宽度限值 ω_{lim}，见式（3-195）

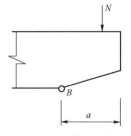

图 3-57　参数 a 示意图

$$\omega_{max} \leqslant \omega_{lim} \qquad (3-195)$$

式中　ω_{lim}——最大裂缝宽度限值，结合基础构件所处的环境，依据相关规范取值。

钢筋混凝土构件的最大裂缝宽度按照式（3-196）计算

$$\left.\begin{array}{l} \omega_{max} = \alpha_{cr}\psi\dfrac{\sigma_s}{E_s}\left(1.9c_s + 0.08\dfrac{d_{eq}}{\rho_{te}}\right) \\[3mm] \psi = 1.1 - 0.65 \times \dfrac{f_{tk}}{\rho_{te}\sigma_s} \\[3mm] \rho_{te} = \dfrac{A_s}{A_{te}} \end{array}\right\} \qquad (3-196)$$

钢筋应力 σ_s 可按式（3-197）进行计算

$$\sigma_s = \dfrac{M_q}{0.87h_{10}A_s} \qquad (3-197)$$

式中　M_q——按照荷载的准永久组合计算的弯矩，取梁内最大弯矩，kN·m；

α_{cr}——构件受力特征系数，对于钢筋混凝土受弯构件取 1.9；

ψ——裂缝间纵向受拉钢筋应变不均匀系数：$\psi<0.2$ 时，取 0.2，当 $\psi>1.0$ 时，取 1.0；

σ_s——按照荷载的准永久组合计算的钢筋混凝土构件纵向受拉普通钢筋应力，kPa；

c_s——最外层纵向受拉钢筋外边缘至受拉区底边的距离，m，当 $c_s<20$ 时，取 20，当 $c_s>65$ 时，取 65；

ρ_{te}——按照有效受拉混凝土截面面积计算的纵向受拉钢筋的配筋率，当 $\rho_{te}<0.01$ 时，取 0.01；

A_{te}——有效受拉混凝土截面面积，m^2，对于受弯构件，取 $A_{te}=0.5b_1h_1$；

d_{eq}——受拉区纵向钢筋的等效直径，m，当受拉区钢筋种类为一种时，取受拉钢筋直径。

（二）基桩设计

根据单桩十字梁的受力特点，桩基础设计中应进行下压承载力、水平承载力以及内力强度的计算，设计方法参见本章第二节。

（三）支柱设计

1. 正截面承载力计算

（1）截面不配筋。当作用于柱顶的上拔力较小时，仅依靠地脚螺栓即可抵抗上拔力，截面不需要配筋。地脚螺栓单根截面的净面积按下式计算

$$A_f = \frac{T_E}{nf_g} \tag{3-198}$$

式中　A_f——地脚螺栓净截面面积，m^2；

　　　n——地脚螺栓根数，根；

　　　f_g——地脚螺栓强度设计值，kPa，按照表 3-42 取值。

（2）截面配筋。拉腿侧支柱按照偏心受拉构件配筋，压腿侧支柱按照偏心受压构件配筋，且满足构造要求。对于方形截面参考本章第一节混凝土现浇扩展基础相关内容，对于圆形截面参考本章第二节掏挖基础相关内容。

2. 斜截面承载力计算

可参考本章第一节相关规定计算。

二、带翼板挖孔基础

带翼板挖孔基础是从原状土挖孔基础这种传统的基础型式上发展而来的，主要是通过在基础立柱一定位置处设计一定宽度和高度的翼板，增加桩侧土抗力的受力面积，从而提高基础的抗倾覆稳定性，多用于倾覆稳定性控制的山区高露头输电线路基础工程中。研究表明：桩侧土抗力主要由地表附近的土层提供。因此要提高挖孔基础的抗倾覆能力就得从地表附近桩侧土体的受力特性着手，在紧靠地表以下的桩体上设置翼板，增加与水平外荷载方向相反的土抗力作用力面积，提高基础抗倾覆能力。

（一）倾覆稳定

基于本章第二节有关挖孔基础倾覆稳定性计算的相关假设，对水平荷载作用下带翼板挖孔基础水平承载力计算式进行理论推导，带翼板挖孔基础在水平荷载作用下所受作用力如图 3−58 所示，其中坐标系原点及取矩中心均设为地面中心 O 点，向下为正。

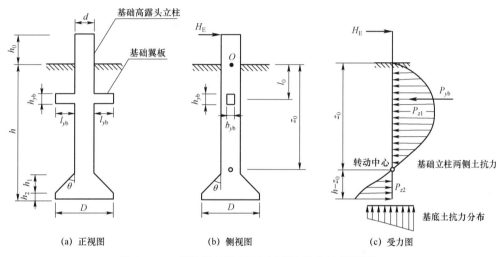

图 3−58　带翼板挖孔基础水平承载力计算模型

根据文克尔模型假设，距离地面深度 z 处微面积上侧向土抗力可用式（3−199）表示

$$\mathrm{d}P_L = mz|z_0 - z|\omega\,\mathrm{d}A \tag{3−199}$$

式中　z_0 ——转动中心距地面距离，m；

　　　ω ——转动角，rad；

　　　$\mathrm{d}A$ ——微分面积。

作用于基础立柱段侧向土抗力可由式（3−199）在立柱长度范围内积分求得，见式（3−200）和式（3−201），其中作用于转动中心以上立柱段的土抗力与外荷载方向相反，转动中心以下立柱段土抗力与外荷载方向相同

$$P_{z1} = \int_0^{z_0} mz(z_0 - z)\omega\,\mathrm{d}A \tag{3−200}$$

$$P_{z2} = \int_{z_0}^{h} mz(z - z_0)\omega\,\mathrm{d}A \tag{3−201}$$

式中　$dA = dzd'$，其中 d' 为基础立柱的计算直径：$d' = \begin{cases} 0.9(1.5d + 0.5) & (d \leqslant 1\text{m}) \\ 0.9(d+1) & (d > 1\text{m}) \end{cases}$

为简化起见，假设翼板处土抗力不随深度变化，翼板中心距地面距离为 l_0，则作用于翼板处的侧向土抗力为单位面积上侧向土抗力与翼板侧面积之积，写成式（3–202）

$$P_{yb} = ml_0(z_0 - l_0)\omega A_{yb} \tag{3–202}$$

$$A_{yb} = 2h_{yb}l_{yb}$$

式中　A_{yb} ——翼板有效面积，m^2；

　　　l_{yb} ——翼板长度，m；

　　　h_{yb} ——翼板高度，m。

桩土系统 x 向力系平衡，即 $\sum F_x = 0$

$$H_E - P_{z1} - P_{yb} + P_{z2} = 0 \tag{3–203}$$

联立式（3–200）～式（3–203），可求得转动中心至地面距离 z_0

$$z_0 = \frac{6H_E + 2md'\omega h^3 + ml_0^2 \omega A_{yb}}{3md'\omega h^2 + ml_0 \omega A_{yb}} \tag{3–204}$$

对地面中心 O 点取矩，则 $\sum M_O = 0$

$$M_O + \int_0^{z_0} mz(z_0 - z)\omega dz dz - \int_{z_0}^h mz(z - z_0)\omega dz dz \\ - \int_F m_0 \omega hy^2 d_F + ml_0^2 \omega A_{yb}(z_0 - l_0) = 0 \tag{3–205}$$

其中

$$M_0 = H_E h_0, \quad \int_F m_0 \omega h y^2 d_F = m_0 \omega h I_0, I_0 = \frac{\pi D^4}{64}$$

求解式（3–205）可得转动角 ω

$$\omega = \frac{B_1 + B_2}{A_1 A_2 - B_3} \tag{3–206}$$

$$A_1 = ml_0^3 A_{yb} + 3md'h^4 + m_0 h I_0 \tag{3–207}$$

$$A_2 = 3md'h^2 + ml_0 A_{yb}, \quad B_1 = 36M_0 md'h^2 + 12M_0 ml_0 A_{yb} \tag{3–208}$$

$$B_2 = 6H_E(4md'h^3 + ml_0^2 A_{yb}) \tag{3–209}$$

$$B_3 = (2md'h^3 + ml_0^2 A_{yb})(4md'h^3 + ml_0^2 A_{yb}) \tag{3–210}$$

式中　A_1、A_2、B_1、B_2、B_3——分别为与外荷载，基础、翼板尺寸有关的参数。

由于基础转角 ω 很小，可认为 $\tan\omega=\omega$，则基顶水平位移 y_0 计算式见式（3-211）

$$y_0=\omega(h_0+z_0) \tag{3-211}$$

为保证带翼板挖孔基础的倾覆稳定性满足要求，则水平荷载作用下的带翼板挖孔基础顶面位移应满足式（3-212）要求

$$y_0\leqslant[y] \tag{3-212}$$

当基顶水平位移 y_0 取最小值时，此时对应的 l_0 可认为是翼板最优设置深度。将基础尺寸参数及荷载信息代入式（3-206），可求得转角 ω，再将 ω 代入式（3-203）可得 z_0，最终通过式（3-211）求得不同翼板设置深度、不同翼板尺寸条件下的带翼板挖孔基础基顶水平位移。通过对式（3-212）求极值，可确定翼板最优设置深度。

（二）基础截面弯矩

基础任意截面处弯矩矢量和为零，即 $\sum M_z=0$，也即

$$M_z-H_E z-H_E h_0+d\omega\frac{mz^3}{12}(2z_0-z)=0 \tag{3-213}$$

对式（3-213）进行恒等变换，可得出挖孔基础（不带翼板）任意截面弯矩值

$$M_z=H_E h_0+H_E z-d\omega\frac{mz^3}{12}(2z_0-z) \tag{3-214}$$

带翼板挖孔基础由于其特殊结构，翼板可分担一部分基础弯矩，减少基础配筋量，具有良好的经济效益，易于在复杂地形条件下高露头基础选型和设计中进行推广。带翼板挖孔基础截面弯矩见式（3-215）

$$M_z=H_E h_0+H_E z-d\omega\frac{mz^3}{12}(2z_0-z)-M_{yb} \tag{3-215}$$

式中　$M_{yb}=ml_0(z_0-l_0)\omega A_{yb}(z-l_0)$——翼板处土抗力在计算截面上产生的弯矩，与翼板设置深度及翼板面积有关。

从式（3-215）可以看出，基础任意截面内力弯矩由外荷载产生的弯矩、基础立柱段侧向土抗力产生的弯矩、底板抵抗矩及翼板处土抗力产生的弯矩四部分组成，其中翼板处土抗力产生的弯矩可抵抗一部分由于外荷载产生的外力弯矩，较普通挖孔基础抗弯性能明显提高。

三、岩石锚杆复合型基础

（一）上拔稳定

岩石锚杆复合型基础是根据覆盖层性质及其厚度，因地制宜在覆盖层中采用扩底掏挖基础、直柱掏挖基础或柔性扩展基础，在下卧基岩中使用岩石锚杆基础，从而形成的一种复合型基础型式。下面以图 3-59 为例，说明掏挖和岩石锚杆群锚组合的掏挖岩石锚杆复合型基础抗拔承载特性及上拔稳定设计方法。

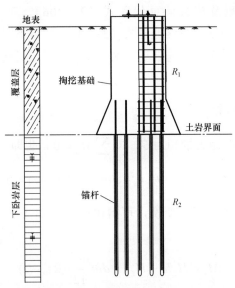

图 3-59　岩石锚杆复合型基础抗拔承载力组成示意图

图 3-59 表明，岩石锚杆复合型基础抗拔承载力由上部掏挖基础抗拔承载力 R_1 与下部岩石锚杆群锚基础抗拔承载力 R_2 两部分组成。图 3-60 为某掏挖基础与岩石锚杆组合应用的岩石锚杆复合型基础上拔静载试验中，不同加载阶段掏挖基础和岩石锚杆基础分担荷载的变化情况。从试验结果可看出，加载初始阶段，掏挖基础与岩石锚杆基础共同抵抗上拔荷载，其中掏挖基础分担抗拔力较岩石锚杆基础要大（见图 3-60 中的 ab 段）；随着上拔荷载的增加，岩石锚杆基础的承载性能逐渐得到发挥，分担抗拔力的比重也不断增加；当上拔荷载达到一定值时（见图 3-60 中的 b 点，该处上拔荷载约为 1400kN），岩石锚杆基础分担的抗拔力超过掏挖基础（见图 3-60 中的 bc 阶段）；接近极限荷载时，岩石锚杆基础首先

达到极限承载状态（见图3-60中的 c 点，此时锚杆应变测试数据反映出锚筋已屈服），而掏挖基础的承载性能则进一步开始发挥，直至掏挖基础达到极限承载状态，此时复合型基础发生整体剪切破坏。

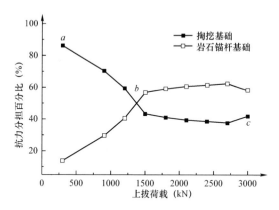

图3-60　岩石锚杆复合型基础抗拔试验中各部分抗拔力变化规律

岩石锚杆复合型基础上拔稳定性可采用下式进行设计

$$\gamma_f T_k \leqslant R_a \tag{3-216}$$

式中　T_k——上拔荷载的标准值，kN；

　　　γ_f——基础附加分项系数；

　　　R_a——岩石锚杆复合型基础抗拔承载力特征值，kN，可按下式计算确定

$$R_a = \frac{R_u}{K} \tag{3-217}$$

式中　K——安全系数，一般取 $K=2$；

　　　R_u——岩石锚杆复合型基础的抗拔极限承载力标准值，kN；

　　为方便工程设计，根据岩石锚杆复合型基础结构组成及其承载试验结果，可采用下式计算岩石锚杆复合型基础的抗拔极限承载力

$$R_u = \eta_1 R_1 + \eta_2 R_2 \tag{3-218}$$

式中　R_1——上部基础体按照相应基础型式计算得到的抗拔极限承载力，kN；

　　　R_2——下部岩石锚杆群锚基础抗拔极限承载力，kN；

　η_1、η_2——分别表征岩石锚杆复合型基础达到极限承载力状态时，上部基础体和下部岩石锚杆群锚基础抗拔极限承载力的发挥程度，其中 η_1 为上部基础体抗拔极限承载力发挥系数，η_2 为下部岩石锚杆群锚基础抗拔极限承载力发挥系数。η_1 和 η_2 与岩石锚杆复合型基础的上部土体

性质及上部结构体型式、基础埋深等因素有关。

从变形协调的角度分析，岩石锚杆复合型基础的抗拔承载力由上部基础体与下部岩石锚杆群锚基础达到极限平衡状态时极限位移较小者决定，即式（3-218）可写成式（3-219）

$$R_{U} = \eta_1 R_1(s_{min}) + \eta_2 R_2(s_{min}) \atop S_{min} = \min\{s_1, s_2\} \Bigg\} \quad (3-219)$$

式中　s_1——上部基础体抗拔极限状态时对应的位移量；

　　　s_2——下部岩石锚杆群锚基础抗拔极限状态时对应的位移量。

试验结果表明，岩石锚杆复合型基础达到极限承载力前，岩石锚杆群锚基础的锚筋材料已发生屈服，岩石锚杆群锚基础的抗拔极限承载力可近似由锚筋材料抗拉强度控制。表3-52列出了四种地质条件下的17个岩石锚杆基础拉拔试验结果。17个锚杆的材质均为普通HRB400螺纹钢，试验过程中的主要破坏模式均表现为锚筋屈服，相应的极限位移最大值7.17mm，远小于输电线路基础抗拔位移25mm的界限值。对表3-52中17个岩石锚杆基础极限位移进行统计分析，结果表明：95%置信区间下限值为4.2mm。考虑工程安全使用，建议取4.2mm作为岩石锚杆群锚基础破坏时的极限位移，并将该位移值作为岩石锚杆复合型基础抗拔极限位移限值。

表3-52　　　　　　　岩石锚杆极限位移量的统计分析结果

地点	岩性	锚孔直径（mm）	锚筋直径（mm）	锚固长度（m）	锚筋数量（根）	极限抗拔承载力（kN）	极限位移（mm）
广东阳春	石灰岩	110	36	4	1	440	7.17
		110	36	4	1	440	1.16
		110	36	4	1	440	0.42
广东深圳	片麻岩	130	36	6	1	460	5.06
		130	36	6	1	460	5.02
		130	36	6	1	440	5.31
		130	36	6	8	3400	6.85
		130	36	6	8	3400	7.72
安徽泾县	石灰岩	120	32	2.5	1	280	2.05
		120	32	2.5	1	270	5.22
		120	32	2.5	8	1400	6.44
		120	32	2.5	8	1600	4.82

续表

地点	岩性	锚孔直径 （mm）	锚筋直径 （mm）	锚固长度 （m）	锚筋数量 （根）	极限抗拔承 载力（kN）	极限位移 （mm）
辽宁抚顺	花岗岩	150	48	2.8	1	400	7.29
		150	48	2.8	1	400	5.89
		150	48	2.8	4	1200	6.44
		150	48	2.8	4	1400	4.82
		150	48	2.8	4	1400	6.39
最大值							7.72
最小值							0.42
平均值							5.105
标准差							2.2
变异系数							0.4
95%置信水平区间上限							6.1
95%置信水平区间下限							4.2

表 3-53 为中国电科院在黑龙江省七台河市（2009 年）、辽宁省抚顺市（2011年）、江西（2012 年）、安徽省宣城市（2013 年）、广东深圳市（2014 年）、广东阳春市（2017 年）等地区通过岩石锚杆复合型基础的现场抗拔试验，计算分析得到的岩石锚杆复合型基础中上部基础体抗拔极限承载力发挥系数 η_1 和岩石锚杆群锚基础承载力发挥系数 η_2 的推荐值。

表 3-53　岩石锚杆复合型基础抗拔极限承载力发挥系数 η_1 和 η_2 试验值

试验地点	地质条件	上部基础体型式	极限承载力发挥系数	
			η_1	η_2
黑龙江七台河	上覆黏性土，下卧坚硬花岗岩	掏挖基础	0.7	1.0
辽宁抚顺市	上覆粉质黏土，下卧较坚硬花岗岩	掏挖基础	0.8	1.0
江西	上覆粉质黏土，下卧较软砂岩	掏挖基础	0.8	1.0
安徽宣城市	上覆粉质黏土，下卧坚硬灰岩	掏挖基础	0.9	1.0
广东深圳市	上覆粉质黏土，下卧较软片麻岩	掏挖基础	0.9	1.0
		短桩	0.9	1.0
广东阳春市	上覆红黏土，下卧坚硬灰岩	短桩	0.9	0.9

由表 3-53 可知，上部基础体抗拔极限承载力发挥系数 η_1 一般为 0.7～0.9，而岩石锚杆群锚基础承载力发挥系数 η_2 一般为 0.9～1.0。当缺少现场试验数据时，上述 η_1 和 η_2 取值可作为岩石锚杆复合型基础工程设计参考。

（二）倾覆稳定

岩石锚杆复合型基础倾覆稳定性采用正常使用极限状态法进行设计，其倾覆稳定计算模型如图 3-61 所示。

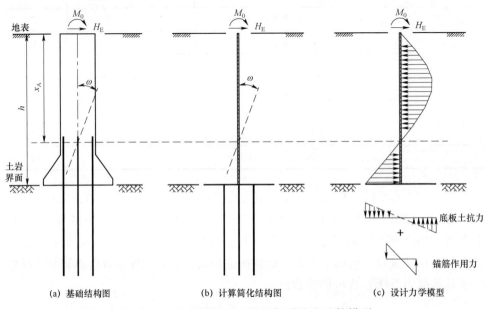

| (a) 基础结构图 | (b) 计算简化结构图 | (c) 设计力学模型 |

图 3-61　岩石锚杆复合基础倾覆稳定计算模型

图 3-61 表明，由于岩石锚杆复合型基础底部锚筋的约束作用，基础的抗倾覆能力得到有效提高。计算水平荷载作用下的岩石锚杆复合型基础基顶水平位移时，基于以下几点假设：

（1）视上部基础为刚性体，其在外荷载作用下产生刚性转动；

（2）作用于基础主柱上的水平向土抗力采用"m"法进行计算；

（3）转动中心位置位于基础主柱某深度处，且不受锚筋约束作用的影响；

（4）锚筋的竖向位移与基底变形协调，且锚筋作用力大小与变形成正比，即将锚筋对上部基础体底部的约束作用简化为线性弹簧；

（5）忽略上部基础体与周围土体界面的侧摩阻力对基础倾覆作用的影响，同时也不考虑锚筋对上部基础体底部的约束作用。

根据图 3-61 所示的岩石锚杆复合型基础倾覆计算模型，在水平荷载作用下，岩石锚杆复合型基础的基顶水平位移不大于设计允许变形量，即满足（3-220）要求

$$y_0 \leqslant [y] \qquad (3-220)$$

式中　y_0——基顶水平位移计算值，mm；

　　　$[y]$——基顶水平位移允许值，mm。

按照图 3-61 所示的计算模型，通过水平方向的力学平衡与绕转动中心的力矩平衡，获得岩石锚杆复合型基础倾覆稳定性设计计算参数，见式（3-221）～式（3-227）。

（1）基础转角

$$\omega = \frac{36M_0 + 24H_E h}{36kS_{x(y)}^2 + md'h^4} \qquad (3-221)$$

（2）基础转动中心位置

$$x_A = \frac{6H_E + 2md'\omega h^3}{3md'\omega h^2} \qquad (3-222)$$

（3）基础任意截面水平位移

$$y = \omega(x_A - x) \qquad (3-223)$$

（4）基础任意截面弯矩

$$M = M_0 + H_E x - d'\omega \frac{mh^3}{12}(2x_A - x) \qquad (3-224)$$

（5）基础任意截面剪力

$$H = H_E + m\omega d'\left(\frac{1}{3}x^3 - \frac{x_A}{2}x^2\right) \qquad (3-225)$$

（6）基础任意截面侧向土抗力

$$p = m\omega x(x_A - x) \qquad (3-226)$$

（7）岩石锚杆基础的轴力

$$F_i = kX_i\omega \qquad (3-227)$$

以上式中　x_A——基础转动中心埋深，m；

　　　　　H_E——作用于基础顶面的水平力，kN；

　　　　　M_0——作用于基础顶面的弯矩，kN·m；

h——上部基础体的入土深度，m；

I_h——扩底截面惯性矩，m³；

ω——基础转角，rad；

m——地基土水平抗力系数的比例系数，kN/m⁴；

k——锚杆筋材抗拉刚度；

X_i——第 i 号锚筋到基底旋转轴的距离，m；

$S_{x(y)}$——锚筋在水平力方向的坐标对基底旋转轴的二阶矩，m²。

进一步分析表明，式（3-221）～式（3-227）若不考虑岩石锚杆锚筋的约束作用，则式（3-221）、式（3-222）可简化为短桩基础水平承载性能计算式（2-228）

$$\begin{cases} \omega = \dfrac{36M_0 + 24H_Eh}{md'h^4} \\[3mm] x_A = \dfrac{6H_E + 2mb\omega h^3}{3md'\omega h^2} \end{cases} \quad (3-228)$$

此外，式（3-221）～式（3-227）若不考虑岩石锚杆锚筋的约束作用，而考虑地基土对扩底斜面的力偶效应，则式（3-221）、式（3-222）可简化为式（3-229）

$$\begin{cases} \omega = \dfrac{36M_0 + 24H_Eh}{18mhW_DD + md'h^4} \\[3mm] x_A = \dfrac{6H_E + 2mb\omega h^3}{3md'\omega h^2} \end{cases} \quad (3-229)$$

式（3-229）在形式上与式（3-84）相同，这里需要说明的是，在式（3-229）理论推导过程中取基底土竖向土抗力系数为 h 深度处的水平抗力系数 mh，即取基底土的合力矩为 $mh\omega I_h$，而式（3-84）推导过程中将埋深小于 10m 的基底土竖向土抗力系数统一取为 10m 深处的水平抗力系数 $10m$，即取基底土的合力矩为 $10m\omega I_h$。

四、微型桩基础

（一）上拔稳定

微型桩上拔稳定按照式（3-100）计算，其中微型桩单桩抗拔承载力标准值 R_{Tu} 宜通过现场静载荷试验确定。当无条件进行试验时，也可按照下式计算

$$R_{\mathrm{Tu}} = \sum \lambda_i \delta_{\mathrm{T}i} q_{sik} u_i l_i \tag{3-230}$$

式中　$\delta_{\mathrm{T}i}$——微型桩的注浆工艺抗拔调整系数，一般取 1.0，当采用二次注浆工艺时可取 1.2~1.5。

（二）下压稳定

微型桩下压稳定性按照式（3-103）和式（3-104）进行计算，其中微型桩的单桩下压承载力标准值 R_{Nu} 应通过现场静载荷试验确定，如无条件进行试验且当地经验缺乏时，可按照下式计算

$$R_{\mathrm{Nu}} = u \sum \delta_{\mathrm{N}i} q_{sik} l_i \tag{3-231}$$

式中　$\delta_{\mathrm{N}i}$——微型桩的注浆工艺抗压调整系数，宜取 1.0，当采用二次注浆工艺时取 1.3~1.5。

当桩尖进入硬土层且进入端部二次注浆扩径时，可计入桩端承载力。扩径长度应不小于扩径的 2.5 倍。

（三）倾覆稳定

微型桩倾覆稳定性可参照本章第四节。

（四）基础构造设计

1. 桩体布置

微型桩群桩中单桩布置应尽可能采用对称倾斜型式布置，使其受力方向有较好的抵抗矩。斜桩的倾斜度与下压腿和上拔腿荷载作用方向基本一致，一般可取 10°。

2. 桩体构造

（1）微型桩的设计桩长不宜超过 $60d$。

（2）微型桩设计直径宜采用 $d = 0.2 \sim 0.40$m。

（3）微型桩的中心间距不小于其设计直径的 2.5 倍。

（4）桩身主筋应经计算确定，截面主筋不宜小于 3 根，纵向主筋应沿桩身周边均匀布置，应尽量减少主筋接头，混凝土保护层不得小于 30mm。

（5）箍筋采用 $\phi 8 \sim 10$mm@100~300，宜采用螺旋式箍筋，当钢筋笼长度超过 4m 时，应每隔 2m 左右设置一道 $\phi 12 \sim 18$mm 的焊接加劲箍筋。

（6）采用投石注浆法成桩时桩身混凝土强度等级不小于 C20。碎石骨料的粒

径宜为 10～25mm，且含泥量应小于 2%。注浆材料采用水泥浆时，水泥浆水灰比为 0.5；当采用灌注细石混凝土成桩时，要求混凝土强度等级不小于 C30。所灌注混凝土为细石混凝土，细石最大粒径不大于 10mm，混凝土塌落度为 180～220mm。

3. 承台构造

（1）微型桩桩顶嵌入承台的长度，不宜小于 100mm。

（2）微型桩桩顶主筋锚入承台的长度不小于 40 倍主筋直径，且应满足 GB 50010—2010 的钢筋锚固的相关要求。

（3）桩顶主筋宜外倾成喇叭形（一般与竖直线呈 15°夹角）。

（4）当承台高度不满足锚固要求时，钢筋竖向锚固长度不应小于 20 倍纵向主筋直径，超出承台部分向柱轴线方向呈 90°弯折。

第四章　基础设计软件系统

第一节　软件架构设计

一、基本设计理念

计算机辅助技术作为目前工程设计领域中的主要技术手段，逐步代替了传统的手工设计，具有高效、快捷、精度高的优点。目前国内输电线路基础设计软件一般采用面向单个基础设计、计算和输出模式，这种传统的设计理念不利于设计成果的管理和共享，具有一定的局限性。

中国电力科学研究院有限公司岩土工程实验室经过十多年的不懈努力，在梳理和总结已有设计方法的基础上，创新性地提出了如图 4-1 所示的以工程为对象的输电线路基础设计新理念，研制出"架空输电线路杆塔基础设计优化软件系统"（Tower Foundation Design Package，TFDP）。TFDP 软件以工程为对象进行基础设计和成果管理，可以实现用户之间便捷地传递工程设计信息。例如，用户甲将某一工程目录发送给用户乙，用户乙只需打开该工程文件，即可看到该工程所有基础的设计信息，从而进行基础设计，实现了基础设计与成果管理的共享，更好地适应了设计单位的工程设计和成果管理流程。

TFDP 软件操作示范

此外，用户既可以在单个基础设计完成后，直接输出设计成果，也可以完成工程中所有基础设计后，批量输出设计成果，这样既符合设计人员的工作习惯，同时也满足了对工程设计成果成套输出的工程需求。

在进行以工程为对象的输电线路基础设计与管理时，首先需新建工程或打开已有工程。

新建工程的过程是在计算机本地硬盘中建立包含"工程参数""荷载参数""界面参数""计算书参数""施工图参数"等信息的工程文件包；打开工程的过程是用户通过文件浏览器浏览本地硬盘，选择已保存的工程文件包，系统会自动将上述各参数信息读取并调用，便于后续操作使用。具体操作细节用户可扫旁边的二维码进行视频演示。

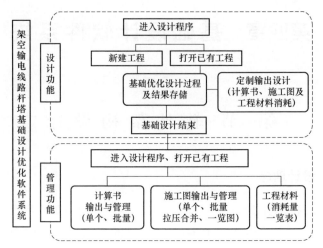

图 4-1　以工程为对象的 TFDP 软件设计与成果管理流程图

二、软件功能区

（一）功能区组成

TFDP 软件功能区由工程设计与管理、工程设计数据库、系统设置、技术支持文档四部分组成。这四部分既相互独立，又相互关联。图 4-2 显示了软件的树状功能区。

1. 工程设计与管理功能区

此功能区由工程文件操作、基础设计与优化、工程设计管理与输出三部分组成，实现了基于工程为对象的输电线路基础设计验算、优化设计、计算书输出、施工图绘制、材料消耗明细表输出等功能。

2. 工程设计数据库功能区

此功能区由地基参数数据库、基础类别数据库、地脚螺栓标准化绘图库三部分组成。其中地基参数数据库集成了我国架空输电线路工程中常见地基的各项物理力学参数，基础型式数据库集成了常见的输电线路基础类型及适用条件，地脚螺栓标准化绘图库中集成了输电线路工程中常用规格及锚固型式的地脚螺栓绘图参数。用户可通过地基参数数据库，对设计需要用到的参数进行编辑、调用、查询定制；同时可根据基础类别数据库提供的基础选型功能，通过地质参数、荷载条件、环境信息等获得推荐的基础型式，并且直接进入相应的基础优化设计模块进行基础设计计算。地脚螺栓标准化绘图库可实现地脚螺栓各参数查询、调用、修改，并可根据用户所选择的地脚螺栓型号绘制详图。

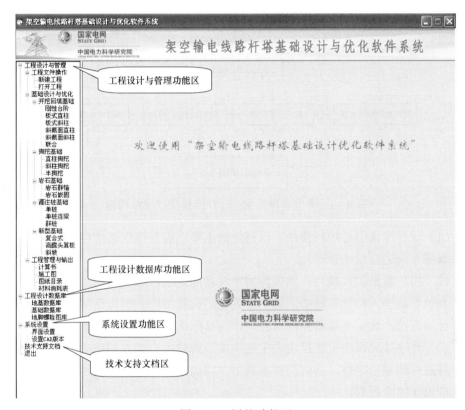

图 4-2　树状功能区

3. 系统设置功能区

此功能区由界面设置、设置 AutoCAD 版本两部分组成。界面设置可以对软件皮肤和软件系统的一些公共参数进行设置；设置 AutoCAD 版本可以对软件支持的多种 AutoCAD 版本之一及其路径进行设置，让用户随时更改生成施工图的AutoCAD 版本。

4. 技术支持文档功能区

用户在使用软件过程中，遇到操作中的疑问时，可通过调用软件中的技术支持文档，获取相应的技术支持。

（二）核心功能区

基础设计与优化是软件的核心功能区，它由软件系统中心控制模块、用户数据输入模块、程序计算模块、系统数据输出模块、参数化绘图模块、系统配套的其他提示模块六个模块组成，如图4－3所示。

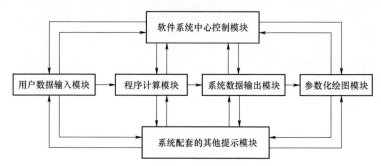

图4－3　典型基础优化设计功能模块组成结构图

（1）软件系统中心控制模块。该模块的主要功能是控制其他模块的活动，对软件数据系统进行统一管理。

（2）用户数据输入模块。该模块的主要功能是通过人机会话，将基础设计所需用到的参数输入到计算机中。这些参数包括荷载条件、地质资料、选用材料等级、计算方法、优化变量范围等信息，作为基础优化设计的输入条件。

（3）程序计算模块。该模块的主要功能是通过用户输入的信息，完成数据传递，并进行地基稳定性、基础构件承载力、钢筋配置等数学运算和优化分析，实现基础设计的全过程。

（4）系统数据输出模块。该模块的主要功能是向用户输出数据信息，包括设计出的基础的尺寸信息、地基稳定性及基础构件承载力的计算结果。

（5）参数化绘图模块。工程图不可避免地需要经过多次反复修改，进行形状和尺寸的综合协调、优化。尤其对于固定结构形式的基础，需要根据具体情况而自动修改尺寸。该模块的主要功能是生成、保存及输出绘制施工图所必需的数据及图形文件。

（6）系统配套的其他提示模块。一个完善的软件设计系统，需要具备相应的系统提示模块，该提示模块显示系统的提示功能，如变量取值范围的图解说明、地基稳定性验算是否满足设计要求等。该模块为软件系统的辅助模块。

第二节　基础模块及其设计

TFDP 软件中包括混凝土现浇扩展基础、挖孔基础、岩石锚杆基础、灌注桩基础、新型基础五类。其中，混凝土现浇扩展基础包括刚性台阶基础、直柱台阶柔性扩展基础、直柱斜截面柔性扩展基础、斜柱台阶柔性扩展基础、斜柱斜截面柔性扩展基础五个模块；挖孔基础包括掏挖基础、大直径扩底桩、岩石嵌固基础、嵌岩桩四个模块；岩石锚杆基础包括岩石直锚基础、承台式岩石群锚基础两个模块；灌注桩基础包括灌注桩单桩基础、灌注桩群桩基础两个模块；新型基础包括带翼挖孔基础、单桩十字梁基础、微型桩基础、岩石锚杆复合型基础四个模块，如图 4-4 所示。

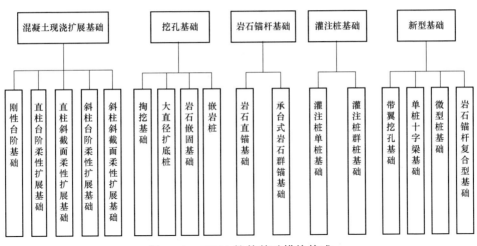

图 4-4　TFDP 软件基础模块构成

输电线路基础优化设计是建立在安全、稳定、经济的基础上，其优化设计过程可概括为：根据用户输入的基础类型及特征、荷载条件、地质条件等参数，依据现行国家、行业、企业等技术标准，并集成科研成果及工程经验的设计原则，通过对地基稳定性、基础构件承载力、构造要求等进行计算，优化分析出保证工程安全、可靠，且基础本体造价最低的基础成果，最后输出各项运算的计算结果以及基础施工图，如图 4-5 所示。

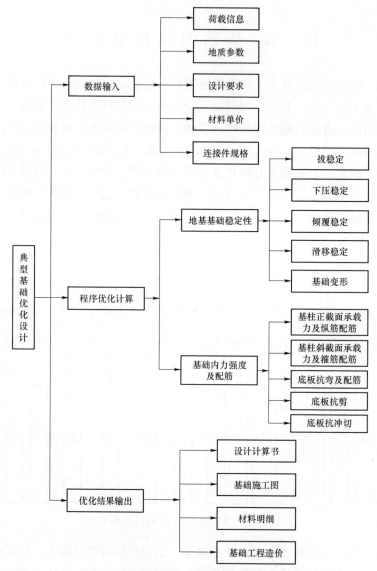

图 4-5 典型基础优化设计的层次结构图

第三节 开发平台及接口技术

TFDP 的开发语言及开发软件包括 Visual Basic、AutoCAD、ObjectARX、Visual C++和 Access MDB 数据库等，如图 4-6 所示。

TFDP 中的计算模块采用 Visual Basic 作为开发语言。Visual Basic 是 Microsoft 公司开发的一种通用的基于对象的程序设计语言，为结构化、模块化、面向对象、包含协助开发环境的事件驱动为机制的可视化程序设计语言，其拥有图形用户界面（GUI）和快速应用程序开发（RAD）系统，可以轻易使用 DAO、RDO、ADO 连接数据库，或者轻松的创建 Active X 控件，用于高效生成类型安全和面向对象的应用程序。

TFDP 中的绘图模块采用 Visual C++和 Object ARX 作为开发语言。Object ARX 为面向对象的 C++开发工具，它允许用户利用 Visual C++及其 MFC 类库开发 AutoCAD 应用程序（实为动态链接库 DLL），扩充 AutoCAD 的类和协议，创建新的 AutoCAD 命令，即通过 Visual C++ 和 ObjectARX 编译生成 ARX（Advanced Runtime Extention）文件。由于 ARX 应用程序可以共享 AutoCAD 的地址空间，并可直接访问图形数据库，使用 AutoCAD 的内核结构和数据，因此 Object ARX 比其他 AutoCAD 二次开发技术运行速度更快，功能更强。

由于本软件系统中涉及的数据体量较小（10000 个数据以内），因此 TFDP 中采用了与 Windows 与 Mirco Office 兼容性较强的 Access MDB 作为数据库开发工具。在计算模块访问 Access MDB 数据库的实施中应用了 ADO 技术。ADO 是一种用于开发访问 OLE DB 数据源应用程序的 API，是 Visual Basic 中新的数据访问标准。ADO 提供了更为高级的易于理解的访问机制，具有更加简单、更加灵活的操作性能。在 Visual Basic 中，使用 ADO 访问数据库主要有两种方式，一种是使用 Data 控件，通过对控件的绑定来访问数据库中的数据，即非编程访问方式；另一种是使用 ADO 对象模型，通过定义对象和编写代码来实现对数据的访问，即编程访问方式。TFDP 中采用了上述两种方式。

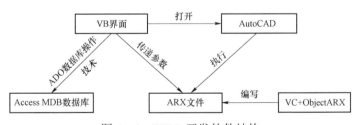

图 4-6 TFDP 开发软件结构

TFDP 中的计算模块与绘图模块之间接口程序的实现具体可概括如下：首先计算模块获得基础尺寸的参数值；然后通过 Visual Basic 中的 Shell 函数，将各参数值传递给 ARX，ARX 读取并记录参数；最后，通过 Visual Basic 命令激活

AutoCAD 窗口（Visual Basic 通过调用 shellExecute 函数打开 fpCAD.lnk 来实现），在 AutoCAD 环境下执行 ARX 文件中记录的绘图命令，自动完成施工图绘制的操作。计算模块与绘图模块之间的指令下达及参数传递可采用图 4-7 的流程图表示。为了读者更好的理解，下面分步详述：

（1）软件安装过程中，会弹出"选择 AutoCAD 路径和版本"对话框。用户选择本地硬盘中 AutoCAD 应用程序的绝对路径，并选择相应版本，点击"确定"，软件会重写 acad.rx 文件（用于记录执行的 ARX 文件），同时生成 fpCAD.lnk 文件（用于指向本地硬盘中 AutoCAD 应用程序的快捷方式）。

（2）基础设计计算完成后，用户点击"生成施工图"按钮，软件会弹出 "生成绘图参数"或"生成施工图"的对话框。若用户选择"生成绘图参数"，程序会生成绘图必需的参数文件，并保存在当前工程路径下，同时会更新此工程中的绘图信息汇总文件；若用户选择"生成施工图按钮"，程序直接将生成的绘图参数文件读写到各图形文件中，同时生成 data.ini（用于记录绘图参数路径）文件，在 AutoCAD 环境下开始施工图的绘制；

（3）在 AutoCAD 环境下，首先读取 acad.rx 文件，然后执行 acad.rx 文件中所记录的封装了绘图命令的 ARX 文件；通过读取 data.ini 文件中记录的绘图参数路径及 ARX 文件中记录的绘图参数内容，完成施工图的绘制。

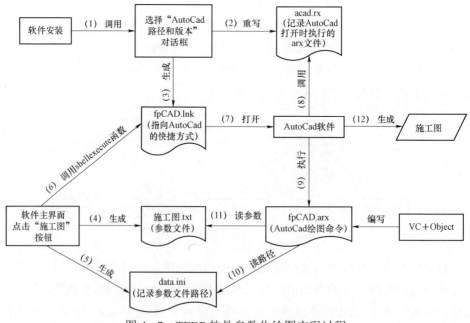

图 4-7 TFDP 软件参数化绘图实现过程

第四节　设计文件管理与结果输出

一、设计文件管理

（一）设计资料

进行基础设计前，应准备设计需要的资料，包括：地形条件、荷载信息、地质参数、钢筋规格、设计要求、材料单价六类，如图4-8所示。

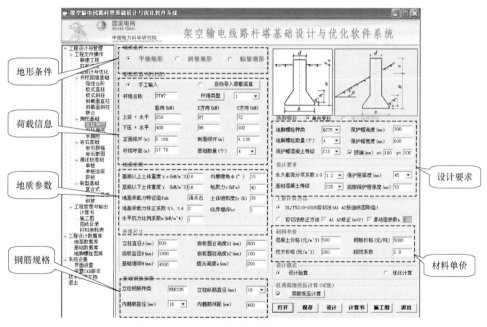

图4-8　TFDP软件基础设计输入参数

为方便用户设计，TFDP软件中所有设计需用的参数均在同一窗体中输入完成。针对不同参数的取值特征，TFDP设置了四种参数输入方式：文本框手工输入、表格参数选取、下拉列表选取、文件导入，如图4-9所示。

其中荷载信息给出两种输入方法：

（1）用户直接通过窗体上的文本框手动输入；

（2）通过按照固定格式预先编制好的杆塔信息文件（Excel文件格式）自动导入。

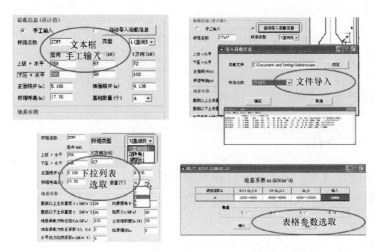

图 4-9　参数输入的操作方式

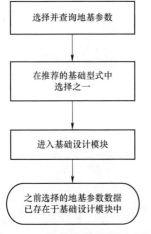

图 4-10　地基参数传递流程图

地基参数可以由用户手动输入，也可以通过地基参数数据库直接导入。具体操作步骤如下：首先在地基参数数据库中查询并选择塔位的岩土条件，然后通过图 4-10 所示的流程将所选择的地基参数传递到基础设计模块中。

为实时记录界面窗体上的信息，避免每次启动软件后做重复性的参数输入工作，TFDP 软件设置了界面参数的"保存"和"打开"功能。用户点击"保存"按钮，软件会在当前工程目录下生成界面窗体参数输入文件，该文件记录了基础设计窗体中所有的输入信息。若需要调用已保存的界面窗体参数，只需点击"打开"按钮，选择窗体对应的保存文件，上次保存的参数就会回复到界面上，保存的窗体参数输入文件的部分内容文件如图 4-11 所示。

打开已有窗体参数输入文件后，如果用户对参数进行修改，会出现提示，以粉色做标示，便于提醒和记录用户所做的修改，如图 4-12 所示。

设计计算前，软件会对用户输入各参数进行自校验，包括参数输入不为空、饱和度取值 0~100% 之间、坡角不大于 90°等。当某个输入参数有误，软件会进行提示，并且在相应处出现红色标记，如图 4-13 所示，便于用户及时修改和校正。

图 4-11 界面输入参数保存文件

图 4-12 修改过的参数亮点标识

（a）输入参数为空

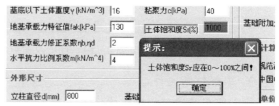
（b）输入参数有误

图 4-13 输入参数自校验

（二）设计参数文件

TFDP 软件涉及杆塔及荷载信息文件、工程信息文件、绘图信息汇总文件、计算书信息汇总文件、绘图参数文件、计算书文件、窗体参数输入文件七种文件类型。

1. 杆塔及荷载信息文件

此文件在新建工程时生成，用于用户自动导入杆塔信息及荷载条件。TFDP 提供给用户预先已经定制好的杆塔信息文件格式和杆塔信息示例。该文件格式根据现行行业标准及用户使用习惯编制，包括各电压等级下，不同类型杆塔的设计荷载信息（包括杆塔名称、杆塔类型、上拔水平 X 方向力、上拔水平 Y 方向力、上拔水平 Z 方向力、上拔水平 X 方向弯矩、上拔水平 Y 方向弯矩、下压水平 X 方向力、下压水平 Y 方向力、下压水平 Z 方向力、下压水平 X 方向弯矩、下压水平 Y 方向弯矩、正面根开、侧面根开、杆塔呼高），用户可以参照示例，直接打开此文件，进行杆塔信息的添加、修改、删除。图 4-14 显示了导入杆塔信息文件及杆塔信息文件内容。

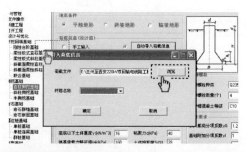

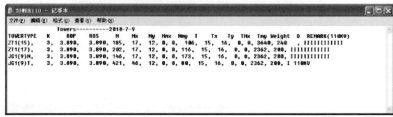

图 4-14　杆塔及荷载信息文件

2. 工程信息文件

此文件在新建工程时生成，是实现工程操作的核心文件。在打开工程时，可以对此文件内容进行修改。文件内容包括工程设计单位、设计人员、校核人员、工程编号、卷册号等信息，如图 4-15 所示。需要注意的是，每个工程只有唯一的工程信息文件，用户不得随意更改文件格式和文件名称。

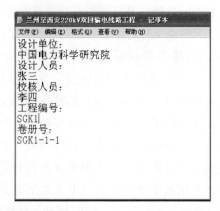

图 4-15　工程信息文件

3. 绘图信息汇总文件

此文件在完成基础设计后，点击"施工图绘制"功能按钮时生成。此文件内容包括杆塔名称、基础名称以及绘图参数文件存储的相对路径，如图4-16所示。每个工程下只有唯一的绘图信息汇总文件，用户不得随意更改文件格式和文件名称。

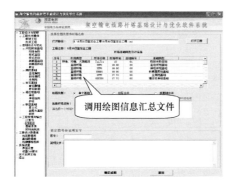

图4-16 绘图信息汇总文件

4. 计算书信息汇总文件

此文件在完成基础设计后，点击"生成计算书"功能按钮时生成。此文件内容包括杆塔名称、基础名称、杆塔呼高、杆塔类型和绘图参数文件的相对路径。每个工程下只有唯一的计算书信息汇总文件，用户不得随意更改文件格式和文件名称。图4-17显示了调用计算书信息汇总文件界面和此文件的内容。

图4-17 计算书信息汇总文件

5. 绘图参数文件

此文件在完成基础设计后，点击"施工图绘制"功能按钮时生成，保存在工程路径下的"输电线路杆塔基础施工图"子文件夹中，文件内容包括绘制施工图时需要的所有参数值，其中部分参数为设计前输入值，部分为设计计算获得值。该文件为计算模块与绘图模块之间接口程序中用于传递绘图参数的文件，绘图模块通过读取该文件中的信息生成相应的施工图。图4-18显示了生成绘图参数文件界面和此文件部分内容。

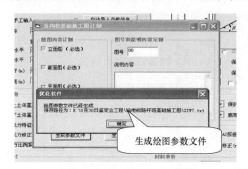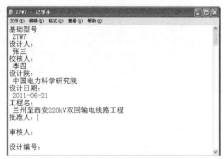

图4-18 绘图参数文件

6. 计算书文件

此文件在完成基础设计后，点击"生成计算书"功能按钮时生成，保存在工程路径下的"输电线路杆塔基础计算书"子文件夹中，文件类型为 Word 格式（后缀名为.doc、.docx），内容为设计依据及计算结果，如图4-19所示。

图4-19 生成计算书

7. 窗体参数输入文件

该文件记录了基础设计窗体中所有的输入信息，用户可以通过在基础设计界面中点击【保存】和【打开】按钮对此文件进行操作。文件存储在工程路径下的"保存文件"子文件夹中，内容包括基础设计窗体中所有的输入信息。软件系统的【保存】和【打开】功能具有以下优点：

（1）避免参数的重复输入；

（2）避免已录入参数的丢失；

（3）具有历史记录的作用，如图4-20所示。

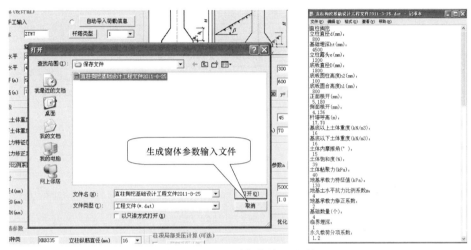

图4-20　界面参数输入文件

二、设计成果的输出与管理

软件设计成果的输出型式包括设计验算结果显示、生成计算书、生成施工图、计算结果批处理输出四种。

（一）计算结果显示

用户根据工程经验和通用习惯，一般事先给出基础尺寸及材料规格参数，然后进行设计验算。若各设计参数满足基础稳定性和强度设计要求，则预先给出的基础尺寸和材料规格参数满足设计要求，可用于工程；若不满足，则需要重新调整各参数，再次进行验算，直到满足设计要求为止。

为便于用户对设计验算结果实时评判，TFDP软件在同一窗体中给出设计验算结果，包括上拔、下压、倾覆稳定性，立柱正截面承载力及配筋、混凝土底板强度以及地脚螺栓强度等计算结果，若某一项不满足条件，则在显示窗口处以红色标出，便于用户及时校验。

用户可以在完成参数输入后，选中【设计模式】中的【基础设计验算】，点击【设计】按钮，窗体右侧文本框中弹出初步计算结果，用户可针对计算结果对输入参数进行即时调整，如图4-21所示。

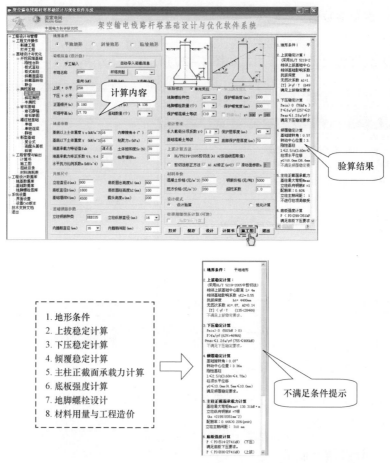

图 4-21 TFDP 软件设计计算结果的同窗体显示

（二）计算书输出

计算书是设计人员用来记录设计条件、设计依据、设计方案等重要信息的文件，是输电线路基础设计结果最直接的体现。软件系统采用 VBA（Viscula Basic for Application）编程技术在 Office 平台上进行二次开发，实现输电线路基础设计计算书的自动生成。

VBA（Viscula Basic for Application）技术是 Microsoft Office 集成办公软件中的内置编程语言，是新一代的标准宏语言。它是基于 VB 发展起来的，与 VB 有着良好的兼容性。VBA 读写 Office Word 文件通过以下代码控制。

Dim doc As Word. Application　　　　　　　　　'定义 VBA 中的 Office Word 对象
Set doc = CreateObject（"word.application"）　　'创建新的 Word 程序
doc.Documents.Add　　　　　　　　　　　　　　'新建一个空白 Word 文件

软件系统还提供给用户自动定制计算书输出格式、内容的功能，如图4-22（a）所示。具体操作步骤如下：点击命令操作区域【计算书】按钮，弹出图4-22（a）所示的窗体，用户可根据自己需求，定制输出各项设计内容。包括设计信息、荷载信息、地质条件、设计结果，稳定性计算结果，基础配筋计算结果，底板强度计算结果，挖方量及工程造价计算结果共 8 项内容。确认输出内容后，点击【确定】，弹出图4-22（b）所示的 Word 格式设计计算书，内容包括预先定制的各项结果。用户可根据自己需求，在 Microsoft Office Word 应用程序中进行排版、修改以及打印。

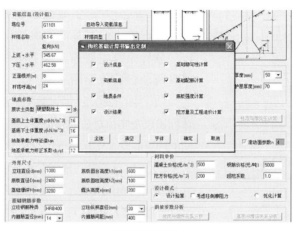

（a）定制计算书输出内容

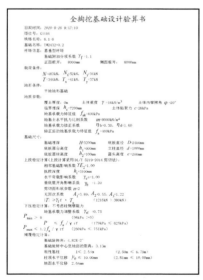

（b）生成 Word 格式计算书

图 4-22 自动生成计算书（TFDP 软件）

（三）施工图输出

输电线路基础工程设计图不可避免地需要经过多次反复修改，进行形状和尺寸的综合协调、优化。尤其对于固定结构型式的基础工程，需要根据具体情况而自动修改尺寸，这就需要进行参数化绘图。参数化绘图是指设计对象的结构型式比较固定，可以用一组参数来约定尺寸关系，即将图形的尺寸看作是某些变量的参数。

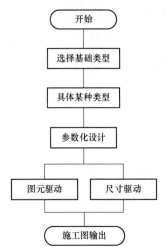

图 4-23　ARX 文件的执行流程图

TFDP 软件采用 ObjectARX 技术在 AutoCAD 平台上进行二次开发，生成包含绘图命令的 ARX 文件，实现输电线路基础的参数化绘图。

软件系统主要通过以下两种机制实现输电线路基础的参数化绘图功能。

（1）图元驱动：通过数据扩展（Xdata）创建实体标识以及实体对象的特征点、图元几何约束及图元间的约束联动，实现图元实体驱动的参数化设计。

（2）尺寸驱动：通过尺寸实体对象标识符及尺寸与图元的约束关系，实现尺寸驱动的参数化设计。

ARX 文件的执行流程如图 4-23 所示。首先是判断基础型式，然后读取绘图参数文件，通过图元驱动和尺寸驱动进行参数化设计，最后生成施工图。

（四）计算结果批量输出

将设计运算与成果输出设计为相互独立是 TFDP 软件的一大特色，这也符合设计习惯。完成工程中所有基础设计后，每个基础的设计计算结果及绘图参数文件会自动保存。激活模块菜单区域中的【工程设计管理与输出】，系统弹出如图 4-24 所示的界面，图 4-24（a）为以工程为对象生成施工图的界面，图 4-24（b）为以工程为对象生成计算书的界面。用户点击【打开工程】，选择本地磁盘中保存的工程文件，工程中与基础相关的杆塔类型、杆塔名称、杆塔呼高、基础类型、设计成果文件保存路径均以列表型式显示给用户。

在以工程为对象进行设计成果输出时，用户可根据自己需求批量生成计算书和施工图，图 4-25 所示为批量生成后的计算书。从图中可以看出，软件会自动生成计算书的标题、目录、内容、页码等，极大地方便了用户浏览和整理设计成果。图 4-26 详细地介绍了软件实现批量生成计算书的流程图。

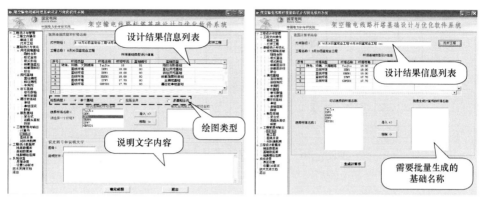

(a) 绘制施工图   (b) 生成计算书

图 4-24 以工程为对象的设计成果的输出功能

图 4-25 批量生成后的计算书

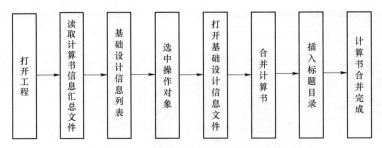

图 4－26　批量生成计算书实施流程图

第五节　系统设置与技术支持

一、系统设置

（一）个性化定制

个性化定制的主要功能是对软件皮肤及输入参数更改提示进行设置，如图 4－27 所示。本软件采用 Codejock Skin Framework 软件对系统提供了五种皮肤供用户选择：淡紫色皮肤、Windows XP 皮肤、Office2007 皮肤、Vista 皮肤和系统默认皮肤，用户可以根据自己喜好进行设置，具体的程序实现流程详见图 4－28。

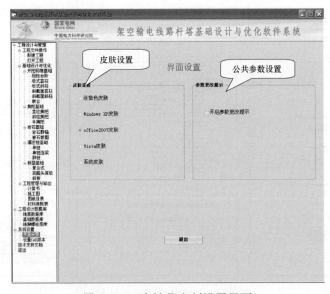

图 4－27　个性化定制设置界面

皮肤设置代码如下：

' 加载选定皮肤

SkinFramework.LoadSkin Module1.appdisk + "Office2007.cjstyles"，""

' 将此皮肤用于此软件的所有窗体

SkinFramework.ApplyWindow Me.hWnd

SkinFramework.ApplyOptions = SkinFramework.ApplyOptionsOr

xtpSkinApplyMetrics

（二）软件封装

TFDP 软件采用专业软件 InstallShield 进行程序的封装，经封装后最终形成一个可执行的.exe 类型文件，具体的程序封装流程如图 4－29 所示。

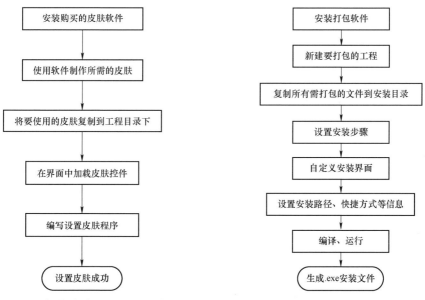

图 4－28　界面加载皮肤设置的程序实现流程图　　图 4－29　软件封装流程图

二、技术支持及帮助

技术支持文档是由准备好的 html 页面和图片等资源文件，通过 Ebook Edit 电子书制作工具制作而成。其中，html 页面是根据已经编制好的软件使用说明书（Word 文档），通过网页制作工具制作而成；图片是通过图片制作工具对软件进行

215

截图等操作后制作而成。技术支持文档制作过程如图 4-30 所示。制作好的技术支持文档文件为 exe 文件格式，在 Windows 操作系统中可以直接打开，无需专门的打开工具。

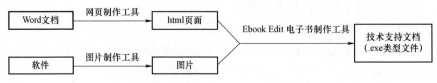

图 4-30　技术支持文档的制作过程

点击软件系统主界面左侧树状图中的"技术支持文档"节点，即可打开技术支持文档。其主页面整体色调以国网绿为主，清晰淡雅。内容由七部分组成，包括：引言、编制依据、运行环境、软件概述、技术特点、操作说明、联系方式。其中，编制依据介绍了软件编制过程中参考的相关规程规范，如图 4-31（a）所示。操作说明详细介绍了软件各个模块的使用方法。联系方式介绍了软件开发人员的联系方式，用户可通过电话和电子邮件等方式获得软件使用过程中的技术支持。在使用过程中，用户也可根据软件操作中遇到的问题进行关键词查询，以便快速精准地检索列待解决的问题，如图 4-31（b）所示。

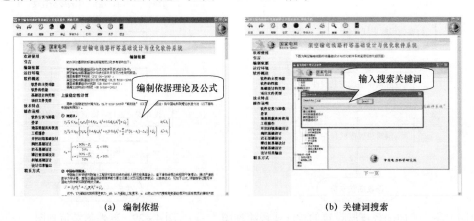

(a)　编制依据　　　　　　　　　　(b)　关键词搜索

图 4-31　技术支持文档的编制依据和关键词搜索

第五章 基 础 设 计 实 例

第一节 混凝土现浇扩展基础

一、刚性台阶基础

（一）设计参数

某 220kV 输电线路工程悬垂型杆塔，采用刚性台阶基础，基础外形尺寸见图 5-1，设计参数见表 5-1～表 5-4。

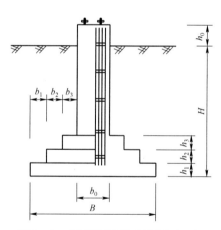

图 5-1 基础外形尺寸简图（一）

表 5-1   地质参数（一）

参数名称	取值	参数名称	取值
上拔角 α（°）	20	地基承载力系数 η_b、η_d	0.5，2
土体计算重度 γ_s（kN/m³）	16	土重法临界埋深 h_c（m）	$3B$
地基承载力特征值 f_{ak}（kPa）	140		

表 5-2 设计载荷（一） （kN）

荷载工况	竖向力	水平力（X向）	水平力（Y向）
下压+水平	$N_E=237.39$	$N_x=20.59$	$N_y=17.68$
上拔+水平	$T_E=180.18$	$T_x=16.38$	$T_y=13.04$

表 5-3 设计要求（一）

参数名称	取值	参数名称	取值
基础附加分项系数 γ_f	1.1	永久载荷分项系数 γ_G	1.2
基础混凝土等级	C30	立柱主筋规格	HRB400
立柱钢筋直径 d_r（mm）	14	立柱保护层厚度 c_{t1}（mm）	50
立柱箍筋直径（mm）	10	立柱箍筋规格	HPB300

表 5-4 基础外形尺寸（一）

参数名称	取值（mm）	参数名称	取值（mm）
立柱宽度 b_0	600	台阶[2]高度 h_2	400
基础埋深 H	2500	台阶[3]宽度 b_3	400
台阶[1]宽度 b_1	400	台阶[3]高度 h_3	400
台阶[1]高度 h_1	400	露头高度 h_0	200
台阶[2]宽度 b_2	400		

注 不考虑地下水。

（二）设计计算书

1. 基础自重及土重

底板宽度 $B = b_0 + 2(b_1 + b_2 + b_3) = 0.6 + 2 \times (0.4 + 0.4 + 0.4) = 3$（m）

基础体积
$$\begin{aligned} V_f &= b_0^2[h_0 + (H - h_1 - h_2 - h_3)] + h_1 B^2 + h_2(B - 2b_1)^2 + h_3(B - 2b_1 - 2b_2)^2 \\ &= 0.6^2 \times [0.2 + (2.5 - 0.4 - 0.4 - 0.4)] + 0.4 \times 3^2 + 0.4 \times (3 - 2 \times 0.4)^2 + \\ &\quad 0.4 \times (3 - 2 \times 0.4 - 2 \times 0.4)^2 \\ &= 6.86 \text{（m}^3\text{）} \end{aligned}$$

基础自重 $G_{\mathrm{f}} = V_{\mathrm{f}}\gamma_{\mathrm{con}} = 6.86 \times 24 = 164.64$（kN）

基础自重及上部土重 $G = (B^2 H) \times 20 + b_0^2 h_0 \times 24$

$$= 3^2 \times 2.5 \times 20 + 0.6^2 \times 0.2 \times 24$$

$$= 451.73 \text{（kN）}$$

2. 上拔稳定性计算

$h_{\mathrm{t}} = H - h_1 = 2.5 - 0.4 = 2.1$（m）$< h_{\mathrm{c}} = 3B = 3 \times 3 = 9\mathrm{m}$，按照浅基础计算。

水平力荷载分项系数 $\dfrac{H_{\mathrm{E}}}{T_{\mathrm{E}}} = \dfrac{\sqrt{T_x^2 + T_y^2}}{T_{\mathrm{E}}} = \dfrac{\sqrt{16.38^2 + 13.04^2}}{180.18} = 0.12$，$\gamma_{\mathrm{E}} = 1$。

底板上平面坡度影响系数 $\gamma_{\theta 1} = 1$。

h_{t} 范围内基础与土的体积 $V_{\mathrm{t}} = h_{\mathrm{t}}(B^2 + 2Bh_{\mathrm{t}}\tan\alpha + \dfrac{4}{3}h_{\mathrm{t}}^2\tan^2\alpha)$

$$= 2.1 \times \left(3^2 + 2 \times 3 \times 2.1 \times \tan 20° + \frac{4}{3} \times 2.1^2 \times \tan^2 20°\right)$$

$$= 30.17 \text{（m}^3\text{）}$$

相邻基础影响微体积 $\Delta_{\mathrm{Vt}} = 0$

h_{t} 深度内基础体积 V_0 计算式如下

$$V_0 = b_0^2(H - h_1 - h_2 - h_3) + h_2(B - 2b_1)^2 + h_3(B - 2b_1 - 2b_2)^2$$
$$= 0.6^2 \times (2.5 - 0.4 - 0.4 - 0.4) + 0.4 \times (3 - 2 \times 0.4)^2 +$$
$$0.4 \times (3 - 2 \times 0.4 - 2 \times 0.4)^2$$
$$= 3.19 \text{（m}^3\text{）}$$

"土重法"计算基础抗拔承载力 $R_{\mathrm{T}} = \gamma_{\mathrm{E}}\gamma_{\theta 1}(V_{\mathrm{t}} - \Delta_{\mathrm{Vt}} - V_0)\gamma_{\mathrm{s}} + G_{\mathrm{f}}$

$$= 1 \times 1 \times (30.17 - 0 - 3.19) \times 16 + 164.64$$

$$= 596.32 \text{（kN）}$$

$\gamma_{\mathrm{f}}T_{\mathrm{E}} = 1.1 \times 180.18 = 198.20\mathrm{kN} < R_{\mathrm{T}} = 596.32\mathrm{kN}$，满足上拔稳定性要求。

3. 下压稳定性计算

基础底面宽度 $b = B = 3\mathrm{m}$

地基承载力修正值 $f_a = f_{ak} + \eta_b \gamma (b-3) + \eta_d \gamma_s (H-0.5)$
$$= 140 + 0.5 \times 16 \times (3-3) + 2 \times 16 \times (2.5-0.5)$$
$$= 204 \text{（kPa）}$$

下压工况水平力作用于基底弯矩

$$M_x = N_x (h_0 + H) = 20.59 \times (0.2 + 2.5) = 55.59 \text{（kN·m）}$$

$$M_y = N_y (h_0 + H) = 17.68 \times (0.2 + 2.5) = 47.74 \text{（kN·m）}$$

基础底面抵抗矩 $W_x = W_y = \dfrac{B^3}{6} = \dfrac{3^3}{6} = 4.5 \text{（m}^3\text{）}$

基底平均压应力 $p_0 = \dfrac{N_E + \gamma_G G}{B^2} = \dfrac{237.39 + 1.2 \times 451.73}{3^2} = 86.61 \text{（kPa）}$

基底最大（小）压应力

$$p_{max} = p_0 + \frac{M_x}{W_y} + \frac{M_y}{W_x} = 86.61 + \frac{55.59}{4.5} + \frac{47.74}{4.5} = 109.57 \text{（kPa）}$$

$$p_{min} = p_0 - \frac{M_x}{W_y} - \frac{M_y}{W_x} = 86.61 - \frac{55.59}{4.5} - \frac{47.74}{4.5} = 63.65 \text{（kPa）}$$

$\begin{cases} p_0 = 86.61 < f_a / \gamma_{rf} = 204 / 0.75 = 272\text{kPa} \\ p_{max} = 109.57 < 1.2 f_a / \gamma_{rf} = 1.2 \times 204 / 0.75 = 326.4\text{kPa} \end{cases}$，满足下压稳定性要求。

4. 上拔倾覆稳定性计算

水平力倾覆力矩 $M_{TH} = \sqrt{T_x^2 + T_y^2} (H + h_0) = \sqrt{16.38^2 + 13.04^2} \times (2.5 + 0.2) =$
56.53（kN·m）

水平力合力方向与 x 向夹角 $\varphi = \arctan \dfrac{T_y}{T_x} = \arctan \left(\dfrac{13.04}{16.38} \right) = 38.52 \text{（°）}$

竖向力倾覆力臂 $L_{oo'} = \dfrac{B}{2\cos\varphi} = \dfrac{3}{2 \times \cos 38.52°} = 1.92 \text{（m）}$

竖向力倾覆力矩 $M_T = T_E L_{oo'} = 180.18 \times 1.92 = 345.95 \text{（kN·m）}$

上拔角范围内土重和基础自重产生的抗倾覆力矩

$$M_r = Q_s L_{oo'} = 596.32 \times 1.92 = 1144.93 \text{（kN·m）}$$

$$\gamma_f (M_{TH} + M_T) = 1.1 \times (56.53 + 345.95) = 442.73\text{kN·m} < M_r$$
$$= 1144.93\text{kN·m}$$

满足上拔倾覆稳定性要求。

5. 下压倾覆稳定性计算

$p_{\min} = 63.65\text{kPa} > 0$，不需要验算下压倾覆稳定性。

6. 立柱配筋及正截面承载力计算

立柱长度 $L_c = H + h_0 - h_1 - h_2 - h_3 = 2.5 + 0.2 - 0.4 - 0.4 - 0.4 = 1.5$（m）

参数 $Z_{x(y)} = b_0 - 2c_{t1} - d_r - 2d_{gr} = 0.6 - 2 \times 0.05 - 0.014 - 2 \times 0.01 = 0.47$（m）

偏心距 $e_{0x} = \dfrac{T_x L_c}{T_E} = \dfrac{16.38 \times 1.5}{180.18} = 0.14$ ，$e_{0y} = \dfrac{T_y L_c}{T_E} = \dfrac{13.04 \times 1.5}{180.18} = 0.11$

立柱纵筋配筋：20Φ14

$$A_s = 3077\text{mm}^2 > 2T_E\left(\frac{1}{2} + \frac{e_{0x}}{Z_x} + \frac{e_{0y}}{Z_y}\right)\frac{\gamma_{ag}}{f_y}$$

$$= 2 \times 180.18 \times \left(\frac{1}{2} + \frac{0.14}{0.47} + \frac{0.11}{0.47}\right) \times \frac{1.1}{360} \times 10^3 = 1136 \text{（mm}^2\text{）}$$

x 向钢筋：12Φ14

$$A_{sx} = 1847\text{mm}^2 > 2T_E\left(\frac{n_x}{n} + \frac{2e_{0x}}{n_y Z_x} + \frac{e_{0y}}{Z_y}\right)\frac{\gamma_{ag}}{f_y}$$

$$= 2 \times 180.18 \times \left(\frac{6}{20} + \frac{2 \times 0.14}{6 \times 0.47} + \frac{0.11}{0.47}\right) \times \frac{1.1}{360} \times 10^3 = 697 \text{（mm}^2\text{）}$$

y 向钢筋：12Φ14

$$A_{sy} = 1847\text{mm}^2 > 2T_E\left(\frac{n_y}{n} + \frac{2e_{0y}}{n_x Z_y} + \frac{e_{0x}}{Z_x}\right)\frac{\gamma_{ag}}{f_y}$$

$$= 2 \times 180.18 \times \left(\frac{6}{20} + \frac{2 \times 0.11}{6 \times 0.47} + \frac{0.14}{0.47}\right) \times \frac{1.1}{360} \times 10^3 = 744 \text{（mm}^2\text{）}$$

立柱正截面承载力满足要求。

配筋率 $\rho = \dfrac{A_s}{b_0^2} \times 100\% = \dfrac{3077}{600^2} \times 100\% = 0.85\%$

$\rho = 0.85\% > \max$（全截面 0.55%，受拉单侧 0.2% 和 $45f_t/f_y$ 较大值），满足构造要求。

221

7. 刚性台阶内力强度计算

（1）素混凝土底板正截面承载力计算。强度允许值 $[p]$ 计算式如下

$$[p] = 0.55 f_t \frac{\tan\delta - \delta}{\delta} = 0.55 \times 1430 \times \frac{\tan(\pi/4) - \pi/4}{\pi/4} = 215.41 \text{（kPa）}$$

基底最大（小）净反力

$$p_{jmax} = \max\left(\frac{N_E}{B^2} + \frac{M_x}{W_y}, \frac{N_E}{B^2} + \frac{M_y}{W_x}\right) = \frac{237.39}{3^2} + \frac{55.59}{4.5} = 38.73 \text{（kPa）}$$

$$p_{jmin} = \frac{N_E}{B^2} - \frac{M_x}{M_y} = \frac{237.39}{3^2} - \frac{55.59}{4.5} = 14.02 \text{（kPa）}$$

计算截面处净反力：

参数 $\psi = \dfrac{B p_{jmin}}{p_{jmax} - p_{jmin}} = \dfrac{3 \times 14.02}{38.73 - 14.02} = 1.70$，$b_1' = B - b_1 = 3 - 0.4 = 2.6$（m）

$b_2' = B - b_1 - b_2 = 3 - 0.4 - 0.4 = 2.2$（m），$b_3' = 3 - b_1 - b_2 - b_3 = 1.8$（m）

$$p_{j1} = \frac{b_1' + \psi}{B + \psi} \times p_{jmax} = \frac{2.6 + 1.7}{3 + 1.7} \times 38.73 = 35.43 \text{（kPa）}$$

$$p_{j2} = \frac{b_2' + \psi}{B + \psi} \times p_{jmax} = \frac{2.2 + 1.7}{3 + 1.7} \times 38.73 = 32.14 \text{（kPa）}$$

$$p_{j3} = \frac{b_3' + \psi}{B + \psi} \times p_{jmax} = \frac{1.8 + 1.7}{3 + 1.7} \times 38.73 = 28.84 \text{（kPa）}$$

1-1 截面承载力校核 $p_{1-1} = \dfrac{p_{jmax} + p_{j1}}{2} = \dfrac{38.73 + 35.43}{2}$
$$= 37.08 \text{kPa} < [\sigma] = 215.41 \text{（kPa）}$$

2-2 截面承载力校核 $p_{2-2} = \dfrac{p_{jmax} + p_{j2}}{2} = \dfrac{38.73 + 32.14}{2}$
$$= 35.44 \text{kPa} < [\sigma] = 215.41 \text{（kPa）}$$

3-3 截面承载力校核 $p_{3-3} = \dfrac{p_{jmax} + p_{j3}}{2} = \dfrac{38.73 + 28.84}{2}$
$$= 33.79 \text{kPa} < [\sigma] = 215.41 \text{（kPa）}$$

素混凝土底板正截面承载力满足要求。

（2）素混凝土底板上拔剪切承载力计算。上拔工况水平力作用于基底弯矩

$$M_x = T_x(h_0 + H) = 16.38 \times (0.2 + 2.5) = 44.23 \text{（kN · m）}$$

$$M_y = T_y(h_0 + H) = 13.04 \times (0.2 + 2.5) = 35.21 \text{（kN · m）}$$

基底最大（小）净反力

$$\sigma_{j\max} = \max\left(\frac{T_E}{B^2 - b_0^2} + \frac{6M_x B}{B^4 - b_0^4}, \frac{T_E}{B^2 - b_0^2} + \frac{6M_y B}{B^4 - b_0^4}\right)$$

$$= \frac{180.18}{3^2 - 0.6^2} + \frac{6 \times 44.23 \times 3}{3^4 - 0.6^4} = 30.7 \text{（kPa）}$$

$$\sigma_{j\min} = \frac{T_E}{B^2 - b_0^2} - \frac{6M_x B}{B^4 - b_0^4} = \frac{180.18}{3^2 - 0.6^2} - \frac{6 \times 44.23 \times 3}{3^4 - 0.6^4} = 11.01 \text{（kPa）}$$

计算截面处净反力。参数 $\psi = \dfrac{B\sigma_{j\min}}{\sigma_{j\max} - \sigma_{j\min}} = \dfrac{3 \times 11.01}{30.7 - 11.01} = 1.68$

$$\sigma_{j1} = \frac{b_1' + \psi}{B + \psi}\sigma_{j\max} = \frac{2.6 + 1.68}{3 + 1.68} \times 30.7 = 28.08 \text{（kPa）}$$

$$\sigma_{j2} = \frac{b_2' + \psi}{B + \psi}\sigma_{j\max} = \frac{2.2 + 1.68}{3 + 1.68} \times 30.7 = 25.45 \text{（kPa）}$$

$$\sigma_{j3} = \frac{b_3' + \psi}{B + \psi}\sigma_{j\max} = \frac{1.8 + 1.68}{3 + 1.68} \times 30.7 = 22.83 \text{（kPa）}$$

1）1－1 截面。

$$\sigma_{1-1} = \frac{\sigma_{j\max} + \sigma_{j1}}{2} = \frac{30.7 + 28.08}{2} = 29.39 \text{（kPa）}$$

$$A_{c1} = \frac{B + [b_0 + 2(b_1 + b_2)]}{2}b_1 = \frac{3 + [0.6 + 2 \times (0.4 + 0.4)]}{2} \times 0.4 = 1.04 \text{（m}^2\text{）}$$

$$V_1 = \sigma_{1-1}A_{c1} = 29.39 \times 1.04 = 30.57 \text{（kN）}$$

1－1 截面上拔剪切承载力校核。参数 $b_{01} = B - 2b_1 = 3 - 0.8 = 2.2\text{m}$，$h_{x1} = h_1 = 0.4\text{m}$，$f_t = 1430\text{kN/m}^2$

$0.4b_{01}h_{x1}f_t = 0.4 \times 2.2 \times 0.4 \times 1430 = 503.36\text{kN}$，则 $V_1 = 30.57\text{kN} < 0.4b_{01}h_{x1}f_t$

2）2－2 截面。

$$\sigma_{2-2} = \frac{\sigma_{j\max} + \sigma_{j2}}{2} = \frac{30.7 + 25.45}{2} = 28.08\text{kPa}$$

$$A_{c2} = \frac{B + (b_0 + 2b_1)}{2}(b_1 + b_2) = \frac{3 + (0.6 + 2 \times 0.4)}{2} \times (0.4 + 0.4) = 1.76 \text{m}^2$$

$$V_2 = \sigma_{2-2} A_{c2} = 28.08 \times 1.76 = 49.42 \text{kN}$$

2－2 截面上拔剪切承载力校核。参数 $b_{02} = b_{01} - 2b_2 = 2.2 - 0.8 = 1.4 \text{m}$ ，$h_{x2} = h_1 + h_2 = 0.8 \text{m}$

$$0.4 b_{02} h_{x2} f_t = 0.4 \times 1.4 \times 0.8 \times 1430 = 640.64 \text{kN}$$

$$V_2 = 49.42 \text{kN} < 0.4 b_{02} h_{x2} f_t$$

3）3－3 截面。

$$\sigma_{3-3} = \frac{\sigma_{jmax} + b_{j3}}{2} = \frac{30.7 + 22.83}{2} = 26.77 \text{kPa}$$

$$A_{c3} = \frac{B + b_0}{2} \times (b_1 + b_2 + b_3) = \frac{3 + 0.6}{2} \times (0.4 + 0.4 + 0.4) = 2.16 \text{m}^2$$

$$V_3 = \sigma_{3-3} A_{c3} = 26.77 \times 2.16 = 57.82 \text{kN}$$

3－3 截面上拔剪切校核。参数 $b_{03} = b_0 = 0.6 \text{m}$ ，$h_{x3} = h_1 + h_2 + h_3 = 1.2 \text{m}$

$$0.4 b_{03} h_{x3} f_t = 0.4 \times 0.6 \times 1.2 \times 1430 = 411.84 \text{kN}$$

$$V_3 = 57.82 \text{kN} < 0.4 b_{03} h_{x3} f_t$$

素混凝土底板上拔剪切承载力满足要求！

（三）基础施工图

对上述计算结果进行汇总，获得示例基础施工图，详见图 5－2。

二、直柱台阶柔性扩展基础

（一）设计参数

某 220kV 线路工程转角塔，采用直柱台阶柔性扩展基础，基础外形尺寸见图 5－3，设计参数见表 5－5～表 5－8。

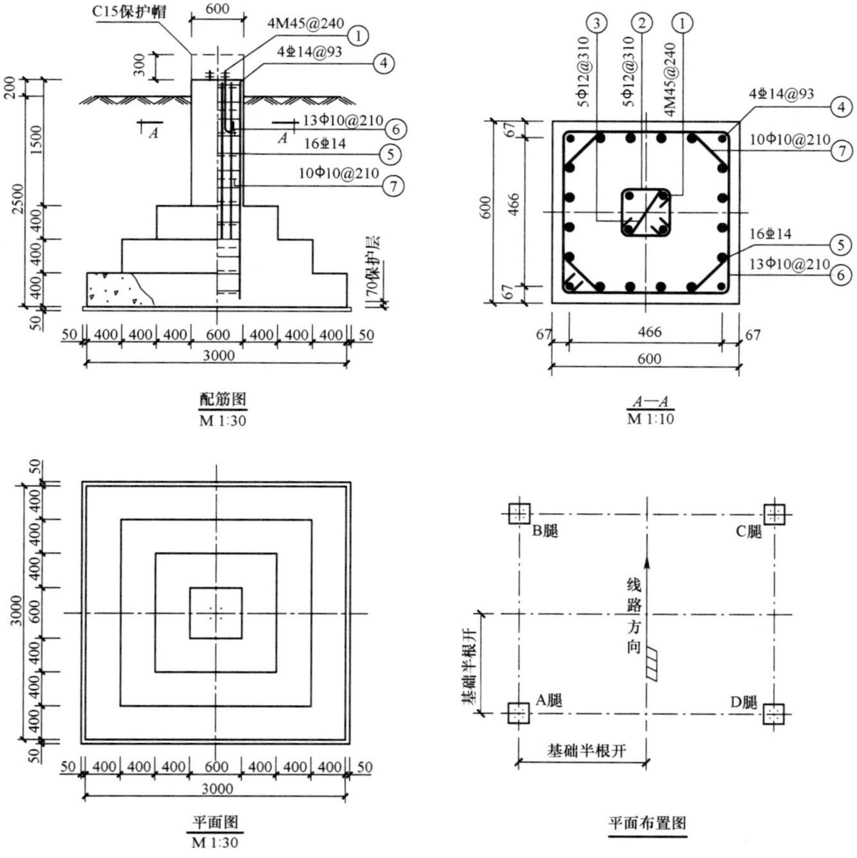

材　料　表

编号	名称	规格	简图及尺寸	长度(mm)	数量	单位	单件	质量(kg) 小计
①	地脚螺栓	M45	Q235	1765	4	套	29.10	116.40
②	地栓箍筋	Φ12	⊏ 297 ⊐	1428	5	根	1.27	6.35
③	地栓箍筋	Φ12	⊔ 396	636	5	根	0.56	2.80
④	主筋	Φ14	2580	2580	4	根	3.12	12.48
⑤	主筋	Φ14	2080	2080	16	根	2.51	40.16
⑥	箍筋	Φ10	⊏ 490 ⊐ 490	2085	13	根	1.29	16.77
⑦	箍筋	Φ10	294	1829	10	根	1.13	11.30
⑧	箍筋				合计 7.45		钢材合计 (kg) 206.26	
混凝土 (m³)	基础	C30	6.86					
	垫层	C15	0.48					
	地栓护帽	C15	0.11					

图 5－2　刚性台阶基础施工图

225

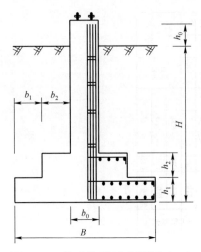

图 5-3　基础外形尺寸简图（二）

表 5-5　　　　　　　　　　　　地质参数（二）

参数名称	取值	参数名称	取值
上拔角 α（°）	25	地基承载力系数 η_b、η_d	0.3、1.5
土体计算重度 γ_s（kN/m³）	17	土重法临界埋深 h_c（m）	$3B$
地基承载力特征值 f_{ak}（kPa）	160		

表 5-6　　　　　　　　　　　　设计载荷（二）　　　　　　　　　　　　kN

荷载工况	竖向力	水平力（X 向）	水平力（Y 向）
下压+水平	N_E=808.71	N_x=79.25	N_y=98.29
上拔+水平	T_E=692.3	T_x=71.85	T_y=87.25

表 5-7　　　　　　　　　　　　设计要求（二）

参数名称	取值	参数名称	取值
基础附加分项系数 γ_f	1.3	永久载荷分项系数 γ_G	1.2
基础混凝土等级	C30	保护层厚度 c_{t1}（mm）	50
立柱主筋规格	HRB400	立柱钢筋直径 d_r（mm）	20
底板主筋规格	HRB400	底板钢筋直径（mm）	16
箍筋直径 d_{gr}（mm）	10	底板保护层厚度 c_{t2}（mm）	70

参数名称	取值	参数名称	取值
立柱宽度 b_0	1000	台阶[2]宽度 b_2	500
底板宽度 B	4000	台阶[2]高度 h_2	400
台阶[1]宽度 b_1	1000	基础埋深 H	4000
台阶[1]高度 h_1	400	露头高度 h_0	200

注　不考虑地下水。

（二）设计计算书

1. 基础自重及土重

基础体积 $V_f = b_0{}^2[h_0 + (H - h_1 - h_2)] + h_1 B^2 + h_2 (B - 2b_1)^2$

$$= 1^2 \times [0.2 + (4 - 0.4 - 0.4)] + 0.4 \times 4^2 + 0.4 \times (4 - 2 \times 1)^2$$

$$= 11.4 \ (\text{m}^3)$$

基础自重 $G_f = V_f \gamma_{con} = 11.4 \times 24 = 273.6$（kN）

基础自重及上部土重 $G = (B^2 H) \times 20 + b_0^2 h_0 \times 24$

$$= 4^2 \times 4 \times 20 + 1^2 \times 0.2 \times 24$$

$$= 1284.8 \ (\text{kN})$$

2. 上拔稳定性计算

$h_t = H - h_1 = 4 - 0.4 = 3.6\text{m} < h_c = 3B = 3 \times 4 = 12$（m），按照浅基础计算。

水平力荷载分项系数 $\dfrac{H_E}{T_E} = \dfrac{\sqrt{T_x^2 + T_y^2}}{T_E} = \dfrac{\sqrt{71.85^2 + 87.25^2}}{692.3} = 0.16$，$\gamma_E = 0.995$

底板上平面坡度影响系数 $\gamma_{\theta 1} = 1$

h_t 范围内基础与土的体积 V_t 计算式如下

$$V_t = h_t \left(B^2 + 2B h_t \tan \alpha + \frac{4}{3} h_t^2 \tan^2 \alpha \right)$$

$$= 3.6 \times \left(4^2 + 2 \times 4 \times 3.6 \times \tan 25° + \frac{4}{3} \times 3.6^2 \times \tan^2 25° \right)$$

$$= 119.47 \ (\text{m}^3)$$

相邻基础影响微体积 $\Delta_{Vt} = 0$

h_t 范围内基础体积 $V_0 = b_0^2(H - h_1 - h_2) + h_2(B - 2b_1)^2$

$$= 1^2 \times (4 - 0.4 - 0.4) + 0.4 \times (4 - 2 \times 1)^2 = 4.8 \ (\text{m}^3)$$

"土重法"计算基础抗拔承载力

$R_T = \gamma_E \gamma_{\theta 1}(V_t - \Delta_{Vt} - V_0)\gamma_s + G_f = 0.995 \times 1 \times (119.47 - 0 - 4.8) \times 17 + 273.6$

$\quad = 2213.24 \ (\text{kN})$

$\gamma_f T_E = 1.3 \times 692.3 = 899.99 \ (\text{kN}) < R_T = 2213.24 \ (\text{kN})$，满足上拔稳定性要求！

3. 下压稳定性计算

基础底面宽度 $b = B = 4 \ (\text{m})$；

地基承载力修正值 $f_a = f_{ak} + \eta_b \gamma(b - 3) + \eta_d \gamma_s(H - 0.5)$

$$= 160 + 0.3 \times 17 \times (4 - 3) + 1.5 \times 17 \times (4 - 0.5)$$

$$= 254.35 \ (\text{kPa})$$

下压工况水平力作用于基底弯矩

$$M_x = N_x(h_0 + H) = 79.25 \times (0.2 + 4) = 332.85 \ (\text{kN} \cdot \text{m})$$

$$M_y = N_y(h_0 + H) = 98.29 \times (0.2 + 4) = 412.82 \ (\text{kN} \cdot \text{m})$$

基础底面抵抗矩 $W_x = W_y = \dfrac{B^3}{6} = \dfrac{4^3}{6} = 10.67 \, (\text{m}^3)$

基底平均压应力 $p_0 = \dfrac{N_E + \gamma_G G}{B^2} = \dfrac{808.71 + 1.2 \times 1284.8}{4^2} = 146.9 \ (\text{kPa})$

基底最大（小）压应力

$$p_{\max} = p_0 + \frac{M_x}{W_y} + \frac{M_y}{W_x} = 146.9 + \frac{332.85}{10.67} + \frac{412.82}{10.67} = 216.78 \ (\text{kPa})$$

$$p_{\min} = p_0 - \frac{M_x}{W_y} - \frac{M_y}{W_x} = 146.9 - \frac{332.85}{10.67} - \frac{412.82}{10.67} = 77.02 \ (\text{kPa})$$

下压承载力校核

$\begin{cases} p_0 = 146.9 < f_a / \gamma_{rf} = 254.35 / 0.75 = 339.13 \ (\text{kPa}) \\ p_{\max} = 216.78 < 1.2 f_a / \gamma_{rf} = 1.2 \times 254.35 / 0.75 = 406.96 \ (\text{kPa}) \end{cases}$，满足下压稳定性要求！

4. 上拔倾覆稳定性计算

水平力倾覆力矩 $M_{TH} = \sqrt{T_x^2 + T_y^2}(H + h_0)$

$$= \sqrt{71.85^2 + 87.25^2} \times (4 + 0.2)$$

$$= 474.71 \ (\text{kN} \cdot \text{m})$$

水平力合力方向与 x 向夹角 $\varphi = \arctan \dfrac{T_y}{T_x} = \arctan \dfrac{87.25}{71.85} = 50.53$（°）

竖向力倾覆力臂 $L_{oo'} = \dfrac{B}{2\cos\varphi} = \dfrac{4}{2\times\cos 50.53°} = 3.15$（m）

竖向力倾覆力矩 $M_T = T_E L_{oo'} = 692.3 \times 3.15 = 2180.75$（kN·m）

上拔角范围内土重和基础自重产生的抗倾覆力矩

$M_r = Q_s L_{oo'} = 2222.99 \times 3.15 = 7002.42$（kN·m）

$\gamma_f (M_{TH} + M_T) = 1.3 \times (474.71 + 2180.75) = 3452.1$（kN·m）$< M_r = 7002.42$（kN·m）

满足上拔倾覆稳定性要求！

5. 下压倾覆稳定性计算

$p_{min} = 77.02 \text{kPa} > 0$，不需要验算下压倾覆稳定性。

6. 立柱配筋及正截面承载力计算

（1）立柱正截面承载力计算。立柱长度 $L_c = H + h_0 - h_1 - h_2$
$$= 4 + 0.2 - 0.4 - 0.4 = 3.4 \text{（m）}$$

参数 $Z_{x(y)} = b_0 - 2c_{t1} - d_r - 2d_{gr} = 1 - 2\times0.05 - 0.02 - 2\times0.01 = 0.86$（m）

偏心距 $e_{0x} = \dfrac{T_x L_c}{T_E} = \dfrac{71.85 \times 3.4}{692.3} = 0.35$，　$e_{0y} = \dfrac{T_y L_c}{T_E} = \dfrac{87.25 \times 3.4}{692.3} = 0.43$

立柱正截面承载力计算：24Φ20

$$A_s = 7536 \text{mm}^2 > 2T_E \left(\frac{1}{2} + \frac{e_{0x}}{Z_x} + \frac{e_{0y}}{Z_y} \right) \frac{\gamma_{ag}}{f_y}$$

即 $A_s = 7536 \text{mm}^2 > 2\times692.3\times\left(\dfrac{1}{2} + \dfrac{0.35}{0.86} + \dfrac{0.43}{0.86} \right) \times \dfrac{1.1}{360} \times 10^3 = 5953$（mm²）

x 向钢筋：14Φ20

$$A_{sx} = 4396 \text{mm}^2 > 2T_E \left(\frac{n_x}{n} + \frac{2e_{0x}}{n_y Z_x} + \frac{e_{0y}}{Z_y} \right) \frac{\gamma_{ag}}{f_y}$$

即 $A_{sx} = 4396 \text{mm}^2 > 2\times692.3\times\left(\dfrac{7}{24} + \dfrac{2\times0.35}{7\times0.86} + \dfrac{0.43}{0.86} \right) \times \dfrac{1.1}{360} \times 10^3 = 3841$（mm²）

y 向钢筋：14Φ20

$$A_{sy} = 4396\text{mm}^2 > 2T_{\text{E}}\left(\frac{n_y}{n} + \frac{2e_{0y}}{n_x Z_y} + \frac{e_{0x}}{Z_x}\right)\frac{\gamma_{\text{ag}}}{f_y}$$

即 $A_{sy} = 4396\text{mm}^2 > 2\times692.3\times\left(\frac{7}{24} + \frac{2\times0.43}{7\times0.86} + \frac{0.35}{0.86}\right)\times\frac{1.1}{360}\times10^3 = 3560$（mm²）

立柱正截面承载力满足要求！

（2）构造设计。配筋率 $\rho = \dfrac{A_s}{b_0^2}\times100\% = \dfrac{7536}{(10^3)^2}\times100\% = 0.75\%$

$\rho = 0.75\% > \max$（全截面0.55%，受拉单侧0.2%和$45f_t/f_y$较大值），满足构造要求。

7. 柔性底板抗弯计算及底板配筋

（1）底板上部抗弯计算（见图5-4）。
上拔工况水平力作用于基底弯矩

$M_x = T_x(h_0 + H) = 71.85\times(0.2 + 4)$
$= 301.77$（kN·m）

$M_y = T_y(h_0 + H) = 87.25\times(0.2 + 4)$
$= 366.45$（kN·m）

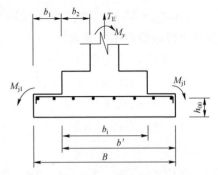

图5-4 底板上部抗弯受力分析

由于 $M_y > M_x$，因此取计算弯矩 $M_y = 366.45$（kN²）

截面计算宽度 $b_i = B - 2b_1 = 4 - 2\times1 = 2$（m）

基底最大（小）净反力

$$\sigma_{\text{jmax}} = \max\left(\frac{T_{\text{E}}}{B^2 - b_i^2} + \frac{6M_x B}{B^4 - b_i^4}, \frac{T_{\text{E}}}{B^2 - b_i^2} + \frac{6M_y B}{B^4 - b_i^4}\right)$$

$$= \frac{T_{\text{E}}}{B^2 - b_i^2} + \frac{6M_y B}{B^4 - b_i^4} = \frac{692.3}{4^2 - 2^2} + \frac{6\times366.45\times4}{4^4 - 2^4} = 94.34\ (\text{kPa})$$

$$\sigma_{\text{jmin}} = \frac{T_{\text{E}}}{B^2 - b_i^2} - \frac{6M_y B}{B^4 - b_i^4} = \frac{692.3}{4^2 - 2^2} - \frac{6\times366.45\times4}{4^4 - 2^4} = 21.05\ (\text{kPa})$$

参数 $\psi = \dfrac{B\sigma_{\text{jmin}}}{\sigma_{\text{jmax}} - \sigma_{\text{jmin}}} = \dfrac{4\times21.05}{94.34 - 21.05} = 1.15$（m），$b' = B - b_1 = 4 - 1 = 3$（m）

计算截面处基底净反力 $\sigma_{\text{j1}} = \dfrac{b' + \psi}{B + \psi}\sigma_{\text{jmax}} = \dfrac{3 + 1.15}{4 + 1.15}\times94.34 = 76.02$（kPa）

底板上层最大弯矩 $M_{j1} = \dfrac{\sigma_{jmax} + \sigma_{j1}}{48}(B - b_i)^2 (2B + b_i)$

$$= \dfrac{94.34 + 76.02}{48} \times (4-2)^2 \times (2 \times 4 + 2)$$

$$= 141.97 \text{ (kN} \cdot \text{m)}$$

底板计算截面处高度 $h_{00} = 0.4 - 0.05 - 0.008 = 0.34$（m）

受压区高度 $x = h_{00} - \sqrt{h_{00}^2 - \dfrac{2M_{j1}}{f_c B}} = 0.34 - \sqrt{0.34^2 - \dfrac{2 \times 141.97}{14.3 \times 10^3 \times 4}} = 0.007$（m）

底板上层钢筋面积 $A_{ws} = \dfrac{M_{j1}}{\left(h_{00} - \dfrac{x}{2}\right) f_y} = \dfrac{141.97 \times 10^3}{\left(0.34 - \dfrac{0.007}{2}\right) \times 360} = 1172$（mm^2）

（2）底板下部抗弯计算（见图 5-5）。基底最大（小）净反力

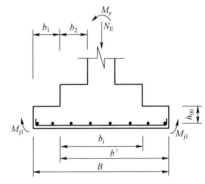

$$p_{jmax} = \max\left(\dfrac{N_E}{B^2} + \dfrac{M_x}{W_y}, \dfrac{N_E}{B^2} + \dfrac{M_y}{W_x}\right)$$

$$= \dfrac{N_E}{B^2} + \dfrac{M_y}{W_x} = \dfrac{808.71}{4^2} + \dfrac{412.82}{10.67}$$

$$= 89.23 \text{ (kPa)}$$

$$p_{jmin} = \dfrac{N_E}{B^2} - \dfrac{M_y}{W_x} = \dfrac{808.71}{4^2} - \dfrac{412.82}{10.67}$$

$$= 11.82 \text{ (kPa)}$$

图 5-5 底板下部抗弯受力分析

参数 $\psi = \dfrac{Bp_{jmin}}{p_{jmax} - p_{jmin}} = \dfrac{4 \times 11.82}{89.23 - 11.82} = 0.61$（m）， $b' = B - b_1 = 4 - 1 = 3$（m）

计算截面处基底净反力 $p_{j1} = \dfrac{b' + \psi}{B + \psi} p_{jmax} = \dfrac{3 + 0.61}{4 + 0.61} \times 89.23 = 69.87$（kPa）

截面计算宽度 $b_i = B - 2b_1 = 4 - 2 \times 1 = 2$（m）

底板下层最大弯矩 $M_{j1} = \dfrac{p_{jmax} + p_{j1}}{48}(B - b_i)^2 (2B + b_i)$

$$= \dfrac{89.23 + 69.87}{48} \times (4-2)^2 (2 \times 4 + 2)$$

$$= 132.58 \text{ (kN} \cdot \text{m)}$$

底板计算截面高度 $h_{00} = 0.4 - 0.07 - 0.008 = 0.32$（m）

受压区高度 $x = h_{00} - \sqrt{h_{00}^2 - \dfrac{2M_{j1}}{f_c B}} = 0.32 - \sqrt{0.32^2 - \dfrac{2 \times 132.58}{14.3 \times 10^3 \times 4}} = 0.007$ （m）

底板下层钢筋面积 $A_{ws} = \dfrac{M_{j1}}{\left(h_{00} - \dfrac{x}{2}\right) f_y} = \dfrac{132.58 \times 10^3}{(0.32 - 0.0035) \times 360} = 1164$ （mm^2）

（3）底板配筋。构造要求：受弯构件配筋率不小于 0.15%（$A_{wsmin} \geqslant 0.0015 \times 4 \times 0.4 \times 10^6 = 2400\text{mm}^2$），钢筋间距不应大于 200mm，且不应小于 100mm，最终确定底板单向配筋：21Φ16 @194[4220mm^2 > max(1172,1164, 2400)mm^2]

8. 台阶抗弯计算及配筋

（1）台阶上部抗弯计算（见图 5-6）。截面计算宽度 $b_i = b_0 = 1$（m）

计算弯矩 $M_y = T_y(h_0 + H) = 87.25 \times (0.2 + 4) = 366.45$（kN·m）

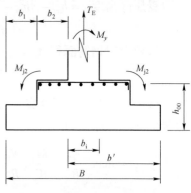

图 5-6　台阶上部抗弯受力分析

基底最大（小）净反力

$$\sigma_{jmax} = \max\left(\dfrac{T_E}{B^2 - b_i^2} + \dfrac{6M_x B}{B^4 - b_i^4}, \dfrac{T_E}{B^2 - b_i^2} + \dfrac{6M_y B}{B^4 - b_i^4}\right)$$

$$= \dfrac{T_E}{B^2 - b_i^2} + \dfrac{6M_y B}{B^4 - b_i^4} = \dfrac{692.3}{4^2 - 1^2} + \dfrac{6 \times 366.45 \times 4}{4^4 - 1^4}$$

$$= 80.64 \text{（kPa）}$$

$$\sigma_{jmin} = \dfrac{T_E}{B^2 - b_i^2} - \dfrac{6M_y B}{B^4 - b_i^4} = \dfrac{692.3}{4^2 - 1^2} - \dfrac{6 \times 366.45 \times 4}{4^4 - 1^4} = 11.66 \text{（kPa）}$$

参数 $\psi = \dfrac{B\sigma_{jmin}}{\sigma_{jmax} - \sigma_{jmin}} = \dfrac{4 \times 11.66}{80.64 - 11.66} = 0.68$（m）

$$b' = B - b_1 - b_2 = 4 - 1 - 0.5 = 2.5 \text{（m）}$$

计算截面处基底净反力 $\sigma_{j2} = \dfrac{b' + \psi}{B + \psi}\sigma_{jmax} = \dfrac{2.5 + 0.68}{4 + 0.68} \times 80.64 = 54.79$（kPa）

台阶上层最大弯矩 $M_{j2} = \dfrac{\sigma_{jmax} + \sigma_{j2}}{48}(B - b_i)^2(2B + b_i)$

$$= \frac{80.64 + 54.79}{48} \times (4-1)^2(2\times4+1)$$

$$= 228.54 \text{ (kN·m)}$$

截面有效高度 $h_{00} = 0.4 + 0.4 - 0.05 - 0.008 = 0.74$（m）

受压区高度 $x = h_{00} - \sqrt{h_{00}^2 - \dfrac{2M_{j2}}{f_c B}} = 0.74 - \sqrt{0.74^2 - \dfrac{2\times228.54}{14.3\times10^3\times4}} = 0.005$（m）

台阶上层钢筋面积 $A_{ws} = \dfrac{M_{j2}}{\left(h_{00} - \dfrac{x}{2}\right)f_y} = \dfrac{228.54\times10^3}{\left(0.74 - \dfrac{0.005}{2}\right)\times360} = 861$（mm²）

（2）台阶上部配筋。构造要求：受弯构件配筋率不小于 0.15%（$A_{wsmin} \geqslant$ $0.0015\times2\times0.8\times10^6 = 2400\text{mm}^2$），钢筋间距不应大于 200mm，且不应小于 100mm，最终确定台阶上层单向配筋：12Φ16@171 [2412mm² > max(861,2400)mm²]。

9. 底板下压冲切计算

（1）柱根处。冲切破坏锥体的有效高度 $h_{yx} = 0.4 + 0.4 - 0.07 - 0.008 = 0.72$（m）

受冲切承载力截面高度影响系数 $\beta_{hp} = 1$

冲切破坏锥体最不利一侧斜截面上边长 $a_t = b_0 = 1$（m）

冲切破坏锥体最不利一侧斜截面下边长 $a_b = b_0 + 2h_{yx} = 1 + 2\times0.72 = 2.44$（m）

冲切破坏锥体最不利一侧计算长度 $a_m = \dfrac{a_t + a_b}{2} = \dfrac{1 + 2.44}{2} = 1.72$（m）

考虑冲切荷载时取用的多边形面积 $A_1 = \dfrac{a_b + B}{2}(b_1 + b_2 - h_{yx})$

$$= \frac{2.44 + 4}{2} \times (1 + 0.5 - 0.72)$$

$$= 2.51 \text{ (m}^2\text{)}$$

$$F_1 = p_{jmax}A_1 = 89.23 \times 2.51 = 223.97 \text{ (kN)}$$

$$0.7\beta_{hp}f_t a_m h_{yx} = 0.7\times1\times1430\times1.72\times0.72 = 1239.64 \text{ (kN)}$$

$F_1 = 223.97$（kN）$< 0.7\beta_{np}f_t a_m h_{yx} = 1239.64$（kN），柱根处冲切承载力满足要求！

（2）变阶处。冲切破坏锥体的有效高度 $h_{yx} = 0.4 - 0.07 - 0.008 = 0.32$（m）

受冲切承载力截面高度影响系数 $\beta_{hp} = 1$

冲切破坏锥体最不利一侧斜截面上边长 $a_t = b_0 + 2b_2 = 1 + 2\times0.5 = 2$（m）

冲切破坏锥体最不利一侧斜截面下边长 $a_b = (b_0 + 2b_2) + 2h_{yx} = (1 + 2 \times 0.5) + 2 \times 0.32 = 2.64$（m）

冲切破坏锥体最不利一侧计算长度 $a_m = \dfrac{a_t + a_b}{2} = \dfrac{2 + 2.64}{2} = 2.32$（m）

考虑冲切荷载时取用的多边形面积 $A_1 = \dfrac{a_b + B}{2}(b_1 - h_{yx}) = \dfrac{2.64 + 4}{2} \times (1 - 0.32) = 2.26$（m^2）

$$F_1 = p_{jmax} A_1 = 89.23 \times 2.26 = 201.66 \text{（kN）}$$

$$0.7\beta_{np} f_t a_m h_{yx} = 0.7 \times 1 \times 1430 \times 2.32 \times 0.32 = 743.14 \text{（kN）}$$

$F_1 = 206.66$（kN）$< 0.7\beta_{np} f_t a_m h_{yx}$，变阶处冲切承载力满足要求！

10. 底板上拔剪切计算

（1）柱根处。计算截面处中和轴宽度 $b_{02} = b_0 = 1$（m）

计算截面处有效高度 $h_{00} = 0.4 + 0.4 - 0.05 - 0.008 = 0.74$（m）

计算截面处阴影面积 $A_{cx} = \dfrac{B + b_{02}}{2}(b_1 + b_2) = \dfrac{4 + 1}{2} \times (1 + 0.5) = 3.75$（m^2）

$$V = \dfrac{\sigma_{jmax} + \sigma_{j2}}{2} A_{cx} = \dfrac{80.64 + 54.79}{2} \times 3.75 = 253.93 \text{（kN）}$$

$$0.6 b_{02} h_{00} f_t = 0.6 \times 1 \times 0.74 \times 1430 = 634.92 \text{（kN）}$$

$V = 253.93$（kN）$< 0.6 b_{02} h_{00} f_t$，柱根处剪切承载力满足要求！

（2）变阶处。计算截面处中和轴宽度 $b_{01} = b_0 + 2b_2 = 1 + 2 \times 0.5 = 2$（m）

计算截面处有效高度 $h_{00} = 0.4 - 0.05 - 0.008 = 0.34$（m）

计算截面处阴影面积 $A_{cx} = \dfrac{B + b_{01}}{2} b_1 = \dfrac{4 + 2}{2} \times 1 = 3$（m^2）

$$V = \dfrac{\sigma_{jmax} + \sigma_{j1}}{2} A_{cx} = \dfrac{94.34 + 76.02}{2} \times 3 = 255.54 \text{（kN）}$$

$$0.6 b_{01} h_{00} f_t = 0.6 \times 2 \times 0.34 \times 1430 = 583.44 \text{（kN）}$$

$V = 255.54$（kN）$< 0.6 b_{01} h_{00} f_t$，变阶处剪切承载力满足要求！

（三）施工图

对上述计算结果进行汇总，获得示例基础施工图如图 5-7 所示。

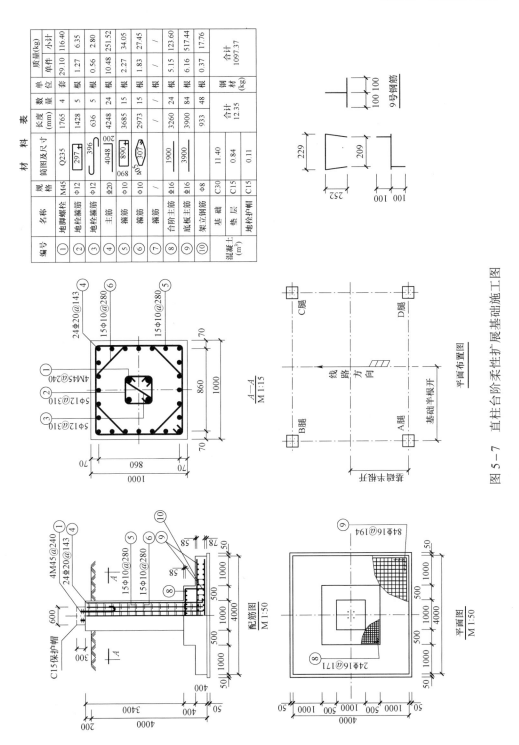

材 料 表

编号	名称	规格	简图及尺寸	长度(mm)	数量	单位	质量(kg) 单件	质量(kg) 小计
①	地脚螺栓	M45	Q235	1765	4	套	29.10	116.40
②	地栓箍筋	Φ12	297	1428	5	根	1.27	6.35
③	地栓箍筋	Φ12	396	636	5	根	0.56	2.80
④	主筋	Φ20	4048	4248	24	根	10.48	251.52
⑤	箍筋	Φ10	890	3685	15	根	2.27	34.05
⑥	箍筋	Φ10	890	2973	15	根	1.83	27.45
⑦	合阶主筋	/	/	/	/	/	/	/
⑧	合阶主筋	Φ16	1900	3260	24	根	5.15	123.60
⑨	底板主筋	Φ16	3900	3900	84	根	6.16	517.44
⑩	架立钢筋	Φ8	933	933	48	根	0.37	17.76
混凝土 (m³)	基础	C30	11.40	合计 12.35		钢材 (kg)	合计 1097.37	
	垫层	C15	0.84					
	地栓护帽	C15	0.11					

图 5-7 直柱合阶柔性扩展基础施工图

三、直柱斜截面柔性扩展基础

（一）设计参数

某 220kV 线路工程悬垂型杆塔，采用如图 5-8 所示的直柱斜截面柔性扩展基础，设计参数见表 5-9～表 5-12。

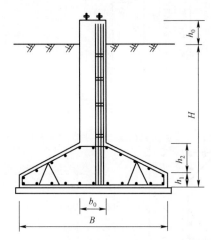

图 5-8　基础外形尺寸简图（三）

表 5-9　　　　　　　　　　　　地质参数（三）

参数名称	取值	参数名称	取值
上拔角 α（°）	20	地基承载力系数 η_b、η_d	0.5，2
土体计算重度 γ_s（kN/m³）	16	土重法临界埋深 h_c（m）	$2B$
地基承载力特征值 f_{ak}（kPa）	140		

表 5-10　　　　　　　　　　　　设计载荷（三）　　　　　　　　　　　　（kN）

荷载工况	竖向力	水平力（X 向）	水平力（Y 向）
上拔+水平	$T_E=427$	$T_x=68$	$T_y=72$
下压+水平	$N_E=532$	$N_x=88$	$N_y=94$

表 5-11 设计要求（三）

参数名称	取值	参数名称	取值
基础附加分项系数 γ_f	1.1	永久载荷分项系数 γ_G	1.2
基础混凝土等级	C30	保护层厚度 c_{t1}（mm）	50
立柱主筋规格	HRB400	立柱钢筋直径（mm）	18
底板主筋规格	HRB400	底板钢筋直径 d_r（mm）	16
箍筋直径 d_{gr}（mm）	10	底板保护层厚度 c_{t2}（mm）	70

表 5-12 基础外形尺寸（三） （mm）

参数名称	取值	参数名称	取值
立柱宽度 b_0	800	底板厚度 h_1	200
底板宽度 B	3200	基础埋深 H	3000
斜截面高度 h_2	400	露头高度 h_0	200

（二）设计计算书

1. 基础及土重

基础体积 V_f 计算式如下

$$V_f = b_0^2(H - h_1 - h_2 + h_0) + \frac{1}{3}h_2(b_0^2 + B^2 + \sqrt{b_0^2 B^2}) + B^2 h_1$$

$$= 0.8^2 \times (3 - 0.2 - 0.4 + 0.2) + \frac{1}{3} \times 0.4 \times (0.8^2 + 3.2^2 + \sqrt{0.8^2 \times 3.2^2}) + 3.2^2 \times 0.2$$

$$= 5.504（\text{m}^2）$$

基础自重 $G_f = V_f \gamma_{con} = 5.504 \times 24 = 132.10$（kN）

基础自重及上部土重 $G = (B^2 H) \times 20 + b_0^2 h_0 \times 24 = (3.2^2 \times 3) \times 20 + 0.8^2 \times 0.2 \times 24 = 617.47$（kN）

2. 上拔稳定性计算

$h_t = H - h_1 = 3 - 0.2 = 2.8$（m）$< h_c$（$h_c = 2B = 2 \times 3.2 = 6.4\text{m}$），按照浅基础计算

水平力荷载分项系数 $\dfrac{H_E}{T_E} = \dfrac{\sqrt{T_x^2 + T_y^2}}{T_E} = \dfrac{\sqrt{68^2 + 72^2}}{427} = 0.232$，$\gamma_E = 0.967$

底板上平面坡度影响系数 $\theta_0 = 72° > 45°$，$\gamma_{\theta 1} = 1.0$。

h_t 范围内基础与土的体积 V_t 计算式如下

$$V_t = h_t \left(B^2 + 2Bh_t \tan\alpha + \frac{4}{3}h_t^2 \tan^2\alpha \right)$$

$$= 2.8 \times \left(3.2^2 + 2 \times 3.2 \times 2.8 \times \tan 20° + \frac{4}{3} \times 2.8^2 \times \tan^2 20° \right)$$

$$= 50.81 \,(\text{m}^3)$$

相邻基础影响微体积 $\Delta_{Vt} = 0$

h_t 范围内基础体积 V_0 计算式如下

$$V_0 = b_0^2 (H - h_1 - h_2) + \frac{1}{3} h_2 (b_0^2 + B^2 + \sqrt{b_0^2 B^2})$$

$$= 0.8^2 \times (3 - 0.2 - 0.4) + \frac{1}{3} \times 0.4 \times (0.8^2 + 3.2^2 + \sqrt{0.8^2 \times 3.2^2})$$

$$= 3.33 \,(\text{m}^3)$$

"土重法"计算基础抗拔承载力 $R_T = \gamma_E \gamma_{\theta 1} (V_t - \Delta_{Vt} - V_0)\gamma_s + G_f$

$$= 0.967 \times 1 \times (50.81 - 0 - 3.33) \times 16 + 132.10$$

$$= 866.71 \,(\text{kN})$$

$\gamma_f T_E = 1.1 \times 427 = 469.7$（kN）$< R_T = 866.71$（kN），满足上拔稳定性要求！

3. 下压稳定性计算

基础底面宽度 $b = B = 3.2$（m）

地基承载力修正值 $f_a = f_{ak} + \eta_b \gamma (b - 3) + \eta_d \gamma_s (H - 0.5)$

$$= 140 + 0.5 \times 16 \times (3.2 - 3) + 2 \times 16 \times (3 - 0.5)$$

$$= 221.6 \,(\text{kPa})$$

下压工况水平力作用于基底弯矩

$$M_x = N_x (h_0 + H) = 88 \times (0.2 + 3) = 281.6 \,(\text{kN} \cdot \text{m})$$

$$M_y = N_y (h_0 + H) = 94 \times (0.2 + 3) = 300.8 \,(\text{kN} \cdot \text{m})$$

基础底面抵抗矩 $W_x = W_y = \dfrac{B^3}{6} = \dfrac{3.2^3}{6} = 5.46$（m³）

基底平均压应力 $p_0 = \dfrac{N_E + \gamma_G G}{B^2} = \dfrac{532 + 1.2 \times 617.47}{3.2^2} = 124.31$（kPa）

基底最大（小）压应力

$$p_{\max} = p_0 + \frac{M_x}{W_y} + \frac{M_y}{W_x} = 124.31 + \frac{281.6}{5.46} + \frac{300.8}{5.46} = 230.98 \text{（kPa）}$$

$$p_{\min} = p_0 - \frac{M_x}{W_y} - \frac{M_y}{W_x} = 124.31 - \frac{281.6}{5.46} - \frac{300.8}{5.46} = 17.64 \text{（kPa）}$$

$$\begin{cases} p_0 = 124.31 < f_a / \gamma_{rf} = 221.6 / 0.75 = 295.47 \text{（kPa）} \\ p_{\max} = 230.98 < 1.2 f_a / \gamma_{rf} = 1.2 \times 221.6 / 0.75 = 354.56 \text{（kPa）} \end{cases}$$ ，满足下压稳定
性要求！

4. 上拔倾覆稳定性计算

水平力倾覆力矩 $M_{TH} = \sqrt{T_x^2 + T_y^2}(H + h_0) = \sqrt{68^2 + 72^2} \times (3 + 0.2) = 316.91 \text{（kN·m）}$

水平力合力方向与 x 向夹角 $\varphi = \arctan \dfrac{T_y}{T_x} = 46.64 \text{（°）}$

竖向力倾覆力臂 $L_{oo'} = \dfrac{B}{2\cos\varphi} = \dfrac{3.2}{2 \times \cos 46.64°} = 2.33 \text{（m）}$

竖向力倾覆力矩 $M_T = T_E L_{oo'} = 427 \times 2.33 = 994.91 \text{（kN·m）}$

上拔角范围内土重和基础自重产生的抗倾覆力矩

$$M_r = Q_s L_{oo'} = 891.78 \times 2.33 = 2077.85 \text{（kN·m）}$$

$$\gamma_f (M_{TH} + M_T) = 1.1 \times (316.91 + 994.91) = 1443 \text{（kN·m）} < M_r$$
$$= 2077.85 \text{（kN·m）}$$

5. 下压倾覆稳定性计算

$p_{\min} = 17.64 \text{kPa} > 0$，不需要验算下压倾覆稳定性。

6. 立柱配筋及正截面承载力计算

（1）立柱正截面承载力计算。立柱长度 $L_c = H + h_0 - h_1 - h_2 = 3 + 0.2 - 0.2 - 0.4 = 2.6 \text{（m）}$

参数 $Z_{x(y)} = b_0 - 2c_{t1} - d_r - 2d_{gr} = 0.8 - 2 \times 0.05 - 0.018 - 2 \times 0.01 = 0.66 \text{（m）}$

偏心距 $e_{0x} = \dfrac{T_x L_c}{T_E} = \dfrac{68 \times 2.6}{427} = 0.41$，$e_{0y} = \dfrac{T_y L_c}{T_E} = \dfrac{72 \times 2.6}{427} = 0.44$

立柱正截面承载力计算：20Φ18

$$A_s = 5087 \text{mm}^2 > 2T_E \left(\frac{1}{2} + \frac{e_{0x}}{Z_x} + \frac{e_{0y}}{Z_y} \right) \frac{\gamma_{ag}}{f_y}$$

$$= 2 \times 427 \times \left(\frac{1}{2} + \frac{0.41}{0.66} + \frac{0.44}{0.66} \right) \times \frac{1.1}{360} \times 10^3$$

$$= 4665 \ (\text{mm}^2)$$

x 向钢筋：12Φ18

$$A_{sx} = 3052 \text{mm}^2 > 2T_E \left(\frac{n_x}{n} + \frac{2e_{0x}}{n_y Z_x} + \frac{e_{0y}}{Z_y} \right) \frac{\gamma_{ag}}{f_y}$$

$$= 2 \times 427 \times \left(\frac{6}{20} + \frac{2 \times 0.41}{6 \times 0.66} + \frac{0.44}{0.66} \right) \times \frac{1.1}{360}$$

$$= 3063 \ (\text{mm}^2)$$

y 向钢筋：12Φ18

$$A_{sy} = 3052 \text{mm}^2 > 2T_E \left(\frac{n_y}{n} + \frac{2e_{0y}}{n_x Z_y} + \frac{e_{0x}}{Z_x} \right) \frac{\gamma_{ag}}{f_y}$$

$$= 2 \times 427 \times \left(\frac{6}{20} + \frac{2 \times 0.44}{6 \times 0.66} + \frac{0.41}{0.66} \right) \times \frac{1.1}{360} \times 10^3$$

$$= 2984 \ (\text{mm}^2)$$

立柱正截面承载力满足要求！

（2）构造设计。配筋率 $\rho = \dfrac{A_s}{b_0^2} \times 100\% = \dfrac{5087}{800^2} \times 100\% = 0.79\%$

$\rho = 0.79\% >$ max（全截面 0.55%，受拉单侧 0.2%和 $45 f_t / f_y$ 较大值），满足构造要求。

7. 柔性底板抗弯计算及底板配筋

（1）底板上部抗弯计算。

1）截面弯矩计算。由于 $M_y > M_x$，因此取计算弯矩 $M_y = T_y (h_0 + H) = 72 \times (0.2 + 3) = 230.4 \ (\text{kN} \cdot \text{m})$。

柱根截面：截面计算宽度 $b_i = 0.8 \ (\text{m})$

基底最大（小）净反力

$$\sigma_{jmax} = \max\left(\frac{T_E}{B^2 - b_i^2} + \frac{6M_x B}{B^4 - b_i^4}, \frac{T_E}{B^2 - b_i^2} + \frac{6M_y B}{B^4 - b_i^4}\right)$$

$$= \frac{T_E}{B^2 - b_i^2} + \frac{6M_y B}{B^4 - b_i^4} = \frac{427}{3.2^2 - 0.8^2} + \frac{6 \times 230.4 \times 3.2}{3.2^4 - 0.8^4}$$

$$= 86.83 \text{（kPa）}$$

$$\sigma_{jmin} = \frac{T_E}{B^2 - b_i^2} - \frac{6M_y B}{B^4 - b_i^4} = \frac{427}{3.2^2 - 0.8^2} - \frac{6 \times 230.4 \times 3.2}{3.2^4 - 0.8^4} = 2.13 \text{（kPa）}$$

参数 $\psi = \dfrac{B\sigma_{jmin}}{\sigma_{jmax} - \sigma_{jmin}} = \dfrac{3.2 \times 2.13}{86.83 - 2.13} = 0.08$ ， $b' = b_0 + \dfrac{B - b_0}{2} = 0.8 + \dfrac{3.2 - 0.8}{2} =$

2（m）

计算截面处基底净反力 $\sigma_{j1} = \dfrac{b' + \psi}{B + \psi}\sigma_{jmax} = \dfrac{2 + 0.08}{3.2 + 0.08} \times 86.83 = 55.06 \text{（kPa）}$

计算截面处弯矩 $M_{j1} = \dfrac{\sigma_{jmax} + \sigma_{j1}}{48}(B - b_i)^2(2B + b_i)$

$$= \frac{86.83 + 55.06}{48} \times (3.2 - 0.8)^2(2 \times 3.2 + 0.8)$$

$$= 122.59 \text{（kN} \cdot \text{m）}$$

中间截面：截面计算宽度 $b_i = 2$（m），基底最大（小）净反力

$$\sigma_{jmax} = \max\left(\frac{T_E}{B^2 - b_i^2} + \frac{6M_x B}{B^4 - b_i^4}, \frac{T_E}{B^2 - b_i^2} + \frac{6M_y B}{B^4 - b_i^4}\right)$$

$$= \frac{T_E}{B^2 - b_i^2} + \frac{6M_y B}{B^4 - b_i^4} = \frac{427}{3.2^2 - 2^2} + \frac{6 \times 230.4 \times 3.2}{3.2^4 - 2^4}$$

$$= 118.21 \text{（kPa）}$$

$$\sigma_{jmin} = \frac{T_E}{B^2 - b_i^2} - \frac{6M_y B}{B^4 - b_i^4} = \frac{427}{3.2^2 - 2^2} - \frac{6 \times 230.4 \times 3.2}{3.2^4 - 2^4} = 18.65 \text{（kPa）}$$

参数 $\psi = \dfrac{B\sigma_{jmin}}{\sigma_{jmax} - \sigma_{jmin}} = \dfrac{3.2 \times 18.65}{118.21 - 18.65} = 0.6$ ， $b' = b_0 + \dfrac{B - b_0}{2} + \dfrac{B - b_0}{4} = 2.6$ （m）

计算截面处基底净反力 $\sigma_{j2} = \dfrac{b' + \psi}{B + \psi}\sigma_{jmax} = \dfrac{2.6 + 0.6}{3.2 + 0.6} \times 118.21 = 99.55 \text{（kPa）}$

计算截面处弯矩 $M_{j2} = \dfrac{\sigma_{jmax} + \sigma_{j2}}{48}(B - b_i)^2(2B + b_i)$

$$= \frac{118.21 + 99.55}{48} \times (3.2 - 2)^2 \times (2 \times 3.2 + 2)$$

$$= 54.88 \ (\text{kN} \cdot \text{m})$$

由于 $M_{j1} > M_{j2}$，因此取柱根截面处弯矩 M_{j1} 为计算弯矩。

2）截面承载力计算。由于底板上层每一根钢筋受力中心至截面受压区边缘距离不等，因此分别按照最大截面有效高度与最小截面有效高度分别计算受力钢筋，取两者较大值进行配筋。

最大截面有效高度 $h_{00} = 0.2 + 0.4 - 0.05 - 0.008 = 0.54 \ (\text{m})$

受压区高度 $x = h_{00} - \sqrt{h_{00}^2 - \dfrac{2M_{j1}}{f_c B}} = 0.54 - \sqrt{0.54^2 - \dfrac{2 \times 122.59}{14.3 \times 10^3 \times 3.2}} = 0.005 \ (\text{m})$

底板上层钢筋计算面积 $A_{ws} = \dfrac{M_{j1}}{\left(h_{00} - \dfrac{x}{2}\right)f_y} = \dfrac{122.59 \times 10^3}{\left(0.54 - \dfrac{0.005}{2}\right) \times 360} = 634 \ (\text{mm}^2)$

最小截面有效高度 $h_{00} = 0.2 - 0.05 - 0.008 = 0.14 \ (\text{m})$

受压区高度 $x = h_{00} - \sqrt{h_{00}^2 - \dfrac{2M_{j1}}{f_c B}} = 0.14 - \sqrt{0.14^2 - \dfrac{2 \times 122.59}{14.3 \times 10^3 \times 3.2}} = 0.021 \ (\text{m})$

底板上层钢筋计算面积 $A_{ws} = \dfrac{M_{j1}}{\left(h_{00} - \dfrac{x}{2}\right)f_y} = \dfrac{122.59 \times 10^3}{\left(0.14 - \dfrac{0.021}{2}\right) \times 360} = 2630 \ (\text{mm}^2)$

3）底板上部配筋。构造要求：受弯构件配筋率不小于 0.15%（$A_{ws} \geqslant A_{wsmin} = 0.0015 \times 1.44 \times 10^6 = 2160 \text{mm}^2$），钢筋间距不应大于 200mm，且不应小于 100mm，最终确定底板单向配筋：18Φ16@196 [$3617\text{mm}^2 > \max(2630, 2160)\text{mm}^2$]。

（2）底板下部抗弯计算。

1）截面弯矩计算。由于 $M_y > M_x$，因此取计算弯矩 $M_y = N_y(h_0 + H) = 94 \times (0.2 + 3) = 300.8 \ (\text{kN} \cdot \text{m})$。基底最大净反力

$$p_{jmax} = \max\left(\frac{N_E}{B^2} + \frac{M_x}{W_y}, \frac{N_E}{B^2} + \frac{M_y}{W_x}\right) = \frac{N_E}{B^2} + \frac{M_y}{W_x} = \frac{532}{3.2^2} + \frac{300.8}{5.46} = 107.04 \ (\text{kPa})$$

$$p_{jmin} = \frac{N_E}{B^2} - \frac{M_y}{W_x} = \frac{532}{3.2^2} - \frac{300.8}{5.46} = -3.14 \ (\text{kPa}) ，近似认为等于 0$$

参数 $b' = B - \dfrac{B-b_0}{2} = 3.2 - \dfrac{3.2-0.8}{2} = 2$（m）

计算截面处基底净反力 $p_{j1} = \dfrac{b'}{B} p_{jmax} = \dfrac{2}{3.2} \times 107.04 = 66.9$（kPa）

截面计算宽度 $b_i = b_0 = 0.8$（m）。

底板下层最大弯矩 $M_{j1} = \dfrac{p_{jmax}+p_{j1}}{48}(B-b_i)^2(2B+b_i)$

$$= \dfrac{107.04+66.9}{48} \times (3.2-0.8)^2 \times (2\times3.2+0.8)$$

$$= 150.28 \text{（kN·m）}$$

2）截面承载力计算。底板计算截面高度 $h_{00} = 0.2 + 0.4 - 0.07 - 0.008 = 0.52$（m）

受压区高度 $x = h_{00} - \sqrt{h_{00}^2 - \dfrac{2M_{j1}}{f_c B}} = 0.52 - \sqrt{0.52^2 - \dfrac{2\times150.28}{14.3\times10^3 \times 3.2}} = 0.006$（m）

底板下层钢筋面积 $A_{ws} = \dfrac{M_{j1}}{\left(h_{00}-\dfrac{x}{2}\right)f_y} = \dfrac{150.28\times10^3}{\left(0.52-\dfrac{0.006}{2}\right)\times360} = 807$（mm²）

3）底板下部配筋。构造要求：受弯构件配筋率不小于 0.15%（$A_{ws} \geqslant A_{wsmin} = 0.0015\times1.44\times10^6 = 2160\text{mm}^2$），钢筋间距不应大于 200mm，且不应小于 100mm，最终确定底板单向配筋：18Φ16@181 [3617mm² > max(807, 2160)mm²]

8. 底板下压冲切计算

冲切破坏锥体的有效高度 $h_{yx} = 0.2+0.4-0.07-0.008 = 0.52$（m）

受冲切承载力截面高度影响系数 $\beta_{hp} = 1$。

冲切破坏锥体最不利一侧斜截面上边长 $a_t = b_0 = 0.8$（m）

冲切破坏锥体最不利一侧斜截面下边长 $a_b = b_0 + 2h_{yx} = 0.8 + 2\times0.52 = 1.84$（m）

冲切破坏锥体最不利一侧计算长度 $a_m = \dfrac{a_t+a_b}{2} = \dfrac{0.8+1.84}{2} = 1.32$（m）

考虑冲切荷载时取用的多边形面积 $A_1 = \dfrac{a_b+B}{2}\left(\dfrac{B-b_0}{2}-h_{yx}\right)$

$$= \dfrac{1.84+3.2}{2} \times \left(\dfrac{3.2-0.8}{2}-0.52\right)$$

$$= 1.71 \text{（m}^2\text{）}$$

$$F_1 = p_{jmax}A_1 = 107.04\times1.71 = 183.04 \text{（kN）}$$

$$0.7\beta_{hp}f_t a_m h_{yx} = 0.7 \times 1 \times 1430 \times 1.32 \times 0.52 = 687.09\text{（kN）}$$

$F_1 = 183.04\text{kN} < 0.7\beta_{hp}f_t a_m h_{yx} = 687.09$（kN），柱根处冲切承载力满足要求！

9. 底板上拔剪切计算

（1）柱根截面。计算截面处中和轴宽度 $b_{01} = 0.8$（m）。

计算截面处有效高度 $h_{00} = 0.2 + 0.4 - 0.05 - 0.008 = 0.54$（m）

计算截面处阴影面积 $A_{cx} = \dfrac{B + b_{01}}{2}\left(\dfrac{B - b_{01}}{2}\right) = \dfrac{3.2 + 0.8}{2} \times \dfrac{3.2 - 0.8}{2} = 2.4$（m²）

$$V = \frac{\sigma_{jmax} + \sigma_{j1}}{2}A_{cx} = \frac{86.83 + 55.06}{2} \times 2.4 = 170.03\text{（kN）}$$

$$0.6b_{01}h_{00}f_t = 0.6 \times 0.8 \times 0.54 \times 1.43 \times 10^3 = 370.66\text{（kN）}$$

$V = 170.03\text{kN} < 0.6b_{01}h_{00}f_t = 370.66\text{kN}$，柱根处剪切承载力满足要求！

（2）截面中部。计算截面处中和轴宽度 $b_{02} = 2$（m）。

计算截面处有效高度 $h_{00} = 0.2 + \dfrac{0.4}{2} - 0.05 - 0.008 = 0.34$（m）

计算截面处阴影面积 $A_{cx} = \dfrac{B + b_{02}}{2}\left(\dfrac{B - b_{02}}{2}\right) = \dfrac{3.2 + 2}{2} \times \dfrac{3.2 - 2}{2} = 1.56$（m²）

$$V = \frac{\sigma_{jmax} + \sigma_{j2}}{2}A_{cx} = \frac{118.21 + 99.55}{2} \times 1.56 = 169.85\text{（kN）}$$

$$0.6b_{02}h_{00}f_t = 0.6 \times 2 \times 0.34 \times 1.43 \times 10^3 = 583.44\text{（kN）}$$

$V = 169.85\text{kN} < 0.6b_{02}h_{00}f_t = 583.44\text{kN}$，截面中部剪切承载力满足要求！

（三）基础施工图

对上述计算结果进行汇总，获得示例基础施工图见图 5-9。

四、斜柱台阶柔性扩展基础

（一）设计参数

某 220kV 线路工程悬垂型杆塔，采用斜柱台阶柔性扩展基础，基础外形尺寸见图 5-10，设计参数见表 5-13～表 5-16。

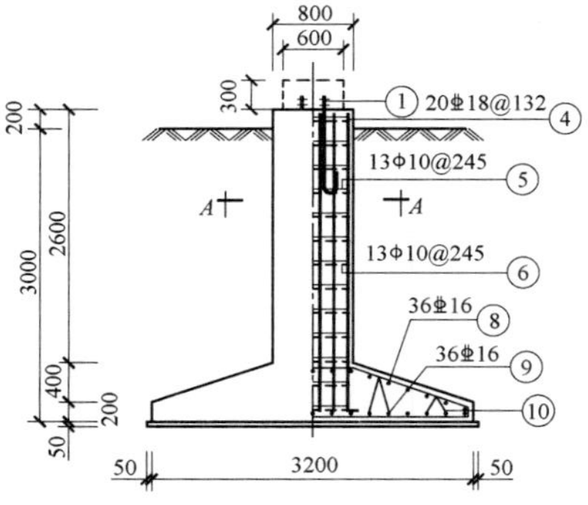

材 料 表

编号	名称	规格	简图及尺寸	数量	单位	长度(mm)	质量(kg) 单件	小计
①	地脚螺栓	M33 Q235	1330	4	套	1330	10.60	42.40
②	地脚箍筋	Φ8	241	4	根	1114	0.44	1.76
③	地栓箍筋	Φ8	324	4	根	474	0.19	0.76
④	主筋	Φ18	3048 690	20	根	3257	6.51	130.20
⑤	箍筋	Φ10	690	13	根	2885	1.78	23.14
⑥	箍筋	Φ10	690	13	根	2534	1.56	20.28
⑦	箍筋				根			—
⑧	底板上部钢筋	Φ16	3060	36	根	3060	4.83	173.88
⑨	底板下部钢筋	Φ16	56	36	根	56	0.02	3.00
⑩	架立钢筋	Φ8	372	150	根	372	0.15	18.00
				120			合计	—
混凝土	基础	C30					5.50	钢材(kg) 6.16
	垫层	C15					0.54	
	地栓护帽	C15					0.11	合计 603.82

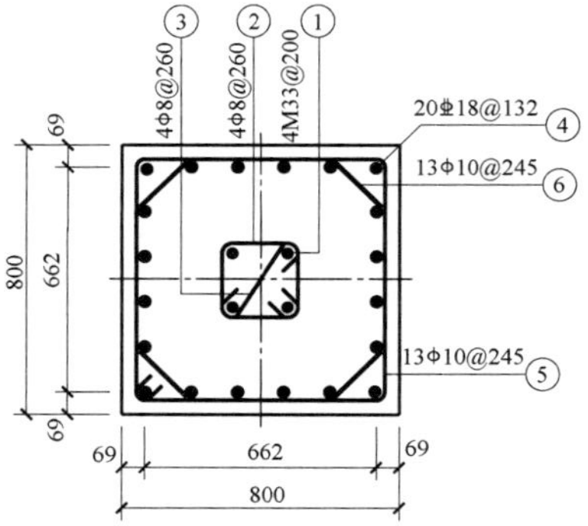

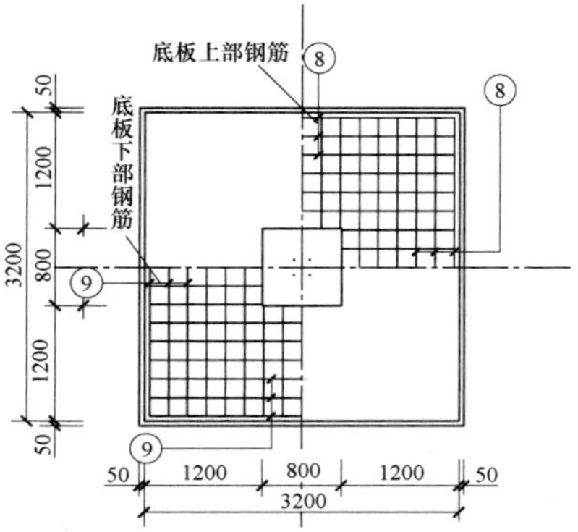

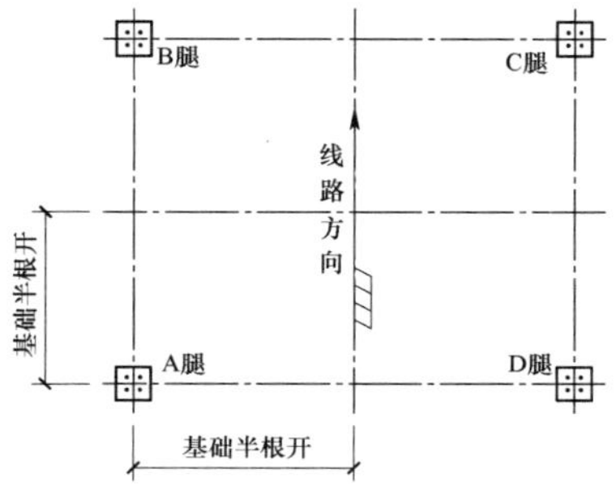

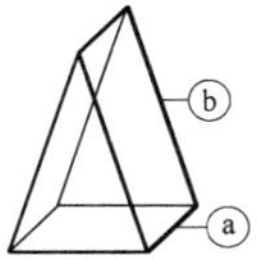

顶板上部纵向钢筋表

序号	上部钢筋示意图	a段长度(mm)	b段长度(mm)	总长度(mm)	质量(kg)
1		3094	0	3290	5.19
2		2730	190	3306	5.22
3		2366	380	3323	5.24
4		2002	570	3339	5.27
5		1638	761	3355	5.30
6		1274	951	3371	5.32
7		910	1141	3388	5.35
8		800	1198	3393	5.35
9		800	1198	3393	5.35
10		800	1198	3393	5.35
11		800	1198	3388	5.35
12		910	1141	3371	5.32
13		1274	951	3355	5.30
14		1638	761	3339	5.27
15		2002	570	3323	5.24
16		2366	380	3306	5.22
17		2730	190	3306	5.22
18		3094	0	3290	5.19
上部纵横钢筋总合计:				120 630	190.40

98 / 98 / a / b
架立节构造示意图

A—A
M1:12

20Φ18@132 (4)　13Φ10@245 (6)　13Φ10@245 (5)
4M33@200 ①　4Φ8@260 ②　4Φ8@260 ③
69　662　69　800

平面布置图

B腿　C腿　D腿　A腿
线路方向
基础半根开
起道半根开

配筋图
M1:40

① 20Φ18@132 (5)　13Φ10@245 (6)　36Φ16 (8)　13Φ10@245　36Φ16 (9)　(10)
800　600　300
3200
200　2600　400　50
3000
200　50

平面图
M1:40

底板上部钢筋 (8)
底板下部钢筋 (9)
50　1200　800　1200　50
3200
1200　800　1200　3200

图 5 - 9　直柱斜截面柔性扩展基础施工图

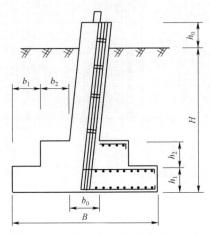

图 5-10　基础外形尺寸简图（四）

表 5-13　　　　　　　　　地质参数（四）

参数名称	取值	参数名称	取值
上拔角 α（°）	20	地基承载力系数 η_b、η_d	0.5，2
土体计算重度 γ_s（kN/m³）	16	土重法临界埋深 h_c（m）	$2B$
地基承载力特征值 f_{ak}（kPa）	140		

表 5-14　　　　　　　　　设计载荷（四）　　　　　　　　（kN）

基础坡度	取值	荷载工况	竖向力	水平力（x 向）	水平力（y 向）
正面坡度	0.05	下压+水平	$N_E=513.12$	$N_x=63.15$	$N_y=48.57$
侧面坡度	0.05	上拔+水平	$T_E=366.17$	$T_x=46.21$	$T_y=35.96$

表 5-15　　　　　　　　　设计要求（四）

参数名称	取值	参数名称	取值
基础附加分项系数 γ_f	1.1	永久载荷分项系数 γ_G	1.2
基础混凝土等级	C30	立柱保护层厚度 c_{t1}（mm）	50
立柱主筋规格	HRB400	立柱钢筋直径 d_r（mm）	20
底板主筋规格	HRB400	底板钢筋直径（mm）	16
箍筋直径 d_{gr}（mm）	10	底板保护层厚度 c_{t2}（mm）	70

表 5-16		基础外形尺寸（四）	（mm）
参数名称	取值	参数名称	取值
斜柱宽度 b_0	500	台阶[2]宽度 b_2	400
底板宽度 B	2600	台阶[2]高度 h_2	300
台阶[1]宽度 b_1	650	基础埋深 H	2300
台阶[1]高度 h_1	300	露头高度 h_0	200

（二）设计计算书

1. 基础及土重

基础体积 $V_f = b_0^2(H - h_1 - h_2 + h_0) + (2b_2 + b_0)^2 h_2 + B^2 h_1$

$$= 0.5^2 \times (2.3 - 0.3 - 0.3 + 0.2) + (2 \times 0.4 + 0.5)^2 \times 0.3 + 2.6^2 \times 0.3$$

$$= 3.01 \ (\mathrm{m}^2)$$

基础自重 $G_f = V_f \gamma_{con} = 3.01 \times 24 = 72.24 \ （kN）$

基础自重及上部土重 $G = (B^2 H)20 + b_0^2 h_0 \times 24$

$$= (2.6^2 \times 2.3) \times 20 + 0.5^2 \times 0.2 \times 24$$

$$= 312.16 \ （kN）$$

2. 上拔稳定性计算

$h_t = H - h_1 = 2.3 - 0.3 = 2 \ （m）< h_c$ （$h_c = 2B = 5.2m$），按照浅基础计算。

水平力荷载分项系数 $\dfrac{H_E}{T_E} = \dfrac{\sqrt{T_x^2 + T_y^2}}{T_E} = \dfrac{\sqrt{46.21^2 + 35.96^2}}{366.17} = 0.16$，$\gamma_E = 0.996$，

底板上平面坡度影响系数 $\gamma_{\theta1} = 1$，则 h_t 范围内基础与土的体积 V_t 计算式如下

$$V_t = h_t \left(B^2 + 2Bh_t \tan \alpha + \frac{4}{3} h_t^2 \tan^2 \alpha \right)$$

$$= 2 \times \left(2.6^2 + 2 \times 2.6 \times 2 \times \tan 20° + \frac{4}{3} \times 2^2 \times \tan^2 20° \right)$$

$$= 22.5 \ （m^3）$$

h_t 范围内基础体积 $V_0 = b_0^2(H - h_1 - h_2) + (2b_2 + b_0)^2 h_2$

$$= 0.5^2 \times (2.3 - 0.3 - 0.3) + (2 \times 0.4 + 0.5)^2 \times 0.3$$

$$= 0.93 \ （m^2）$$

相邻基础影响微体积 $\Delta_{Vt} = 0$

"土重法"计算基础抗拔承载力 $R_\mathrm{T} = \gamma_\mathrm{E}\gamma_{\theta 1}(V_\mathrm{t} - \Delta_\mathrm{Vt} - V_0)\gamma_\mathrm{s} + G_\mathrm{f}$

$$= 0.996 \times 1 \times (22.5 - 0 - 0.93) \times 16 + 72.24$$
$$= 415.98 \text{（kN）}$$

$\gamma_\mathrm{f} T_\mathrm{E} = 1.1 \times 366.17 = 402.79$（kN）$< R_\mathrm{T}$（$R_\mathrm{T} = 415.98\mathrm{kN}$），满足上拔稳定性要求！

3. 下压稳定性计算

基础底面宽度 $b = B = 2.6\mathrm{m} < 3$，取 3，则地基承载力修正值 f_a 计算式如下

$$f_\mathrm{a} = f_\mathrm{ak} + \eta_\mathrm{b}\gamma(b-3) + \eta_\mathrm{d}\gamma_\mathrm{s}(H - 0.5)$$
$$= 140 + 0.5 \times 16 \times (3-3) + 2 \times 16 \times (2.3 - 0.5)$$
$$= 197.6 \text{（kPa）}$$

偏心距 $\qquad e_x = (H + h_0)c_1 = (2.3 + 0.2) \times 0.05 = 0.125$

$\qquad\qquad e_y = (H + h_0)c_2 = (2.3 + 0.2) \times 0.05 = 0.125$

下压工况水平力作用于基底弯矩

$M_x = N_x(h_0 + H) - N_\mathrm{E}e_x = 63.15 \times (0.2 + 2.3) - 513.12 \times 0.125 = 93.74$（kN•m）

$M_y = N_y(h_0 + H) - N_\mathrm{E}e_y = 48.57 \times (0.2 + 2.3) - 513.12 \times 0.125 = 57.29$（kN•m）

基础底面抵抗矩 $W_x = W_y = \dfrac{B^3}{6} = \dfrac{2.6^3}{6} = 2.93$（m³）

基底平均压应力 $p_0 = \dfrac{N_\mathrm{E} + \gamma_\mathrm{G}G}{B^2} = \dfrac{513.12 + 1.2 \times 312.16}{2.6^2} = 131.32$（kPa）

基底最大（小）压应力

$$p_{\max} = p_0 + \frac{M_x}{W_y} + \frac{M_y}{W_x} = 131.32 + \frac{93.74}{2.93} + \frac{57.29}{2.93} = 182.87 \text{（kPa）}$$

$$p_{\min} = p_0 - \frac{M_x}{W_y} - \frac{M_y}{W_x} = 131.32 - \frac{93.74}{2.93} - \frac{57.29}{2.93} = 79.77 \text{（kPa）}$$

下压承载力校核

$\begin{cases} p_0 = 131.32 < f_\mathrm{a}/\gamma_\mathrm{rf} = 197.6/0.75 = 263.47 \text{（kPa）} \\ p_{\max} = 182.87 < 1.2f_\mathrm{a}/\gamma_\mathrm{rf} = 1.2 \times 197.6/0.75 = 316.16 \text{（kPa）} \end{cases}$，满足下压稳定性要求！

4. 上拔倾覆稳定性计算

水平力倾覆力矩 $M_{\mathrm{TH}} = \sqrt{T_x^2 + T_y^2}(H + h_0) = \sqrt{46.21^2 + 35.96^2} \times (2.3 + 0.2)$

$$= 146.38 \text{（kN•m）}$$

水平力合力方向与 x 向夹角 $\varphi = \arctan\dfrac{T_y}{T_x} = 37.89°$

竖向力倾覆力臂 $L_{oo'} = \dfrac{\left(\dfrac{B}{2} - e_x\right)}{\cos\varphi} = \dfrac{\left(\dfrac{2.6}{2} - 0.125\right)}{\cos 37.89°} = 1.49$（m）

竖向力倾覆力矩 $M_T = T_E L_{oo'} = 366.17 \times 1.49 = 545.59$（kN·m）

倾覆力矩 $M_s = M_{TH} + M_H = 545.59 + 146.38 = 691.97$（kN·m）

上拔角范围内土重和基础自重产生的抗倾覆力矩 M_r 计算式如下

$$M_r = Q_s \frac{B}{2\cos\varphi} = 417.36 \times \frac{2.6}{2\cos 37.89°} = 687.5 \text{（kN·m）}$$

$\gamma_f(M_T + M_{TH}) = 1.1 \times 691.97 = 761.17$（kN·m）$> M_r$（$M_r = 687.5\text{kN·m}$）

不满足上拔倾覆稳定性要求！

5. 下压倾覆稳定性计算

$p_{min} = 79.77\text{kPa} > 0$，不需要验算下压倾覆稳定性。

6. 立柱配筋及正截面承载力计算

（1）荷载转换计算

$$T_x' = \frac{T_x - T_E c_1}{\sqrt{1 + c_1^2}} = \frac{46.21 - 366.17 \times 0.05}{\sqrt{1 + 0.05^2}} = 27.87 \text{（kN）}$$

$$T_y' = \frac{T_y - T_E c_2}{\sqrt{1 + c_2^2}} = \frac{35.96 - 366.17 \times 0.05}{\sqrt{1 + 0.05^2}} = 17.63 \text{（kN）}$$

$$T_E' = \frac{c_1 T_x + c_2 T_y + T_E}{\sqrt{1 + c_1^2 + c_2^2}} = \frac{46.21 \times 0.05 + 0.05 \times 35.96 + 366.17}{\sqrt{1 + 0.05^2 + 0.05^2}} = 369.36 \text{（kN）}$$

（2）立柱正截面承载力计算。立柱长度 L_c 计算式如下

$$L_c = \sqrt{e_x^2 + e_y^2 + (H + h_0 - h_1 - h_2)^2} = \sqrt{2 \times 0.125^2 + (2.3 + 0.2 - 0.3 - 0.3)^2} = 1.91 \text{（m）}$$

参数 $Z_{x(y)} = b_0 - 2c_{t1} - d_r - 2d_{gr} = 0.5 - 2 \times 0.05 - 0.02 - 2 \times 0.01 = 0.36$（m）

偏心距 $e_{0x} = \dfrac{T_x' L_c}{T_E'} = \dfrac{27.87 \times 1.91}{369.36} = 0.14$，$e_{0y} = \dfrac{T_y' L_c}{T_E'} = \dfrac{17.63 \times 1.91}{369.36} = 0.09$

立柱正截面承载力计算：12Φ20

$$A_s = 3768\text{mm}^2 > 2T_E'\left(\frac{1}{2} + \frac{e_{0x}}{Z_x} + \frac{e_{0y}}{Z_y}\right)\frac{\gamma_{ag}}{f_y}$$

$$= 2 \times 369.36 \times \left(\frac{1}{2} + \frac{0.14}{0.36} + \frac{0.09}{0.36}\right) \times \frac{1.1}{360} \times 10^3 = 2571 \text{（mm}^2\text{）}$$

x 向钢筋：$8\oplus 20$

$$A_{sx} = 2512\text{mm}^2 > 2T_E'\left(\frac{n_x}{n} + \frac{2e_{0x}}{n_y Z_x} + \frac{e_{0y}}{Z_y}\right)\frac{\gamma_{ag}}{f_y}$$

$$= 2 \times 369.36 \times \left(\frac{4}{12} + \frac{2 \times 0.14}{4 \times 0.36} + \frac{0.09}{0.36}\right) \times \frac{1.1}{360} \times 10^3 = 1756 \text{（mm}^2\text{）}$$

y 向钢筋：$8\oplus 20$

$$A_{sy} = 2512\text{mm}^2 > 2T_E'\left(\frac{n_y}{n} + \frac{2e_{0y}}{n_x Z_y} + \frac{e_{0x}}{Z_x}\right)\frac{\gamma_{ag}}{f_y}$$

$$= 2 \times 369.36 \times \left(\frac{4}{12} + \frac{2 \times 0.09}{4 \times 0.36} + \frac{0.14}{0.36}\right) \times \frac{1.1}{360} \times 10^3 = 1912 \text{（mm}^2\text{）}$$

立柱正截面承载力满足要求。

（3）构造设计。

配筋率 $\rho = \dfrac{A_s}{b_0^2} \times 100\% = \dfrac{3768}{500^2} \times 100\% = 1.5\%$

$\rho = 1.5\% > \max$（全截面 0.55%，受拉单侧 0.2%和 $45f_t/f_y$ 较大值），满足构造要求。

7. 柔性底板抗弯计算及底板配筋

（1）底板上部抗弯计算。上拔工况水平力作用于基底弯矩

$$M_x = T_x(H + h_0) - T_E e_x = 46.21 \times (2.3 + 0.2) - 366.17 \times 0.125 = 69.75 \text{（kN} \cdot \text{m）}$$

$$M_y = T_y(H + h_0) - T_E e_y = 35.96 \times (2.3 + 0.2) - 366.17 \times 0.125 = 44.13 \text{（kN} \cdot \text{m）}$$

由于 $M_x > M_y$，因此取计算弯矩 $M_x = 69.75$（kN）。

截面计算宽度 $b_i = b_0 + 2b_2 = 0.5 + 2 \times 0.4 = 1.3$（m）

基底最大（小）净反力

$$\sigma_{j\max} = \max\left(\frac{T_E}{B^2 - b_i^2} + \frac{6M_x B}{B^4 - b_i^4}, \frac{T_E}{B^2 - b_i^2} + \frac{6M_y B}{B^4 - b_i^4}\right)$$

$$= \frac{T_E}{B^2 - b_i^2} + \frac{6M_x B}{B^4 - b_i^4} = \frac{366.17}{2.6^2 - 1.3^2} + \frac{6 \times 69.75 \times 2.6}{2.6^4 - 1.3^4}$$

$$= 97.62 \text{（kPa）}$$

$$\sigma_{jmin} = \frac{T_E}{B^2 - b_i^2} - \frac{6M_x B}{B^4 - b_i^4} = \frac{366.17}{2.6^2 - 1.3^2} - \frac{6 \times 69.75 \times 2.6}{2.6^4 - 1.3^4} = 46.82 \text{（kPa）}$$

参数 $\psi = \dfrac{\sigma_{jmin} B}{\sigma_{jmax} - \sigma_{jmin}} = \dfrac{46.82 \times 2.6}{97.62 - 46.82} = 2.40$，$b' = B - b_1 = 2.6 - 0.65 = 1.95 \text{（m）}$

计算截面处基底净反力 $\sigma_{j1} = \dfrac{b' + \psi}{B + \psi} \sigma_{jmax} = \dfrac{1.95 + 2.4}{2.6 + 2.4} \times 97.62 = 84.93 \text{（kPa）}$

底板上层最大弯矩 $M_{j1} = \dfrac{\sigma_{jmax} + \sigma_{j1}}{48} (B - b_i)^2 (2B + b_i)$

$$= \frac{97.62 + 84.93}{48} \times (2.6 - 1.3)^2 \times (2 \times 2.6 + 1.3)$$

$$= 41.78 \text{（kN·m）}$$

底板计算截面处高度 $h_{00} = 0.3 - 0.05 - 0.008 = 0.24 \text{（m）}$

受压区高度 $x = h_{00} - \sqrt{h_{00}^2 - \dfrac{2M_{j1}}{f_c B}} = 0.24 - \sqrt{0.24^2 - \dfrac{2 \times 41.78}{14.3 \times 10^3 \times 2.6}} = 0.005 \text{（m）}$

底板上层钢筋面积 $A_{ws} = \dfrac{M_{j1}}{\left(h_{00} - \dfrac{x}{2} \right) f_y} = \dfrac{41.78 \times 10^3}{\left(0.24 - \dfrac{0.005}{2} \right) \times 360} = 489 \text{（mm}^2\text{）}$

（2）底板下部抗弯计算。基底最大（小）净反力

$$p_{jmax} = \max \left(\frac{N_E}{B^2} + \frac{M_x}{W_y}, \frac{N_E}{B^2} + \frac{M_y}{W_x} \right) = \frac{N_E}{B^2} + \frac{M_x}{W_y} = \frac{513.12}{2.6^2} + \frac{93.74}{2.93} = 107.9 \text{（kPa）}$$

$$p_{jmin} = \frac{N_E}{B^2} - \frac{M_x}{W_y} = \frac{513.12}{2.6^2} - \frac{93.74}{2.93} = 43.91 \text{（kPa）}$$

参数 $\psi = \dfrac{B p_{jmin}}{p_{jmax} - p_{jmin}} = \dfrac{2.6 \times 43.91}{107.9 - 43.91} = 1.78$，$b' = B - b_1 = 2.6 - 0.65 = 1.95 \text{（m）}$

计算截面处基底净反力 $p_{j1} = \dfrac{b' + \psi}{B + \psi} p_{jmax} = \dfrac{1.95 + 1.78}{2.6 + 1.78} \times 107.9 = 91.89 \text{（kPa）}$

截面计算宽度 $b_i = B - 2b_1 = 2.6 - 2 \times 0.65 = 1.3 \text{（m）}$

底板下层最大弯矩 $M_{j1} = \dfrac{p_{j\max} + p_{j1}}{48}(B - b_i)^2(2B + b_i)$

$$= \dfrac{107.9 + 91.89}{48} \times (2.6 - 1.3)^2 \times (2 \times 2.6 + 1.3)$$

$$= 45.72 \ (\text{kN} \cdot \text{m})$$

底板计算截面高度 $h_{00} = 0.3 - 0.07 - 0.008 = 0.22 \ (\text{m})$

受压区高度 $x = h_{00} - \sqrt{h_{00}^2 - \dfrac{2M_{j1}}{f_c B}} = 0.22 - \sqrt{0.22^2 - \dfrac{2 \times 45.72}{14.3 \times 10^3 \times 2.6}} = 0.006 \ (\text{m})$

底板下层主筋面积 $A_{ws} = \dfrac{M_{j1}}{\left(h_{00} - \dfrac{x}{2}\right)f_y} = \dfrac{45.72 \times 10^3}{\left(0.22 - \dfrac{0.006}{2}\right) \times 360} = 585 \ (\text{mm}^2)$

（3）底板配筋。构造要求：受弯构件配筋率不小于 0.15%（$A_{ws\min} \geqslant 0.0015 \times$ $2.6 \times 0.3 \times 10^6 = 1170\text{mm}^2$），钢筋间距不应大于 200mm，且不应小于 100mm，最终确定底板单向配筋：$14\Phi16@191 \ [2813\text{mm}^2 > \max(489, 585, 1170)\text{mm}^2]$。

8. 台阶抗弯计算及配筋

（1）台阶上部抗弯计算。截面计算宽度 $b_i = b_0 = 0.5\text{m}$，则基底最大（小）净反力

$$\sigma_{j\max} = \max\left(\dfrac{T_E}{B^2 - b_i^2} + \dfrac{6M_x B}{B^4 - b_i^4}, \ \dfrac{T_E}{B^2 - b_i^2} + \dfrac{6M_y B}{B^4 - b_i^4}\right)$$

$$= \dfrac{T_E}{B^2 - b_i^2} + \dfrac{6M_x B}{B^4 - b_i^4} = \dfrac{366.17}{2.6^2 - 0.5^2} + \dfrac{6 \times 69.75 \times 2.6}{2.6^4 - 0.5^4} = 80.09 \ (\text{kPa})$$

$$\sigma_{j\min} = \dfrac{T_E}{B^2 - b_i^2} - \dfrac{6M_x B}{B^4 - b_i^4} = \dfrac{366.17}{2.6^2 - 0.5^2} - \dfrac{6 \times 69.75 \times 2.6}{2.6^4 - 0.5^4} = 32.40 \ (\text{kPa})$$

参数 $\psi = \dfrac{B\sigma_{j\min}}{\sigma_{j\max} - \sigma_{j\min}} = \dfrac{2.6 \times 32.4}{80.09 - 32.40} = 1.77$，$b' = B - b_1 - b_2 = 2.6 - 0.65 - 0.4 = 1.55 \ (\text{m})$

计算截面处基底净反力 $\sigma_{j2} = \dfrac{b' + \psi}{B + \psi}\sigma_{j\max} = \dfrac{1.55 + 1.77}{2.6 + 1.77} \times 80.09 = 60.85 \ (\text{kPa})$

台阶上层最大弯矩 $M_{j2} = \dfrac{\sigma_{jmax} + \sigma_{j2}}{48}(B - b_i)^2(2B + b_i)$

$$= \frac{80.09 + 60.85}{48} \times (2.6 - 0.5)^2 \times (2 \times 2.6 + 0.5)$$

$$= 73.81 \ (\text{kN} \cdot \text{m})$$

底板计算截面高度 $h_{00} = 0.3 + 0.3 - 0.05 - 0.008 = 0.54$（m）

受压区高度 $x = h_{00} - \sqrt{h_{00}^2 - \dfrac{2M_{j2}}{f_c B}} = 0.54 - \sqrt{0.54^2 - \dfrac{2 \times 73.81}{14.3 \times 10^3 \times 2.6}} = 0.004$（m）

台阶上层主筋面积 $A_{ws} = \dfrac{M_{j2}}{\left(h_{00} - \dfrac{x}{2}\right)f_y} = \dfrac{73.81 \times 10^3}{\left(0.54 - \dfrac{0.004}{2}\right) \times 360} = 381$（mm^2）

（2）台阶上部配筋。构造要求：受弯构件配筋率不小于 0.15%（$A_{wsmin} \geqslant$ $0.0015 \times 1.3 \times 0.6 \times 10^6 = 1170\text{mm}^2$），钢筋间距不应大于 200mm，且不应小于 100mm，最终确定台阶上层单向配筋：9Φ16@148[1809mm^2 > max(381,1170)mm^2]。

9. 底板下压冲切计算

（1）柱根处。冲切破坏锥体的有效高度 $h_{yx} = 0.3 + 0.3 - 0.07 - 0.008 = 0.52$（m），受冲切承载力截面高度影响系数 $\beta_{hp} = 1$，冲切破坏锥体最不利一侧斜截面上边长 $a_t = b_0 = 0.5\text{m}$，冲切破坏锥体最不利一侧斜截面下边长 $a_b = b_0 + 2h_{yx} = 0.5 + 2 \times 0.52 = 1.54$（m）。

冲切破坏锥体最不利一侧计算长度 $a_m = \dfrac{a_t + a_b}{2} = \dfrac{0.5 + 1.54}{2} = 1.02$（m^2）

考虑冲切荷载时取用的多边形面积 $A_l = \dfrac{a_b + B}{2}(b_1 + b_2 - h_{yx})$

$$= \frac{1.54 + 2.6}{2} \times (0.65 + 0.4 - 0.52)$$

$$= 1.1 \ (\text{m}^2)$$

$$F_l = p_{jmax} A_l = 107.9 \times 1.1 = 118.69 \ (\text{kN})$$

$$0.7\beta_{np} f_t a_m h_{yx} = 0.7 \times 1 \times 1.43 \times 10^3 \times 1.02 \times 0.52 = 530.93 \ (\text{kN})$$

$F_l = 118.69\text{kN} < 0.7\beta_{np} f_t a_m h_{yx} = 530.93\text{kN}$，柱根处冲切承载力满足要求！

（2）变阶处，冲切破坏锥体的有效高度 $h_{yx} = 0.3 - 0.07 - 0.008 = 0.22$（m），受冲切承载力截面高度影响系数 $\beta_{hp} = 1$，冲切破坏锥体最不利一侧斜截面上边长：

$$a_t = b_0 + 2b_2 = 0.5 + 2 \times 0.4 = 1.3 \text{（m）}$$

冲切破坏锥体最不利一侧斜截面下边长 $a_b = (b_0 + 2b_2) + 2h_{yx}$
$$= 1.3 + 2 \times 0.22 = 1.74 \text{（m）}$$

冲切破坏锥体最不利一侧计算长度 $a_m = \dfrac{a_t + a_b}{2} = \dfrac{1.3 + 1.74}{2} = 1.52 \text{（m}^2\text{）}$

考虑冲切荷载时取用的多边形面积 $A_1 = \dfrac{a_b + B}{2}(b_1 - h_{yx})$
$$= \dfrac{1.74 + 2.6}{2} \times (0.65 - 0.22) = 0.93 \text{（m}^2\text{）}$$

$$F_1 = p_{jmax} A_1 = 107.9 \times 0.93 = 100.35 \text{（kN）}$$

$$0.7\beta_{np} f_t a_m h_{yx} = 0.7 \times 1 \times 1.43 \times 10^3 \times 1.52 \times 0.22 = 334.73 \text{（kN）}$$

$F_1 = 100.35\text{kN} < 0.7\beta_{np} f_t a_m h_{yx} = 334.73\text{kN}$，变阶处冲切承载力满足要求！

10. 底板上拔剪切计算

（1）柱根处。计算截面处中和轴宽度 $b_{02} = b_0 = 0.5\text{m}$，计算截面处有效高度：
$h_{00} = 0.3 + 0.3 - 0.05 - 0.008 = 0.54 \text{（m）}$

计算截面处阴影面积 $A_{cx} = \dfrac{B + b_{02}}{2}(b_1 + b_2) = \dfrac{2.6 + 0.5}{2} \times (0.65 + 0.4) = 1.63 \text{（m}^2\text{）}$

$$V = \frac{\sigma_{jmax} + \sigma_{j2}}{2} A_{cx} = \frac{80.09 + 60.85}{2} \times 1.63 = 114.87 \text{（kN）}$$

$$0.6 b_{02} h_{00} f_t = 0.6 \times 0.5 \times 0.54 \times 1.43 \times 10^3 = 231.66 \text{（kN）}$$

$V = 114.87\text{kN} < 0.6 b_{02} h_{00} f_t = 231.66\text{kN}$，柱根处剪切承载力满足要求！

（2）变阶处。计算截面处中和轴宽度 $b_{01} = b_0 + 2b_2 = 0.5 + 2 \times 0.4 = 1.3 \text{（m）}$

计算截面处有效高度 $h_{00} = 0.3 - 0.05 - 0.008 = 0.24 \text{（m）}$

计算截面处阴影面积 $A_{cx} = \dfrac{B + (b_0 + 2b_2)}{2} b_1 = \dfrac{2.6 + (0.5 + 2 \times 0.4)}{2} \times 0.65 = 1.27 \text{（m}^2\text{）}$

$$V = \frac{\sigma_{jmax} + \sigma_{j1}}{2} A_{cx} = \frac{97.62 + 84.93}{2} \times 1.27 = 115.92 \text{（kN）}$$

$$0.6 b_{01} h_{00} f_t = 0.6 \times 1.3 \times 0.24 \times 1.43 \times 10^3 = 267.7 \text{（kN）}$$

$V = 115.92\text{kN} < 0.6 b_{01} h_{00} f_t = 267.7 \text{（kN）}$，变阶处冲切承载力满足要求！

（三）基础施工图

对上述计算结果进行汇总，获得示例基础施工图如图 5－11 所示。

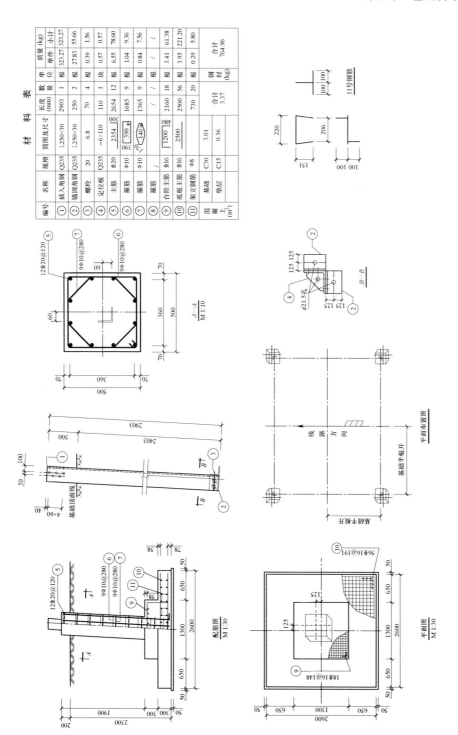

材 料 表

编号	名称	规格	简图及尺寸(mm)	长度(mm)	数量	单位	质量(kg) 单件	质量(kg) 小计
①	插入角钢	Q235	∟250×30	2903	1	根	323.27	323.27
②	锚固角钢	Q235	∟250×30	250	2	根	27.83	55.66
③	螺栓	20	6.8	70	2	根	0.39	1.56
④	定位板	Q235	−6×110	110	1	块	0.57	0.57
⑤	主筋	Φ20	2354	2654	12	根	6.55	78.60
⑥	箍筋	Φ10	390 390	1685	9	根	1.04	9.36
⑦	箍筋	Φ10	170 140	1365	9	根	0.84	7.56
⑧	箍筋					根		/
⑨	台阶主筋	Φ16	1200	2160	18	根	3.41	61.38
⑩	底板主筋	Φ16	2500	2500	56	根	3.95	221.20
⑪	架立钢筋	Φ8		730	20	根	0.29	5.80
	混凝土(m³)	C30	3.01				合计 3.37	合计 764.96
	垫层	C15	0.36			钢材(kg)		

图 5–11 斜柱台阶柔性扩展基础施工图

五、斜柱斜截面柔性扩展基础

(一)设计参数

某220kV线路工程悬垂型杆塔，采用斜柱斜截面柔性扩展基础，基础外形尺寸见图5-12，设计参数见表5-17~表5-20。

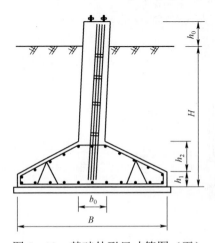

图5-12　基础外形尺寸简图（五）

表5-17　　　　　　　　　　地质参数（五）

参数名称	取值	参数名称	取值
上拔角 α（°）	20	地基承载力系数 η_b、η_d	0.3，1.6
土体计算重度 γ_s（kN/m³）	16	土重法临界埋深 h_c（m）	2.0B
地基承载力特征值 f_{ak}（kPa）	120		

表5-18　　　　　　　　　　设计载荷（五）　　　　　　　　　　（kN）

基础坡度	取值	荷载工况	竖向力	水平力（x向）	水平力（y向）
正面坡度	0.1	下压+水平	N_E=529	N_x=88	N_y=76
侧面坡度	0.1	上拔+水平	T_E=412	T_x=74	T_y=58

表 5-19 设计要求（五）

参数名称	取值	参数名称	取值
基础附加分项系数 γ_f	1.1	永久载荷分项系数 γ_G	1.2
基础混凝土等级	C30	立柱保护层厚度 c_{t1}（mm）	50
立柱主筋规格	HRB400	立柱钢筋直径 d_r（mm）	20
底板主筋规格	HRB400	底板钢筋直径（mm）	16
箍筋直径 d_{gr}（mm）	10	底板保护层厚度 c_{t2}（mm）	70

表 5-20 基础外形尺寸（五） （mm）

参数名称	取值	参数名称	取值
斜柱宽度 b_0	800	底板厚度 h_1	200
底板宽度 B	3000	基础埋深 H	2800
斜截面高度 h_2	400	露头高度 h_0	200

注 不考虑地下水。

（二）设计计算书

1. 基础及土重

基础体积 V_f 计算式如下

$$V_f = B^2 h_1 + \frac{h_2}{3}(b_0^2 + B^2 + \sqrt{b_0^2 B^2}) + b_0^2(H - h_2 - h_1 + h_0)$$

$$= 3^2 \times 0.2 + \frac{0.4}{3} \times (0.8^2 + 3^2 + \sqrt{0.8^2 \times 3^2}) + 0.8^2 \times (2.8 - 0.4 - 0.2 + 0.2)$$

$$= 4.94 \ (\text{m}^3)$$

基础自重 $G_f = V_f \gamma_{con} = 4.94 \times 24 = 118.56$（kN）

基础自重及上部土重 $G = (B^2 H)20 + b_0^2 h_0 \times 24 = (3^2 \times 2.8) \times 20 + 0.8^2 \times 0.2 \times 24 = 507.07$（kN）

2. 上拔稳定性计算

$h_t = H - h_1 = 2.8 - 0.2 = 2.6\text{m} < h_c$（$h_c = 2B = 2 \times 3 = 6\text{m}$），按照浅基础计算。

水平力荷载分项系数 $\dfrac{H_E}{T_E} = \dfrac{\sqrt{T_x^2 + T_y^2}}{T_E} = \dfrac{\sqrt{74^2 + 58^2}}{412} = 0.228$，$\gamma_E = 0.969$

底板上平面坡度影响系数 $\theta_0 = 70° > 45°$，$\gamma_{\theta1} = 1.0$。

h_t 范围内基础与土的体积 $V_t = h_t(B^2 + 2Bh_t \tan\alpha + \frac{4}{3}h_t^2 \tan^2\alpha)$

$$= 2.6 \times (3^2 + 2 \times 3 \times 2.6 \times \tan 20° + \frac{4}{3} \times 2.6^2 \times \tan^2 20°)$$

$$= 41.27 \ (m^3)$$

相邻基础影响微体积 $\Delta_{Vt} = 0$

h_t 范围内基础体积 $V_0 = \frac{h_2}{3}[b_0^2 + B^2 + \sqrt{b_0^2 B^2}] + b_0^2(H - h_2 - h_1)$

$$= \frac{0.4}{3} \times [0.8^2 + 3^2 + \sqrt{0.8^2 \times 3^2}] + 0.8^2 \times (2.8 - 0.4 - 0.2)$$

$$= 3.01 \ (m^3)$$

"土重法" 计算基础抗拔承载力 $R_T = \gamma_E \gamma_{\theta1}(V_t - \Delta_{Vt} - V_0)\gamma_s + G_f$

$$= 0.969 \times 1 \times (41.27 - 0 - 3.01) \times 16 + 118.56$$

$$= 711.74 \ (kN)$$

$\gamma_f T_E = 1.1 \times 412 = 453.2 \ (kN) < R_T = 711.74 \ (kN)$，满足上拔稳定性要求！

3. 下压稳定性计算

基础底面宽度 $b = B = 3m$，地基承载力修正值 f_a 计算式如下

$$f_a = f_{ak} + \eta_b \gamma(b-3) + \eta_d \gamma_s(H-0.5)$$

$$= 120 + 0.3 \times 16 \times (3-3) + 1.6 \times 16 \times (2.8-0.5)$$

$$= 178.88 \ (kPa)$$

偏心距

$$e_x = (H + h_0)c_1 = (2.8 + 0.2) \times 0.1 = 0.3m$$

$$e_y = (H + h_0)c_2 = (2.8 + 0.2) \times 0.1 = 0.3 \ (m)$$

下压工况水平力作用于基底弯矩

$$M_x = N_x(h_0 + H) - N_E e_x = 88 \times (0.2 + 2.8) - 529 \times 0.3 = 105.3 \ (kN \cdot m)$$

$$M_y = N_y(h_0 + H) - N_E e_y = 76 \times (0.2 + 2.8) - 529 \times 0.3 = 69.3 \ (kN \cdot m)$$

基底地面抵抗矩 $W_x = W_y = \frac{B^3}{6} = \frac{3^3}{6} = 4.5 \ (m^3)$

基底平均压应力 $p_0 = \frac{N_E + \gamma_G G}{B^2} = \frac{529 + 1.2 \times 507.07}{3^2} = 126.39 \ (kPa)$

基底最大（小）压应力

$$p_{\max} = p_0 + \frac{M_x}{W_y} + \frac{M_y}{W_x} = 126.39 + \frac{105.3}{4.5} + \frac{69.3}{4.5} = 165.19\ (\text{kPa})$$

$$p_{\min} = p_0 - \frac{M_x}{W_y} - \frac{M_y}{W_x} = 126.39 - \frac{105.3}{4.5} - \frac{69.3}{4.5} = 87.59\ (\text{kPa})$$

下压承载力校核

$$\begin{cases} p_0 = 126.39 < f_a / \gamma_{\text{rf}} = 178.88/0.75 = 238.51\ (\text{kPa}) \\ p_{\max} = 165.19 < 1.2 f_a / \gamma_{\text{rf}} = 1.2 \times 178.88/0.75 = 286.21\ (\text{kPa}) \end{cases}，满足下压稳定性$$

要求！

4. 上拔倾覆稳定性计算

水平力倾覆力矩 $M_{\text{TH}} = \sqrt{{T_x}^2 + {T_y}^2}\,(H + h_0) = \sqrt{74^2 + 58^2} \times (2.8 + 0.2) = $
$282.06\ (\text{kN} \cdot \text{m})$

水平力合力方向与 X 向夹角 $\varphi = \arctan \dfrac{T_y}{T_x} = \arctan \dfrac{58}{74} = 38.09\ (°)$

竖向力倾覆力臂 $L_{\text{oo}'} = \dfrac{\left(\dfrac{B}{2} - e_x\right)}{\cos\varphi} = \dfrac{\dfrac{3}{2} - 0.3}{\cos 38.09°} = 1.52\ (\text{m})$

竖向力倾覆力矩 $M_{\text{T}} = T_{\text{E}} L_{\text{oo}'} = 412 \times 1.52 = 626.24\ (\text{kN} \cdot \text{m})$

倾覆力矩 $M_{\text{s}} = M_{\text{T}} + M_{\text{TH}} = 626.24 + 282.06 = 908.3\ (\text{kN} \cdot \text{m})$

上拔角范围内土重和基础自重产生的抗倾覆力矩

$$M_{\text{r}} = Q_{\text{s}} \frac{B}{2\cos\varphi} = 730.72 \times \frac{3}{2\cos 38.09°} = 1392.66\ (\text{kN} \cdot \text{m})$$

$$\begin{aligned} \gamma_{\text{f}}(M_{\text{TH}} + M_{\text{T}}) &= 1.1 \times (282.06 + 626.24) = 999.13\ (\text{kN} \cdot \text{m}) < M_{\text{r}} \\ &= 1392.66\ (\text{kN} \cdot \text{m}) \end{aligned}$$

满足上拔倾覆稳定性要求！

5. 下压倾覆稳定性计算

$p_{\min} = 87.59\text{kPa} > 0$，不需要验算下压倾覆稳定性。

6. 立柱配筋及正截面承载力计算

（1）荷载转换计算。斜柱基础进行立柱正截面承载力计算时相应荷载值

$$T_x' = \frac{T_x - T_{\text{E}} c_1}{\sqrt{1 + c_1^2}} = \frac{74 - 412 \times 0.1}{\sqrt{1 + 0.1^2}} = 32.64\ (\text{kN})$$

259

$$T_y' = \frac{T_y - T_E c_2}{\sqrt{1 + c_2^2}} = \frac{58 - 412 \times 0.1}{\sqrt{1 + 0.1^2}} = 16.72 \text{ (kN)}$$

$$T_E' = \frac{c_1 T_x + c_2 T_y + T_E}{\sqrt{1 + c_1^2 + c_2^2}} = \frac{0.1 \times 74 + 0.1 \times 58 + 412}{\sqrt{1 + 0.1^2 + 0.1^2}} = 421.01 \text{ (kN)}$$

（2）正截面承载力计算。立柱长度 $L_c = \sqrt{e_x^2 + e_y^2 + (H + h_0 - h_1 - h_2)^2}$

$$= \sqrt{2 \times 0.3^2 + (2.8 + 0.2 - 0.2 - 0.4)^2}$$

$$= 2.44 \text{ (m)}$$

参数 $Z_{x(y)} = b_0 - 2c_{t1} - d_r - 2d_{gr} = 0.8 - 2 \times 0.05 - 0.02 - 2 \times 0.01 = 0.66$ (m)

偏心距

$$e_{0x} = \frac{T_x' L_c}{T_E'} = \frac{32.64 \times 2.44}{421.01} = 0.19$$

$$e_{0y} = \frac{T_y' L_c}{T_E'} = \frac{16.72 \times 2.44}{421.01} = 0.10$$

立柱正截面承载力计算：16Φ20

$$A_s = 5024 \text{mm}^2 > 2T_E' \left(\frac{1}{2} + \frac{e_{0x}}{Z_x} + \frac{e_{0y}}{Z_y} \right) \frac{\gamma_{ag}}{f_y}$$

$$= 2 \times 421.01 \times \left(\frac{1}{2} + \frac{0.19}{0.66} + \frac{0.10}{0.66} \right) \times \frac{1.1}{360} \times 10^3 = 2417 \text{ (mm}^2)$$

X 向钢筋：10Φ20

$$A_{sx} = 3140 \text{mm}^2 > 2T_E' \left(\frac{n_x}{n} + \frac{2e_{0x}}{n_y Z_x} + \frac{e_{0y}}{Z_y} \right) \frac{\gamma_{ag}}{f_y}$$

$$= 2 \times 421.01 \times \left(\frac{5}{16} + \frac{2 \times 0.19}{5 \times 0.66} + \frac{0.10}{0.66} \right) \times \frac{1.1}{360} \times 10^3 = 1490 \text{ (mm}^2)$$

Y 向钢筋：10Φ20

$$A_{sy} = 3140 \text{mm}^2 > 2T_E' \left(\frac{n_y}{n} + \frac{2e_{0y}}{n_x Z_y} + \frac{e_{0x}}{Z_x} \right) \frac{\gamma_{ag}}{f_y}$$

$$= 2 \times 421.01 \times \left(\frac{5}{16} + \frac{2 \times 0.10}{5 \times 0.66} + \frac{0.19}{0.66} \right) \times \frac{1.1}{360} \times 10^3 = 1701 \text{ (mm}^2)$$

立柱正截面承载力满足要求！

（3）构造设计。

配筋率 $\rho = \dfrac{A_s}{A_h} = \dfrac{5024}{800^2} \times 100\% = 0.79\%$

$\rho = 0.79\% >$ max（全截面 0.55%，受拉单侧 0.2% 和 $45f_t/f_y$ 较大值），满足构造要求。

7. 柔性底板抗弯及底板配筋

（1）底板上部抗弯计算。

1）截面弯矩计算。由于 $M_x > M_y$，因此取计算弯矩 M_x 计算式如下

$$M_x = T_x(H + h_0) - T_E e_x = 74 \times (2.8 + 0.2) - 412 \times 0.3 = 98.4 \text{（kN·m）}$$

柱根截面：截面计算宽度 $b_i = b_0 = 0.8$（m）

基底最大（小）净反力

$$\sigma_{jmax} = \max\left(\frac{T_E}{B^2 - b_0^2} + \frac{6M_x B}{B^4 - b_0^4}, \frac{T_E}{B^2 - b_0^2} + \frac{6M_y B}{B^4 - b_0^4} \right)$$

$$= \frac{T_E}{B^2 - b_0^2} + \frac{6M_x B}{B^4 - b_0^4} = \frac{412}{3^2 - 0.8^2} + \frac{6 \times 98.4 \times 3}{3^4 - 0.8^4} = 71.26 \text{（kPa）}$$

$$\sigma_{jmin} = \frac{T_E}{B^2 - b_0^2} - \frac{6M_x B}{B^4 - b_0^4} = \frac{412}{3^2 - 0.8^2} - \frac{6 \times 98.4 \times 3}{3^4 - 0.8^4} = 27.3 \text{（kPa）}$$

参数 $\psi = \dfrac{B\sigma_{jmin}}{\sigma_{jmax} - \sigma_{jmin}} = \dfrac{3 \times 27.3}{71.26 - 27.3} = 1.86$

$$b' = b_0 + \frac{B - b_0}{2} = 0.8 + \frac{3 - 0.8}{2} = 1.9 \text{（m）}$$

计算截面处基底净反力 $\sigma_{j1} = \dfrac{b' + \psi}{B + \psi}\sigma_{jmax} = \dfrac{1.9 + 1.86}{3 + 1.86} \times 71.26 = 55.13 \text{（kPa）}$

柱根截面处最大弯矩 $M_{j1} = \dfrac{\sigma_{jmax} + \sigma_{j1}}{48}[B - b_i]^2[2B + b_i]$

$$= \frac{71.26 + 55.13}{48} \times [3 - 0.8]^2 \times [2 \times 3 + 0.8]$$

$$= 86.66 \text{（kN·m）}$$

中间截面：截面计算宽度 $b_i = 1.9$m，则

$$\sigma_{jmax} = \max\left(\frac{T_E}{B^2 - b_i^2} + \frac{6M_x B}{B^4 - b_i^4}, \frac{T_E}{B^2 - b_i^2} + \frac{6M_y B}{B^4 - b_i^4} \right)$$

$$= \frac{T_E}{B^2 - b_i^2} + \frac{6M_x B}{B^4 - b_i^4} = \frac{412}{3^2 - 1.9^2} + \frac{6 \times 98.4 \times 3}{3^4 - 1.9^4} = 102.5 \text{（kPa）}$$

$$\sigma_{jmin} = \frac{T_E}{B^2 - b_i^2} - \frac{6M_x B}{B^4 - b_i^4} = \frac{412}{3^2 - 1.9^2} - \frac{6 \times 98.4 \times 3}{3^4 - 1.9^4} = 50.38 \text{（kPa）}$$

$$\text{参数 } \psi = \frac{B\sigma_{jmin}}{\sigma_{jmax} - \sigma_{jmin}} = \frac{3 \times 50.38}{102.5 - 50.38} = 2.9 \text{（m）}$$

$$b' = b_i + \frac{B - b_0}{4} = 1.9 + \frac{3 - 0.8}{4} = 2.45 \text{（m）}$$

计算截面处基底净反力 $\sigma_{j2} = \frac{b' + \psi}{B + \psi} \sigma_{jmax} = \frac{2.45 + 2.9}{3 + 2.9} \times 102.5 = 92.94 \text{（kPa）}$

计算截面处弯矩 $M_{j2} = \dfrac{\sigma_{jmax} + \sigma_{j2}}{48}[B - b_i]^2 [2B + b_i]$

$$= \frac{102.5 + 92.94}{48} \times [3 - 1.9]^2 \times [2 \times 3 + 1.9] = 38.92 \text{（kN·m）}$$

由于 $M_{j1} > M_{j2}$，因此取柱根截面处弯矩 M_{j1} 为计算弯矩。

2）截面承载力计算。由于底板上层每一根钢筋受力中心至截面受压区边缘距离不等，因此分别按照最大截面有效高度与最小截面有效高度计算受力钢筋，取两者较大值进行配筋。

最大截面高度 $h_{00} = 0.2 + 0.4 - 0.05 - 0.008 = 0.54 \text{（m）}$

受压区高度 $x = h_{00} - \sqrt{h_{00}^2 - \dfrac{2M_{j1}}{f_c B}} = 0.54 - \sqrt{0.54^2 - \dfrac{2 \times 86.66}{14.3 \times 10^3 \times 3}} = 0.004 \text{（m）}$

底板上层钢筋计算面积 $A_{ws} = \dfrac{M_{j1}}{\left(h_{00} - \dfrac{x}{2}\right) f_y} = \dfrac{86.66 \times 10^3}{\left(0.54 - \dfrac{0.004}{2}\right) \times 360} = 447 \text{（mm}^2\text{）}$

最小截面高度 $h_{00} = 0.2 - 0.05 - 0.008 = 0.14 \text{（m）}$。

受压区高度 $x = h_{00} - \sqrt{h_{00}^2 - \dfrac{2M_{j1}}{f_c B}} = 0.14 - \sqrt{0.14^2 - \dfrac{2 \times 86.66}{14.3 \times 10^3 \times 3}} = 0.015 \text{（m）}$

底板上层钢筋计算面积 $A_{ws} = \dfrac{M_{j1}}{\left(h_{00} - \dfrac{x}{2}\right) f_y} = \dfrac{86.66 \times 10^3}{\left(0.14 - \dfrac{0.01}{2}\right) \times 360} = 1817 \text{（mm}^2\text{）}$

3）底板上部配筋。构造要求：受弯构件配筋率不小于 0.15%（$A_{ws} \geqslant A_{wsmin} = 0.0015 \times 1.36 \times 10^6 = 2040 \text{mm}^2$），钢筋间距不应大于 200mm，且不应小于 100mm，最终确定底板单向配筋：$17\Phi16@189[3416\text{mm}^2 > \max(1817, 2040)\text{mm}^2]$。

（2）底板下部抗弯计算。

1）截面弯矩计算。由于 $M_x > M_y$，因此取计算弯矩：$M_x = 105.3$（kN·m）

基底最大（小）净反力

$$p_{jmax} = \max\left(\frac{N_E}{B^2} + \frac{M_x}{W_y}, \frac{N_E}{B^2} + \frac{M_y}{W_x}\right) = \frac{N_E}{B^2} + \frac{M_x}{W_y} = \frac{529}{3^2} + \frac{105.3}{4.5} = 82.18 \text{（kPa）}$$

$$p_{jmin} = \frac{N_E}{B^2} - \frac{M_x}{W_y} = \frac{529}{3^2} - \frac{105.3}{4.5} = 35.38 \text{（kPa）}$$

参数

$$\psi = \frac{Bp_{jmin}}{p_{jmax} - p_{jmin}} = \frac{3 \times 35.38}{82.18 - 35.38} = 2.27 \text{（m）}$$

$$b' = B - \frac{B - b_0}{2} = 3 - \frac{3 - 0.8}{2} = 1.9 \text{（m）}$$

计算截面处基底净反力 $p_{j1} = \frac{b' + \psi}{B + \psi} p_{jmax} = \frac{1.9 + 2.27}{3 + 2.27} \times 82.18 = 65.03 \text{（kPa）}$

截面计算宽度 $b_i = b_0 = 0.8$m

底板下层最大弯矩 $M_{j1} = \frac{p_{jmax} + p_{j1}}{48}[B - b_i]^2[2B + b_i]$

$$= \frac{82.18 + 65.03}{48}[3 - 0.8]^2 \times [2 \times 3 + 0.8]$$

$$= 100.94 \text{（kN·m）}$$

2）截面承载力计算。底板计算截面高度 $h_{00} = 0.2 + 0.4 - 0.07 - 0.008 = 0.52$（m）

受压区高度 $x = h_{00} - \sqrt{h_{00}^2 - \frac{2M_{j1}}{f_c B}} = 0.52 - \sqrt{0.52^2 - \frac{2 \times 100.94}{14.3 \times 10^3 \times 3}} = 0.005$（m）

底板下层钢筋面积 $A_{ws} = \frac{M_{j1}}{\left(h_{00} - \frac{x}{2}\right)f_y} = \frac{100.94 \times 10^3}{\left(0.52 - \frac{0.005}{2}\right) \times 360} = 542$（mm²）

3）底板下部配筋。构造要求：受弯构件配筋率不小于 0.15%（$A_{ws} \geq A_{wsmin} = 0.0015 \times 1.36 \times 10^6 = 2040$mm²），钢筋间距不应大于 200mm，且不应小于 100mm，最终确定底板单向配筋：17⌀16@180 [3416mm² > max(542, 2040)mm²]

8. 底板下压冲切计算

冲切破坏锥体的有效高度 $h_{yx} = 0.2 + 0.4 - 0.07 - 0.008 = 0.52$（m）

受冲切承载力截面高度影响系数 $\beta_{hp} = 1$

冲切破坏锥体最不利一侧斜截面上边长 $a_t = b_0 = 0.8\text{m}$

冲切破坏锥体最不利一侧斜截面下边长 $a_b = b_0 + 2h_{yx} = 0.8 + 2 \times 0.52 = 1.84$（m）

冲切破坏锥体最不利一侧计算长度 $a_m = \dfrac{a_t + a_b}{2} = \dfrac{0.8 + 1.84}{2} = 1.32$（m）

考虑冲切荷载时取用的多边形面积 $A_l = \dfrac{a_b + B}{2}\left(\dfrac{B - b_0}{2} - h_{yx}\right)$

$$= \frac{1.84 + 3}{2} \times \left(\frac{3 - 0.8}{2} - 0.52\right) = 1.4 \ (\text{m}^2)$$

$$F_l = p_{jmax} A_l = 82.18 \times 1.4 = 115.05 \ (\text{kN})$$

$$0.7\beta_{hp} f_t a_m h_{yx} = 0.7 \times 1 \times 1.43 \times 10^3 \times 1.32 \times 0.52 = 687.09 \ (\text{kN})$$

$F_l = 115.05\text{kN} < 0.7\beta_{hp} f_t a_m h_{yx} = 687.09\text{kN}$，底板下压冲切承载力满足要求！

9. 底板上拔剪切计算

（1）柱根截面。计算截面处中和轴宽度 $b_{01} = 0.8$（m）

计算截面处有效高度 $h_{00} = 0.53$（m）

计算截面处阴影面积 $A_{cx} = \dfrac{B + b_{01}}{2}\left(\dfrac{B - b_{01}}{2}\right) = \dfrac{3 + 0.8}{2} \times \left(\dfrac{3 - 0.8}{2}\right) = 2.09$（m²）

$$V = \frac{\sigma_{jmax} + \sigma_{j1}}{2} A_{cx} = \frac{71.26 + 55.13}{2} \times 2.09 = 132.08 \ (\text{kN})$$

$$0.6 b_{01} h_{00} f_t = 0.6 \times 0.8 \times 0.53 \times 1.43 \times 10^3 = 363.79 \ (\text{kN})$$

$V = 132.08\text{kN} < 0.6 b_{01} h_{00} f_t = 363.79\text{kN}$，柱根处冲切承载力满足要求！

（2）截面中部。计算截面处中和轴宽度 $b_{02} = 1.9$（m）

计算截面处有效高度 $h_{00} = 0.33$（m）

计算截面处阴影面积 $A_{cx} = \dfrac{B + b_{02}}{2}\left(\dfrac{B - b_{02}}{2}\right) = \dfrac{3 + 1.9}{2} \times \left(\dfrac{3 - 1.9}{2}\right) = 1.35$（m²）

$$V = \frac{\sigma_{jmax} + \sigma_{j2}}{2} A_{cx} = \frac{102.5 + 92.94}{2} \times 1.35 = 131.92 \ (\text{kN})$$

$$0.6 b_{02} h_{00} f_t = 0.6 \times 1.9 \times 0.33 \times 1.43 \times 10^3 = 537.97 \ (\text{kN})$$

$V = 131.92\text{kN} < 0.6 b_{02} h_{00} f_t = 537.97$（kN），截面中部处冲切承载力满足要求！

（三）基础施工图

对上述计算结果进行汇总，获得示例基础施工图见图 5－13。

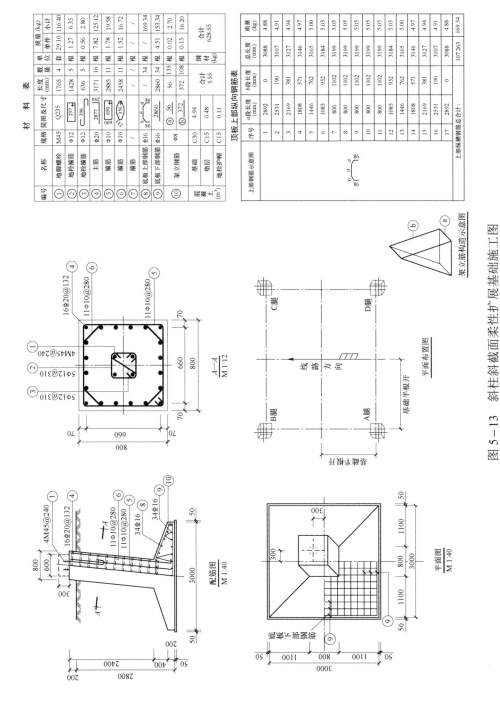

材 料 表

编号	名称	规格	简图及尺寸	长度 (mm)	数量	单位	单件	小计
①	地脚螺栓	M45	Q235	1765	4	套	29.10	116.40
②	地栓箍筋	Φ12	297	1428	5	根	1.27	6.35
③	地栓箍筋	Φ12	396	636	5	根	0.56	2.80
④	主筋	Φ20	2877 690	3171	16	根	7.82	125.12
⑤	箍筋	Φ10	2885	2885	11	根	1.78	19.58
⑥	箍筋	Φ10	150	2458	11	根	1.52	16.72
					34	根	/	169.34
⑧	底板上部钢筋	Φ16	2860	2860	34	根	4.51	153.34
⑨	底板下部钢筋	Φ16	56	56	135	根	0.02	2.70
⑩	架立钢筋	Φ8	372	372	108	根	0.15	16.20
混凝土 (m³)	基础	C30	4.94			合计 5.55		钢材 (kg)
	垫层	C15	0.48					合计 628.55
	地栓护帽	C15	0.11					

顶板上部纵向钢筋表

序号	a段长度 (mm)	b段长度 (mm)	总长度 (mm)	质量 (kg)
1	2892	0	3088	4.88
2	2531	190	3107	4.91
3	2169	381	3127	4.94
4	1808	571	3146	4.97
5	1446	762	3165	5.00
6	1085	952	3184	5.03
7	800	1102	3199	5.05
8	800	1102	3199	5.05
9	800	1102	3199	5.05
10	800	1102	3199	5.05
11	800	1102	3199	5.05
12	1085	952	3184	5.03
13	1446	762	3165	5.00
14	1808	571	3146	4.97
15	2169	381	3127	4.94
16	2531	190	3107	4.91
17	2892	0	3088	4.88
上部纵向钢筋总合计:			107 263	169.34

图 5－13　斜柱斜截面柔性扩展基础施工图

第二节 挖 孔 基 础

一、掏挖基础

（一）设计参数

某 220kV 线路工程悬垂塔，采用掏挖基础，基础外形尺寸见图 5–14，设计参数见表 5–21～表 5–24。

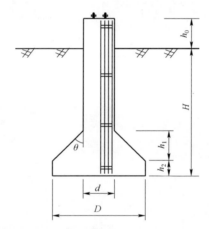

图 5–14 基础外形尺寸简图（六）

表 5–21 地质参数（六）

参数名称	取值	参数名称	取值
土体黏聚力 c（kPa）	28	土体计算重度 γ_s（kN/m³）	16
内摩擦角 φ（°）	20	地基承载力特征值修正值 f_a（kPa）	400
水平抗力系数的比例系数 m（kN/m⁴）	8000	临界埋深 h_c（m）	3D

表 5–22 设计载荷（六） （kN）

荷载工况	竖向力	水平力（x 向）	水平力（y 向）
下压+ 水平	N_E=462.58	N_x=52	N_y=33.97
上拔+水平	T_E=345.67	T_x=41.46	T_y=37.05

表 5-23   设计要求（六）

参数名称	取值	参数名称	取值
基础附加分项系数 γ_f	1.1	永久载荷分项系数 γ_G	1.2
基础混凝土等级	C30	保护层厚度 c_{t1}（mm）	50
立柱主筋规格	HRB400	立柱钢筋直径 d_r（mm）	20
立柱箍筋规格	HPB300	箍筋直径 d_{gj}（mm）	10

表 5-24   基础外形尺寸（六）   （mm）

参数名称	取值	参数名称	取值
立柱直径 d	1000	底板圆柱高度 h_2	100
底板直径 D	2400	基础埋深 H	3200
底板圆台高度 h_1	600	露头高度 h_0	200

（二）设计计算过程

1. 基础及土重

基础体积 $V_f = \dfrac{\pi D^2}{4} h_2 + \dfrac{\pi h_1}{12}(d^2 + D^2 + dD) + \dfrac{\pi d^2}{4}(H - h_1 - h_2 + h_0)$

$= \dfrac{3.14 \times 2.4^2}{4} \times 0.1 + \dfrac{3.14 \times 0.6}{12} \times (1^2 + 2.4^2 + 2.4) + \dfrac{3.14 \times 1^2}{4} \times$

$(3.2 - 0.6 - 0.1 + 0.2)$

$= 4.01 \ (\text{m}^3)$

基础自重 $G_f = V_f \gamma_{con} = 4.01 \times 24 = 96.24 \ (\text{kN})$

基础自重及上部土重 $G = (\pi / 4 D^2 H)20 + \dfrac{\pi}{4} d^2 h_0 \times 24 = \left(\dfrac{3.14}{4} \times 2.4^2 \times 3.2 \right) \times 20 +$

$\dfrac{3.14}{4} \times 1^2 \times 0.2 \times 24 = 293.30 \ (\text{kN})$

2. 上拔稳定性计算

基础抗拔埋深 $h_t = H - h_2 = 3.2 - 0.1 = 3.1$（m）$< h_c$ $[h_c = 3D = 3 \times 2.4 = 7.2$（m）$]$，按照浅基础计算。

水平力荷载分项系数 $\dfrac{H_E}{T_E} = \dfrac{\sqrt{T_x^2 + T_y^2}}{T_E} = \dfrac{\sqrt{41.46^2 + 37.05^2}}{345.67} = 0.16$，$\gamma_E = 0.996$

基底展开角系数 $\tan\theta = \dfrac{D-d}{2h_1} = \dfrac{2.4-1}{2 \times 0.6} = 1.17 > 1$，$\gamma_\theta = 1.2$

架空输电线路基础设计

相邻基础影响系数 γ_{E2} 取 1，则无因次系数 $A_1 = 3.44$，$A_2 = 0.49$，$A_3 = 1.03$

h_t 深度范围内基础体积 $V_0 = \dfrac{\pi h_1}{12}(d^2 + D^2 + dD) + \dfrac{\pi d^2}{4}(H - h_1 - h_2)$

$$= \dfrac{3.14 \times 0.6}{12} \times (1^2 + 2.4^2 + 2.4) + \dfrac{3.14}{4} \times (3.2 - 0.6 - 0.1)$$

$$= 3.40 \text{（m}^3\text{）}$$

"剪切法" 计算基础抗拔承载力 R_T 计算式如下

$$R_T = \dfrac{A_1 ch_t^2 + A_2 \gamma_s h_t^3 + \gamma_s (A_3 h_t^3 - V_0) + G_f}{2.0}$$

$$= \dfrac{3.44 \times 28 \times 3.1^2 + 0.49 \times 16 \times 3.1^3 + 16 \times (1.03 \times 3.1^3 - 3.40) + 96.24}{2}$$

$$= 846 \text{（kN）}$$

上拔承载力校核 $\gamma_f T_E = 1.1 \times 345.67 = 380.24$（kN）

$$\gamma_E \gamma_\theta R_T = 0.996 \times 1.2 \times 846 = 1011.14 \text{（kN）}$$

$\gamma_f T_E = 380.24\text{kN} < \gamma_E \gamma_\theta R_T = 1011.14$（kN），满足上拔稳定性要求！

3. 下压稳定性计算

地基承载力特征值修正值 $f_a = 400$（kPa）

下压工况水平力合力 $H_{NE} = \sqrt{N_x^2 + N_y^2} = \sqrt{52^2 + 33.97^2} = 62.11$（kN）

基础计算露头 $h_{js0} = h_0 = 0.2$（m），则基础立柱计算直径 $d' = 0.9(1.5d + 0.5) =$
$0.9 \times (1.5 \times 1 + 0.5) = 1.8$（m）

基础底面截面抵抗矩 $W_D = \dfrac{\pi D^3}{32} = \dfrac{3.14 \times 2.4^3}{32} = 1.36$（m³）

转动角 $\omega = \dfrac{12(3H_{NE} h_{js0} + 2H_{NE} H)}{m(d'H^4 + 180W_D D)} = \dfrac{12 \times (3 \times 62.11 \times 0.2 + 2 \times 62.11 \times 3.2)}{8000 \times (1.8 \times 3.2^4 + 180 \times 1.36 \times 2.4)} = 8.4 \times 10^{-4}$

转动中心位置 $x_A = \dfrac{6H_{NE} + 2md'\omega H^3}{3m\omega d'H^2} = \dfrac{6 \times 62.11 + 2 \times 8000 \times 1.8 \times 8.4 \times 10^{-4} \times 3.2^3}{3 \times 8000 \times 8.4 \times 10^{-4} \times 1.8 \times 3.2^2} =$
3.14（m）

基底处截面弯矩 M_h 计算式如下

$$M_h = H_{NE} h_{js0} + H_{NE} H - d'\omega \dfrac{mH^3}{12}(2x_A - H)$$

$$= 62.11 \times 0.2 + 62.11 \times 3.2 - 1.8 \times 8.4 \times 10^{-4} \times \dfrac{8000 \times 3.2^3}{12} \times (2 \times 3.14 - 3.2)$$

$$= 109.44 \text{（kN · m）}$$

基底平均压应力 $p_0 = \dfrac{N_E + \gamma_G G}{A} = \dfrac{462.58 + 1.2 \times 293.30}{\dfrac{3.14 \times 2.4^2}{4}} = 180.14$ （kPa）

基底最大（小）压应力

$$p_{max} = p_0 + \frac{M_h}{W_D} = 180.14 + \frac{109.44}{1.36} = 260.61 \text{（kPa）}$$

$$p_{min} = p_0 - \frac{M_h}{W_D} = 180.14 - \frac{109.44}{1.36} = 99.67 \text{（kPa）}$$

$\begin{cases} \gamma_{rf} p_0 = 135.11 < f_a = 400 \text{（kPa）} \\ \gamma_{rf} p_{max} = 195.46 < 1.2 f_a = 480 \text{（kPa）} \end{cases}$ ，满足下压稳定性要求！

4. 倾覆稳定性计算

上拔工况水平力合力 $H_{TE} = \sqrt{T_x^2 + T_y^2} = \sqrt{41.46^2 + 37.05^2} = 55.60$ （kN）

由于 $H_{NE} > H_{TE}$ ，因此采用下压工况水平力进行基础倾覆稳定计算。

基础水平变形系数 $\alpha = \left(\dfrac{md}{EI}\right)^{1/5} = \left(\dfrac{8000 \times 1}{0.8 \times 3 \times 10^7 \times 0.05}\right)^{1/5} = 0.37$

刚性桩判断 $l = 2.5$ （m） $< \dfrac{2.5}{\alpha}$ （即 $\dfrac{2.5}{0.37} = 6.76$m）

基顶侧向位移 $y_0 = (x_A + h_{js0})\omega = (3.14 + 0.2) \times 8.4 \times 10^{-4} \times 10^3 = 2.81$ （mm） <10 （mm）

地面侧向位移 $y_0 = x_A \omega = 3.14 \times 8.4 \times 10^{-4} \times 10^3 = 2.64$ （mm） <10 （mm）

满足倾覆稳定性要求！

5. 立柱配筋及正截面承载力计算

上拔工况水平力合力 $H_{TE} = \sqrt{T_x^2 + T_y^2} = \sqrt{41.46^2 + 37.05^2} = 55.60$ （kN）

转动角 $\omega = \dfrac{12(3H_{TE}h_{js0} + 2H_{TE}H)}{m(d'H^4 + 180W_D D)} = \dfrac{12 \times (3 \times 55.6 \times 0.2 + 2 \times 55.6 \times 3.2)}{8000 \times (1.8 \times 3.2^4 + 180 \times 1.36 \times 2.4)} = 7.52 \times 10^{-4}$

转动中心位置 $x_A = \dfrac{6H_{TE} + 2md'\omega H^3}{3m\omega d'H^2}$

$$= \frac{6 \times 55.6 + 2 \times 8000 \times 1.8 \times 7.52 \times 10^{-4} \times 3.2^3}{3 \times 8000 \times 7.52 \times 10^{-4} \times 1.8 \times 3.2^2}$$

$$= 3.14 \text{（m）}$$

经迭代计算，确定立柱截面最大弯矩处位置 $x = 3.07$ （m）。

基础立柱截面最大弯矩 M_{max} 计算式如下

$$M_{max} = H_{TE}h_{js0} + H_{TE}x - d'\omega\frac{mx^3}{12}(2x_A - x)$$

$$= 55.6 \times 0.2 + 55.6 \times 3.07 - 1.8 \times 7.52 \times 10^{-4} \times \frac{8000 \times 3.07^3}{12} \times (2 \times 3.14 - 3.07)$$

$$= 98 \ (kN \cdot m)$$

偏心距 $e_0 = \frac{M_{max}}{T_E} = \frac{98}{345.67} = 0.28$ (m)

截面中心至钢筋截面中心距离 $r_g = \frac{d}{2} - c_{t_1} - \frac{d_r}{2} - d_{gj}$

$$= \frac{1}{2} - 0.05 - \frac{0.02}{2} - 0.01$$

$$= 0.43 \ (m)$$

大小偏心判断 $e_0 = 0.28 > \frac{r_g}{2} = 0.22$，按照大偏心受拉构件计算。

截面边缘至纵筋截面中心距离 $a_g = c_{t_1} + \frac{d_r}{2} + d_{gj} = 0.05 + \frac{0.02}{2} + 0.01 = 0.07$ (m)

系数 $\beta_1 = \frac{e_0}{d} = \frac{0.28}{1} = 0.28$，$n_1 = \frac{0.86T_E}{A_h f_c} = \frac{0.86 \times 345.67}{\frac{3.14}{4} \times 1^2 \times 14300} = 2.65 \times 10^{-2}$

查图 3-31 得 $\alpha_1 = 4.3 \times 10^{-2}$，则立柱纵筋配筋：14$\phi$20

$$A_s = 4396mm > \gamma_{bg}\alpha_1\frac{A_h f_c}{f_y} = 1.28 \times 4.3 \times 10^{-2} \times \frac{0.79 \times 14300}{360000} \times 10^6 = 1727 \ (mm^2)$$

立柱正截面承载力满足要求！

配筋率 $\rho = \frac{A_s}{A_h} \times 100\% = \frac{4396}{785000} \times 100\% = 0.56\%$

$\rho = 0.56\% > \max$（全截面 0.55%，受拉单侧 0.2% 和 $45f_t/f_y$ 较大值），满足构造要求。

6. 混凝土底板强度计算

强度允许值 $[\sigma] = 0.55f_t\frac{\tan\delta - \delta}{\delta} = 0.55 \times 1430 \times \frac{\tan(40.6°) - 0.71}{0.71} = 162.95$ (kPa)

（1）下压剪切计算。基底最大（小）净反力

$$p_{jmax} = \frac{4N_E}{\pi D^2} + \frac{M_h}{W} = \frac{4 \times 462.58}{3.14 \times 2.4^2} + \frac{109.44}{1.36} = 182.78 \text{(kPa)}$$

$$p_{jmin} = \frac{4N_E}{\pi D^2} - \frac{M_h}{W} = \frac{4 \times 462.58}{3.14 \times 2.4^2} - \frac{109.44}{1.36} = 21.83 \text{(kPa)}$$

参数 $\psi = \dfrac{Dp_{jmin}}{p_{jmax} - p_{jmin}} = \dfrac{2.4 \times 21.83}{182.78 - 21.83} = 0.33$，$b' = d + \dfrac{D-d}{2} = 1 + \dfrac{2.4-1}{2} = 1.7$（m）

计算截面处净反力 $p_{j1} = \dfrac{b'+\psi}{D+\psi} p_{jmax} = \dfrac{1.7+0.33}{2.4+0.33} \times 182.78 = 135.91$（kPa）

基底平均净反力 $p_j = \dfrac{p_{jmax} + p_{j1}}{2} = \dfrac{182.78 + 135.91}{2} = 159.35 < [\sigma] = 162.95$（kPa）

下压剪切承载力满足要求！

（2）上拔剪切计算。上拔工况水平力作用于基底弯矩 M_h 计算式如下

$$M_h = H_{TE}h_{js0} + H_{TE}H - d'\omega\frac{mH^3}{12}(2x_A - H)$$

$$= 55.6 \times 0.2 + 55.6 \times 3.2 - 1.8 \times 7.52 \times 10^{-4} \times \frac{8000 \times 3.2^3}{12} \times (2 \times 3.14 - 3.2)$$

$$= 97.96\ (\text{kN} \cdot \text{m})$$

基底最大（小）净反力

$$\sigma_{jmax} = \frac{4T_E}{\pi(D^2 - d^2)} + \frac{32DM_h}{\pi(D^4 - d^4)} = \frac{4 \times 345.67}{3.14 \times (2.4^2 - 1^2)} + \frac{32 \times 2.4 \times 97.96}{3.14 \times (2.4^4 - 1^4)}$$

$$= 166.97\ (\text{kPa})$$

$$\sigma_{jmin} = \frac{4T_E}{\pi(D^2 - d^2)} - \frac{32DM_h}{\pi(D^4 - d^4)} = \frac{4 \times 345.67}{3.14 \times (2.4^2 - 1^2)} - \frac{32 \times 2.4 \times 97.96}{3.14 \times (2.4^4 - 1^4)}$$

$$= 18.05\ (\text{kPa})$$

参数 $\psi = \dfrac{D\sigma_{jmin}}{\sigma_{jmax} - \sigma_{jmin}} = \dfrac{2.4 \times 18.05}{166.97 - 18.05} = 0.29$，$b' = d + \dfrac{D-d}{2} = 1 + \dfrac{2.4-1}{2} = 1.7$（m）

计算截面处净反力 $\sigma_{j1} = \dfrac{b'+\psi}{D+\psi} \sigma_{jmax} = \dfrac{1.7+0.29}{2.4+0.29} \times 166.97 = 123.52$（kPa）

基底平均净反力 $\sigma_j = \dfrac{\sigma_{jmax} + \sigma_{j1}}{2} = \dfrac{166.97 + 123.52}{2} = 145.25 < [\sigma] = 162.95$（kPa）

上拔剪切承载力满足要求！

（三）基础施工图

对上述计算结果进行汇总，获得示例基础施工图如图 5-15 所示。

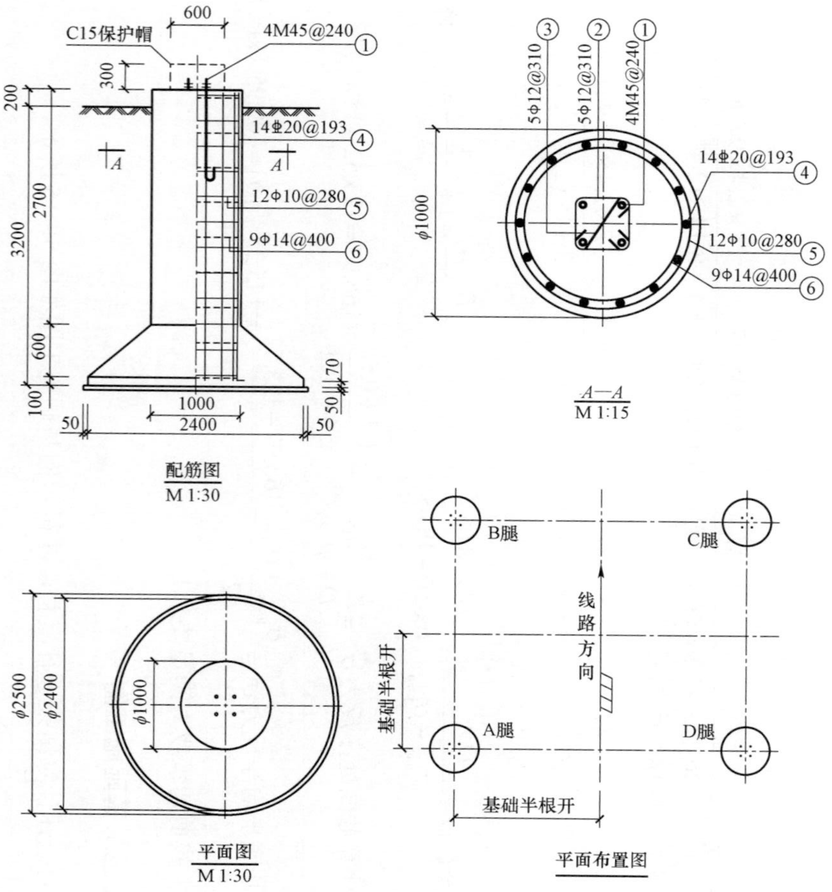

材 料 表

编号	名称	规格	简图及尺寸	长度 (mm)	数量	单位	质量 (kg) 单件	质量 (kg) 小计
①	地脚螺栓	M45	Q235	1765	4	套	29.10	116.40
②	地栓箍筋	Φ12	297	1428	5	根	1.27	6.35
③	地栓箍筋	Φ12	396	636	14	根	0.56	2.80
④	主筋	Φ20	3280 200	3480	5	根	8.58	120.12
⑤	外箍筋	Φ10	890	2796	12	根	1.72	20.64
⑥	内箍筋	Φ14	826	2594	9	根	3.13	28.17
混凝土 (m³)	基础	C30	4.01	合计 4.36		钢材 (kg)	合计 294.48	
	垫层	C15	0.24					
	地栓护帽	C15	0.11					

图 5－15 掏挖基础施工图

272

二、大直径扩底桩

（一）设计参数

某特高压线路工程悬垂塔，采用大直径扩底桩基础，基础外形尺寸见图5－16，设计参数见表5－25～表5－28。

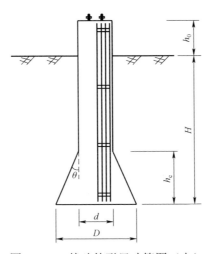

图 5－16　基础外形尺寸简图（七）

表 5－25 　　　　　　　　　地质参数（七）

参数名称	粉质黏土	泥质粉砂岩
厚度（m）	4	20
状态	硬塑	强风化
天然容重（kN/m³）	19	22
黏聚力（kPa）	38	120
内摩擦角（°）	8	16
极限侧阻力（kPa）	60	180
极限端阻力（kPa）	—	2200
水平抗力系数的比例系数（kN/m⁴）	8000	200000

表 5-26   载荷信息（一）   （kN）

荷载工况	竖向力	水平力（x 向）	水平力（y 向）
上拔+水平	$T_E=1563$	$T_x=231$	$T_y=209$
下压+水平	$N_E=2244$	$N_x=313$	$N_y=271$

表 5-27   设计要求（七）

参数名称	取值	参数名称	取值
桩混凝土等级	C30	桩保护层厚度（mm）	60
桩主筋等级	HRB400	主筋直径（mm）	28
基础附加分项系数 γ_f	0.8	箍筋直径（mm）	10

表 5-28   基础外形尺寸（七）   （m）

参数名称	取值	参数名称	取值
桩径 d	1.2	矢高 h_c	0.6
埋深 H	10	露头 h_0	0.2
扩底直径 D	1.8		

（二）设计计算书

1. 上拔稳定性计算

桩体体积 $V_p = \dfrac{\pi}{4}d^2(H+h_0-h_c)+\dfrac{\pi}{12}h_c(d^2+D^2+dD)$

$$= \frac{3.14}{4}\times1.2^2\times(10+0.2-0.6)+\frac{3.14}{12}\times0.6\times(1.2^2+1.8^2+1.2\times1.8)$$

$$=11.93（\text{m}^3）$$

抗拔系数 λ_i 0～10m，统一取 0.7。

桩侧阻尺寸效应系数 ψ_{si} $\begin{cases} 0\sim4\text{m}, & \psi_{s1}=\left(\dfrac{0.8}{d}\right)^{\frac{1}{5}}=\left(\dfrac{0.8}{1.2}\right)^{\frac{1}{5}}=0.92（\text{硬塑土层}） \\[3mm] 4\sim10\text{m}, & \psi_{s2}=\left(\dfrac{0.8}{d}\right)^{\frac{1}{3}}=\left(\dfrac{0.8}{1.2}\right)^{\frac{1}{3}}=0.87（\text{强风化岩层}） \end{cases}$

桩周剪切面周长 u_i $\begin{cases} 0\sim1\text{m}, & u_1=\pi d=3.14\times1.2=3.77（\text{m}）; \\[2mm] 1\sim10\text{m}, & u_2=\pi D=3.14\times1.8=5.65（\text{m}） \end{cases}$

桩体抗拔自重 $G_p=\dfrac{3.14}{4}\times1.8^2\times9\times20+\dfrac{3.14}{4}\times1.2^2\times1.2\times24=490.37\text{kN}$

抗拔承载力标准值 $R_{\text{Tu}} = \sum \lambda_i \psi_{si} q_{sik} u_i l_i + G_p$

$\quad\quad = 0.7 \times [(0.92 \times 60 \times 3.77 \times 1) + (0.92 \times 60 \times 5.65 \times 3)$

$\quad\quad\quad + (0.87 \times 180 \times 5.65 \times 6)] + 490.37$

$\quad\quad = 5007.11 \text{（kN）}$

抗拔承载力特征值 $R_{\text{Ta}} = \dfrac{1}{K} R_{\text{Tu}} = \dfrac{1}{2} \times 5007.11 = 2503.56 \text{（kN）}$

大直径扩底桩上拔稳定性验算 $\gamma_f T_K = 0.8 \times \dfrac{1563}{1.35} = 926.22 < R_{\text{Ta}} = 2503.56 \text{（kN）}$

上拔稳定性满足要求！

2. 下压稳定性计算

桩端阻尺寸效应系数 $\psi_p = \left(\dfrac{0.8}{D}\right)^{\frac{1}{3}} = \left(\dfrac{0.8}{1.8}\right)^{\frac{1}{3}} = 0.76$

桩周剪切面周长 $u_i = \pi d = 3.14 \times 1.2 = 3.77 \text{（m）}$

桩周侧摩阻力有效深度 $l_i = H - h_c - 2d = 10 - 0.6 - 2 \times 1.2 = 7 \text{（m）}$

单桩竖向下压承载力标准值 R_{Nu} 计算式如下

$\quad R_{\text{Nu}} = \sum u_i \psi_{si} q_{sik} l_i + \psi_p q_{pk} A_p$

$\quad\quad = 3.77 \times 0.92 \times 60 \times 4 + 3.77 \times 0.87 \times 180 \times 3 + \dfrac{3.14}{4} \times 1.8^2 \times 0.76 \times 2200$

$\quad\quad = 6856.13 \text{（kN）}$

单桩竖向下压承载力特征值 $R_{\text{Na}} = \dfrac{R_{\text{Nu}}}{K} = \dfrac{6856.13}{2} = 3428.07 \text{（kN）}$

大直径扩底桩下压稳定性验算 $\gamma_f N_R = 0.8 \times \dfrac{2244}{1.35}$

$\quad\quad\quad\quad\quad\quad\quad\quad = 1662.20 < R_{\text{Na}} = 3428.07 \text{（kN）}$

下压稳定性满足要求！

3. 倾覆稳定性计算

桩身的计算宽度 $b_0 = 0.9(d+1) = 0.9 \times (1.2+1) = 1.98 \text{（m）}$

按照桩身纵筋净距150mm配置钢筋，则需要22根 $\underline{\Phi}28$，配筋率 $\rho_g = 0.012$。

桩身换算截面惯性矩 I_0 计算式如下

$\quad I_0 = W_0 d_0 / 2 = \dfrac{\pi d d_0}{64} [d^2 + 2(\alpha_E - 1) \rho_g d_0^2]$

$$= \frac{3.14 \times 1.2 \times 1.08}{64}\left[1.2^2 + 2 \times \left(\frac{200000}{30000} - 1\right) \times 0.012 \times 1.08^2\right] = 0.1 \text{（m}^4\text{）}$$

桩身抗弯刚度为 $EI = 0.85E_cI_0 = 0.85 \times 3 \times 10^7 \times 0.1 = 2.55 \times 10^6 \text{（kN} \cdot \text{m}^2\text{）}$

桩的水平变形系数 $\alpha = \sqrt[5]{\dfrac{mb_0}{EI}} = \sqrt[5]{\dfrac{8000 \times 1.98}{2.55 \times 10^6}} = 0.36 \text{ （1/m）}$

桩顶水平系数 $v_x = 2.486$，则单桩水平承载力特征值 R_{ha} 计算式如下

$$R_{ha} = 0.75\frac{\alpha^3 EI}{v_x}\chi_{oa} = 0.75 \times \frac{0.36^3 \times 2.55 \times 10^6}{2.486} \times 0.01 = 358.93 \text{（kN）}$$

荷载效应标准组合下，基桩的水平力为

下压工况 $H_{ik} = \dfrac{\sqrt{N_x^2 + N_y^2}}{1.35}\dfrac{\sqrt{313^2 + 271^2}}{1.35} = 307 \text{（kN）}$

上拔工况 $H_{ik} = \dfrac{\sqrt{T_x^2 + T_y^2}}{1.35} = \dfrac{\sqrt{231^2 + 209^2}}{1.35} = 231 \text{（kN）}$

单桩下压工况水平承载力验算 $H_{ik} = 307 < R_{ha} = 358.93 \text{（kN）}$

单桩上拔工况水平承载力验算 $H_{ik} = 231 < R_{ha} = 358.93 \text{（kN）}$

倾覆稳定性满足要求！

4. 桩配筋计算

按上拔工况偏心受拉计算配筋，则地面处单桩桩身水平力设计值 $H_0 = \sqrt{T_x^2 + T_y^2} = 312 \text{（kN）}$。

地面处基桩桩身弯矩值 $M_0 = H_0h_0 = 312 \times 0.2 = 62.4 \text{（kN} \cdot \text{m）}$，参数 $C_1 = \dfrac{\alpha M_0}{H_0} = \dfrac{0.36 \times 62.4}{312} = 0.072$。

查表得基桩桩身最大弯矩位置 $y_{Mmax} = 3.33\text{m}$，参数 $D_{II}=0.873$，则基桩桩身最大弯矩 $M_{max} = H_0/D_{II} = 312/0.873 = 357.39 \text{（kN} \cdot \text{m）}$

$$e_0 = \frac{M}{T_E} = \frac{357.39}{1563} = 0.23\text{m} < r_g/2 = 0.258 \text{ （m）}$$

$$A_s = \frac{1.1T_E}{f_y}\left(1 + \frac{1.20e_0}{r_g}\right) = \frac{1.1 \times 1563}{360000} \times \left(1 + \frac{1.2 \times 0.23}{0.516}\right) \times 10^6 = 7330 \text{ （mm}^2\text{）}$$

初配钢筋 22Φ28 （13540mm²） ＞7330mm²，满足桩正截面承载力要求！

（三）基础施工图

对上述计算结果进行汇总，获得示例基础施工图如图5-17所示。

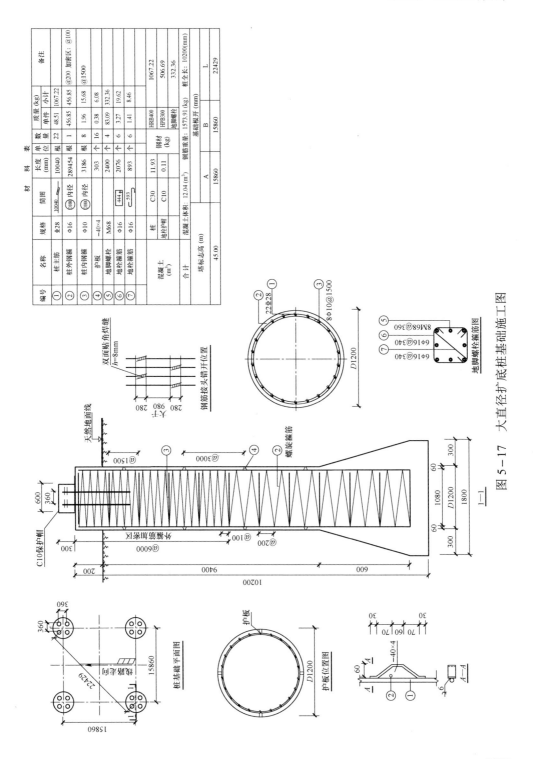

材 料 表

编号	名称	规格	简图	单位	数量	长度(mm)	质量(kg) 单件	质量(kg) 小计	备注
①	桩主筋	Φ28	10040	根	22	10040	48.51	1067.22	@100
②	桩外钢箍	Φ16	内径	根	1	289454	456.85	456.85	@200 加密区：@100
③	桩内钢箍	Φ10	内径	根	8	3186	1.96	15.68	@1500
④	护板	−40×4		个	16	303	0.38	6.08	
⑤	地脚螺栓	M68		个	4	2400	83.09	332.36	
⑥	地栓箍筋	Φ16		个	6	2076	3.27	19.62	
⑦	地栓箍筋	Φ16		个	6	893	1.41	8.46	
混凝土 (m³)	桩		C30			11.93		HRB400	1067.22
	地脚护帽		C10			0.11		HPB300	506.69
								地脚螺栓	332.36
合计							混凝土体积：12.04 (m³)	钢筋质量：1573.91 (kg)	基础展开 (mm)
塔标志向 (m)	45.00				A		B	桩全长：10200(mm)	L
					15860		15860		22429

图 5-17　大直径扩底桩基础施工图

277

三、岩石嵌固基础

（一）设计参数

工程地质条件：岩石等级Ⅰ级，较破碎状态，地质参数见表5-29。

基础作用力：上拔力设计值 $T_E=430.11\text{kN}$，下压力设计值 $N_E=518.67\text{kN}$。

材料：砂浆强度等级采用C20，钢筋采用HRB400螺纹钢。

适用塔形：悬垂型杆塔。

表5-29   地质参数计算值   （kN/m²）

地质参数	τ_s	f_{rk}
取值	20	10000

基础选型：墩台型嵌固基础，如图5-18所示。

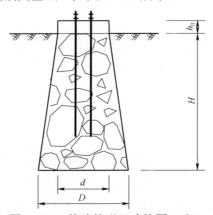

图5-18 基础外形尺寸简图（八）

基础参数见表5-30。

表5-30   基础外形参数   （mm）

参数名称	取值	参数名称	取值
墩台基顶直径 d	800	基础露头 h_0	200
墩台基底直径 D	1400	基础埋深 h	2300

地脚螺栓规格采用Q235，设置4个，呈对称分布，截面直径由计算求得；地脚螺栓直接锚于基础底部，锚筋保护层取50mm，地脚螺栓在基础中的锚固长度 $l_0 \geqslant 35d$。

（二）设计计算过程

1. 地脚螺栓截面设计

$$A_f = \frac{T}{nf_g} = \frac{430.11}{4 \times 160000} = 6.72 \text{（cm}^2\text{）}$$

取地脚螺栓规格为 M36。

2. 基础抗拔承载力计算

（1）锚桩底径 $D = 1400\text{mm}$，则地脚螺栓有效锚固深度 $l_0 = 35d = 35 \times 36 = 1260$（mm），锚桩有效锚固深度 $h_0 = h = 2300$（mm）。

基础体积 $V_f = \frac{\pi}{4}d^2 h_0 + \frac{\pi h}{12}(d^2 + D^2 + dD)$

$$= \frac{3.14}{4} \times 0.8^2 \times 0.2 + \frac{3.14}{12} \times 2.3 \times (0.8^2 + 1.4^2 + 0.8 \times 1.4) = 2.34 \text{（m}^3\text{）}$$

基础自重 $Q_f = V_f \gamma_{con} = 2.34 \times 24 = 56.16$（kN）

基础自重和基础上部土重 $G = \left(\frac{\pi}{4}D^2 h + \frac{\pi}{4}d^2 h_0\right) \times 20$

$$= \left(\frac{3.14}{4} \times 1.4^2 \times 2.3 + \frac{3.14}{4} \times 0.8^2 \times 0.2\right) \times 20$$

$$= 72.79 \text{（kN）}$$

（2）深径比 $\frac{h}{D} = \frac{2.3}{1.4} = 1.6 < 4$，按照上拔角为 45° 的直线滑动面模型计算。

（3）岩体抗剪承载力

$\gamma_f T_E = 1.1 \times 430.11 = 473.12$（kN）

$\pi h_0 \tau_s (D + h_0) + Q_f = 3.14 \times 2.3 \times 20 \times (1.4 + 2.3) + 56.16 = 590.59$（kN）

$\gamma_f T_E(473.12\text{kN}) < \pi h_0 \tau_s(D + h_0) + Q_f(590.59\text{kN})$，岩体抗剪承载力满足要求！

3. 基础抗压承载力计算

地基承载力计算 φ_r 取 0.2，则 $f_a = \varphi_r f_{rk} = 2000$（kPa）

基底压力计算 $p_0 = \frac{N_E + r_G G}{A} = \frac{518.67 + 1.2 \times 72.79}{\frac{3.14}{4} \times 1.4^2} = 393.88$（kPa）

$p_0(393.88\text{kPa}) < f_a / \gamma_{rf}(2667\text{kPa})$，由此可见，嵌固基础抗压承载力可不计算。

（三）基础施工图

对上述计算结果进行汇总，获得示例基础施工图如图 5-19 所示。

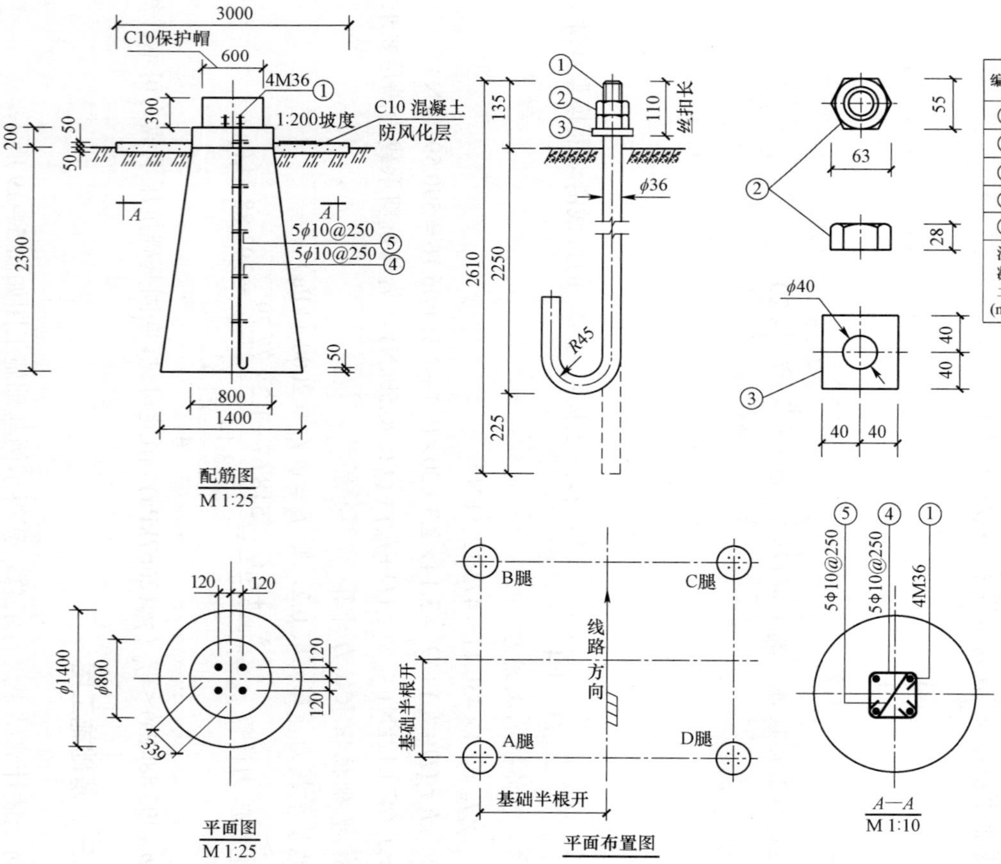

材 料 表

编号	名 称	规格	简图及尺寸 (mm)		长度 (mm)	数量	单位	单件	小计	质量 (kg)
①	地脚螺栓	M36	Q235		2610	4	根	25.04	100.16	
②	螺帽	M36			63	8	个	—	—	
③	垫片	—14			80	4	个	—	—	
④	地栓箍筋	Φ10	286		1344	5	根	0.83	4.15	
⑤	地栓箍筋	Φ10	442		642	5	根	0.40	2.00	
混凝土 (m³)	基础	C30		2.34	合计 5.99			钢材合计 (kg) 106.31		
	防风化层	C10		3.60						
	地栓护帽	C10		0.05						

图 5−19 岩石嵌固基础施工图

四、嵌岩桩

（一）计算参数

某特高压线路工程悬垂塔，采用嵌岩桩基础，设计参数见表 5-31～表 5-34。

表 5-31　　　　　　　　　　　　基础荷载设计值

上拔工况（kN）	T=2241.1	T_x=388.9	T_y=339.9
下压工况（kN）	N=2740.9	N_x=461.4	N_y=388.8

表 5-32　　　　　　　　　　　　岩土体参数

参数名称	取值	参数名称	取值
覆盖层厚度 h_s（m）	5.5	覆盖层不排水抗剪强度 c_u（kPa）	22.0
覆盖层土体内摩擦角 φ（°）	28.0	覆盖层土体容重 γ_s（kN/m³）	16.5
覆盖层极限侧阻力标准值 q_{sik}（kPa）	30	覆盖层极限侧阻力计算系数 ξ_{fi}	0.5
覆盖土的侧阻力抗拔折减系数 ξ'_{fi}	0.70	岩体弹性模量 E_r（GPa）	10.83
岩体泊松比 ν_r	0.25	岩石单轴抗压强度 f_{ucs}（MPa）	28.0
岩石极限侧阻力抗拔计算折减系数 ξ_s	0.70		

表 5-33　　　　　　　　　　　　设计要求（八）

参数名称	取值	参数名称	取值
桩身混凝土强度等级	C25	桩身混凝土轴心抗压强度 f_{ck}(MPa)	16.7
桩身混凝土弹性模量 E_c(GPa)	28	桩身配筋率 ρ_s(%)	0.56
钢筋弹性模量 E_y(GPa)	210	混凝土保护层厚度(mm)	70

表 5-34　　　　　　　　　　　　基础外形尺寸（八）

参数名称	取值	参数名称	取值
桩径 d(m)	1.60	地面以下桩体埋深 H(m)	10.5
地面以上基础露头高度 e_0(m)	1.0		

（二）设计计算过程

设计计算模型分别如图 3-38～图 3-42 所示。

1. 上拔稳定性计算

由于岩体单轴抗压强度 f_{ucs} 值大于桩身混凝土轴心抗压强度标准值 f_{ck}，桩侧极限侧阻力系数与极限侧阻力计算时，取 $f_{ucs}=f_{ck}$。

（1）极限侧阻力系数 $\xi_s=0.436(f_{ucs})^{-0.68}=0.436\times(16.7)^{-0.68}=0.064$

（2）抗拔极限承载力标准值 R_{Tu} 计算式如下

$$R_{Tu} = R_{usk}+R_{urk}+G_f=U_1\sum\xi'_{fi}\xi_{fi}q_{fik}l_i+U_2\xi'_s\xi_s f_{ucs}h_r+G_f$$

$$=3.14\times1.6\times0.7\times0.5\times30\times5.5+3.14\times1.6\times0.7\times0.064\times16.7\times1000\times5.0+578.1$$

$$=290.1+18793.8+578.1=19662（kN）$$

取安全系数 $K=2.5$，则

$$R_{Ta}=\frac{R_{Tu}}{K}=7864.8（kN）>2241.1kN$$

上拔稳定性满足要求！

2. 下压稳定性计算

同上，由于岩体单轴抗压强度 f_{ucs} 值大于桩身混凝土轴心抗压强度标准值 f_{ck} 时，桩端阻力系数与极限桩端阻力计算时，取 $f_{ucs}=f_{ck}$。

（1）极限侧阻力系数 $\xi_p=4.99(f_{ucs})^{-0.70}=4.99\times(16.7)^{-0.70}=0.695$

（2）抗压极限承载力标准值 R_{Nu} 计算式如下

$$R_{Nu}=R_{Nsk}+R_{Nrk}+R_{pk}=U_1\sum\xi_{fi}q_{fik}l_i+U_2\xi_s f_{ucs}h_r+\xi_p f_{ucs}A_p$$

$$=3.14\times1.6\times0.5\times30\times5.5$$

$$+3.14\times1.6\times0.064\times16.7\times1000\times5.0$$

$$+0.695\times16.7\times1000\times\frac{1}{4}\times3.14\times1.6^2$$

$$=414.5+26848.3+23324.4=50587.2（kN）$$

$$R_{Na}=\frac{R_{Nu}}{K}=20234.5（kN）>2740.9kN$$

下压稳定性满足要求！

3. 倾覆稳定性计算

（1）最小嵌岩深度验算。土岩层界面处桩身水平力设计值 H 计算式如下

$$H=\max\left(\sqrt{T_x^2+T_y^2},\sqrt{N_x^2+N_y^2}\right)=603.3（kN）$$

土岩层界面处桩身弯矩力设计值 $M=H(h_s+e_0)=603.3\times(5.5+1.0)$

$$=3291.5（kN\cdot m）$$

取 $\varphi_\beta = 1.0$、$\varphi_r = 0.5$、$f_{ucs} = 28.0$（MPa），由此计算得到

$$\varphi_\beta \varphi_r f_{ucs} = 1.0 \times 0.50 \times 28 = 14.0 \text{（MPa）} < f_{ck} = 16.7 \text{（MPa）}$$

由此最小嵌岩深度计算时可直接取 $\varphi_\beta \varphi_r f_{ucs}$ 进行计算最小嵌岩深度如下

$$h_{rmin} = \frac{4.23 \times 603.3 + \sqrt{17.92 \times 603.3^2 + 12.7 \times 1.0 \times 0.5 \times 28 \times 1000 \times 3291.5 \times 1.6}}{0.5 \times 1.0 \times 28 \times 1000 \times 1.6} = 1.61 \text{（m）}$$

计算嵌岩深径比 $h_r/d = 3.13 > 1.50$，嵌岩深径比满足要求。

（2）嵌岩段桩的水平承载特征判定。桩身换算截面惯性矩 I_0 计算如下

$$
\begin{aligned}
I_0 &= \frac{\pi d^2}{64}[d^2 + 2(\alpha_E - 1)\rho_s d_0^2] \\
&= \frac{\pi \times 1.60^2}{64}\left[1.60^2 + 2 \times \left(\frac{210}{28.0} - 1\right) \times 0.56\% \times (1.60 - 0.14)^2\right] \\
&= 0.3412 \text{（m}^4\text{）}
\end{aligned}
$$

嵌岩桩等效弹性模量 $E_e = \dfrac{(EI)_p}{\dfrac{\pi d^4}{64}} = \dfrac{0.85E_c I_0}{\dfrac{\pi d^4}{64}} = \dfrac{0.85 \times 28.0 \times 0.3412}{\dfrac{\pi \times 1.60^4}{64}} = 25.2 \text{（GPa）}$

桩侧岩石等效剪切模量 $G^* = G_r\left(1 + \dfrac{3\nu_r}{4}\right) = \dfrac{E_r}{2(1+\nu_r)}\left(1 + \dfrac{3\nu_r}{4}\right)$

$$= \frac{10.83}{2(1+0.25)} \times \left(1 + \frac{3 \times 0.25}{4}\right) = 5.144 \text{（MPa）}$$

$$\frac{h_r}{d} = 3.13 \geqslant \left(\frac{E_e}{G^*}\right)^{\frac{2}{7}} = \left(\frac{25.2}{5.144}\right)^{\frac{2}{7}} = 1.58$$

由此可见，嵌岩段桩的水平承载性能为柔性桩特征，可按柔性嵌岩桩计算水平位移和转角。

（3）桩顶水平位移计算。覆盖土层桩侧土体侧向土压力系数 K_p 计算式如下

$$K_p = \frac{1+\sin\varphi}{1-\sin\varphi} = \frac{1+\sin 28°}{1-\sin 28°} = 2.77$$

地面处水平力标准值 $H_{0k} = 446.9$（kN）

地面处弯矩标准值 $M_{0k} = H_{0k} \times e_0 = 446.9$（kN·m）

基岩顶面处桩顶水平力标准值 H_k 计算式如下

$$H_k = H_{0k} - 9c_u(h_s - 1.5d)d - 1.5K_p \gamma h_s^2 d$$
$$= 446.9 - 9 \times 22 \times (5.5 - 1.5 \times 1.6) \times 1.6 - 1.5 \times 2.77 \times 16.5 \times 5.5^2 \times 1.6 < 0$$

$H_k < 0$ 表明：覆盖土层能够抵抗水平力，因此计算时取 $H_k = 0$。

基岩顶面处桩顶截面弯矩标准值 M_k 计算式如下

$$M_k = M_{0k} + H_{0k}h_s - 4.5c_u(h_s - 1.5d)^2 d - 0.5K_p \gamma h_s^3 d$$
$$= 446.9 + 446.9 \times 5.5 - 4.5 \times 22 \times (5.5 - 1.5 \times 1.6)^2 \times 1.6 - 0.5 \times 2.77 \times 16.5 \times 5.5^3 \times 1.6$$
$$= 790.5 (kN \cdot m)$$

水平力标准值 H_{0k} 引起桩顶顶位移 u_1 计算式如下

$$u_1 = \frac{1}{3(EI)_p} H_{0k}(h_s + e_0)^3 = \left[\frac{1}{3 \times 8.121 \times 10^6} \times 446.9 \times (5.5 + 1.0)^3\right] \times 1000 = 5.04 (mm)$$

地面处 M_{0k} 引起桩顶（覆盖土层内桩身）位移 u_2 计算式如下

$$u_2 = \frac{1}{2(EI)_p} M_{0k}h_s^2 = \left[\frac{1}{2 \times 8.121 \times 10^6} \times 446.9 \times 5.5^2\right] \times 1000 = 0.83 (mm)$$

土岩层界面处 H_k 和弯矩 M_k 界面处桩的水平位移 u_3 计算式如下

$$u_3 = 0.50 \left(\frac{H_k}{G^*d}\right)\left(\frac{E_e}{G^*}\right)^{-\frac{1}{7}} + 1.08 \left(\frac{M_k}{G^*d^2}\right)\left(\frac{E_e}{G^*}\right)^{-\frac{3}{7}} = 0.03 (mm)$$

土岩层界面处 H_k 和弯矩 M_k 界面处转角 θ 计算式如下

$$\theta = 1.08 \left(\frac{H_k}{G^*d^2}\right)\left(\frac{E_e}{G^*}\right)^{-\frac{3}{7}} + 6.40 \left(\frac{M_k}{G^*d^3}\right)\left(\frac{E_e}{G^*}\right)^{-\frac{5}{7}} = 0.000077 (rad)$$

由转角 θ 引起的桩顶位移 $u_4 = (h_s + e_0)\theta = 0.50 (mm)$

桩顶总水平位移 $u = u_1 + u_2 + u_3 + u_4$
$$= 5.04 + 0.83 + 0.03 + 0.50 = 6.40 (mm) < 10\ mm$$

桩顶水平位移满足要求。

第三节　岩石锚杆基础

一、岩石直锚基础

（一）设计参数

地基条件：微风化较硬岩，地质参数计算值见表 5−35。

基础作用力：上拔力设计值 T_E=1065.83kN。

材料：包裹体采用 M20 水泥砂浆，钢筋 HRB400 钢筋。

适用塔形：悬垂型杆塔。

表 5−35　　　　　　　　　地质参数计算值　　　　　　　　　（kN/m²）

地质参数	τ_a	τ_b	τ_s
取值	2000	800	40

基础选型：2×2 型直锚式群锚基础，锚桩间距 b=420mm，如图 5−20 所示。

基础参数：地脚螺栓规格采用 Q235，设置 4 个，呈对称分布，截面直径由计算求得；地脚螺栓直接锚于锚桩底部，锚桩保护层厚取 50mm，锚桩直径 D_b=140mm，锚桩长度 l_s=3200mm。

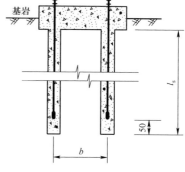

图 5−20　基础外形尺寸简图（九）

（二）设计计算过程

1. 地脚螺栓截面设计

$$A_f = \frac{T_E}{nf_g} = \frac{1065.83}{4 \times 160000} = 16.66 \ （\text{cm}^2）$$

由 DL/T 5219—2014 表 H.0.2 可知，取地脚螺栓规格为 M56。

2. 基础承载力计算

（1）地脚螺栓与砂浆黏结强度计算。

地脚螺栓锚固深度 $l_a = l_s - 50 = 3200 - 50 = 3150$ （mm）

$$\gamma_f T_E < \pi d_a l_a \tau_a \left(\begin{array}{l} \gamma_f T_E / 4 = 1.1 \times 1065.83 / 4 = 293.1 \text{（kN）} \\ \pi d_a l_a \tau_a = 3.14 \times 0.056 \times 3.15 \times 2000 = 1107.79 \text{（kN）} \end{array} \right)$$

地脚螺栓与砂浆黏结强度满足要求！

（2）锚桩与岩石间黏结强度计算。

锚桩锚固深度 $l_b = l_s = 3200$（mm）

$$\gamma_f T_E < \pi D_b l_b \tau_b \left(\begin{array}{l} \gamma_f T_E / 4 = 1.1 \times 1065.83 / 4 = 293.1 \text{（kN）} \\ \pi D_b l_b \tau_b = 3.14 \times 0.14 \times 3.2 \times 800 = 1125.38 \text{（kN）} \end{array} \right)$$

锚桩与岩石间黏结强度满足要求！

（3）岩石剪切强度。分别按照岩体呈整体破坏和非整体破坏两种工况计算。

1）整体破坏时，群锚桩外切圆直径 $a = \sqrt{2} \times 0.42 + 0.14 = 0.73$（mm）

$$\gamma_f T_E < \pi l_s \tau_s (a + l_s)$$

$$\left(\begin{array}{l} \gamma_f T_E = 1.1 \times 1065.83 = 1172.41 \text{（kN）} \\ \pi l_s \tau_s (a + l_s) = 3.14 \times 3.2 \times 40 \times (3.2 + 0.73) = 1579.55 \text{（kN）} \end{array} \right)$$

岩体呈整体破坏时剪切强度满足要求！

2）非整体破坏时

$$\gamma_f T_E < \pi l_s \tau_s (D_b + l_s) \left(\begin{array}{l} \gamma_f T_E / 4 = 1.1 \times 1065.83 / 4 = 293.1 \text{（kN）} \\ \pi l_s \tau_s (D_b + l_s) = 3.14 \times 3.2 \times 40 \times (0.14 + 3.2) = 1342.41 \text{（kN）} \end{array} \right)$$

岩体呈非整体破坏时剪切强度满足要求！

（三）基础施工图

对上述计算结果进行汇总，获得示例基础施工图如图 5-21 所示。

二、承台式群锚基础

（一）设计参数

地基条件：覆盖层为残积土，基岩为微风化石灰岩，地质参数见表 5-36。

基础作用力：设计上拔力 $T_E = 2000$kN，$T_x = 184.01$kN，$T_y = 130.01$kN。

材料：包裹体采用 C30 细石混凝土，钢筋采用 HRB400 螺纹钢。

适用塔形：悬垂型杆塔。

基础选型：3×3 型承台式群锚桩，锚桩间距 $b = 450$mm，如图 5-22 所示，承台及承台柱尺寸参数见表 5-37。

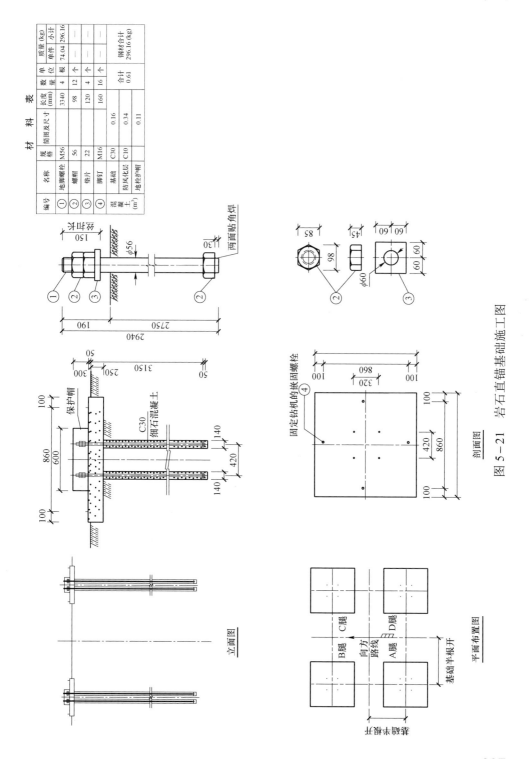

材 料 表

编号	名称	规格	简图及尺寸	长度(mm)	数量	单位	质量(kg)	
							单件	小计
①	地脚螺栓	M56		3340	4	根	74.04	296.16
②	螺帽	56		98	12	个	—	—
③	垫片	22		120	4	个	—	—
④	脚钉	M16		160	16	个	—	—
混凝土(m³)	基础	C30	0.16		合计		钢材合计	
	防风化层	C10	0.34		0.61		296.16(kg)	
	地栓护帽		0.11					

立面图

剖面图

平面布置图

图 5 - 21 岩石直锚基础施工图

287

基础参数：地脚螺栓规格采用 42CrMo，设置 4 个，呈对称分布，截面直径由计算求得；锚筋采用 HRB400 螺纹钢，直径 d_a = 36mm，锚桩直径 D_b = 110mm，锚桩长度 l_s = 4000mm，锚桩保护层取 50mm。

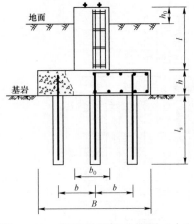

图 5-22　基础外形尺寸简图（十）

表 5-36　　地质参数（八）

地质参数	块体密度（g/cm³）	τ_a（kPa）	τ_b（kPa）	τ_s（kPa）
取值	2.78	3000	800	35

表 5-37　　　　　　　　　　　承台及承台柱尺寸参数　　　　　　　　　　　（mm）

参数名称	取值	参数名称	取值
承台宽度 B	1700	承台柱长度 l	1000
承台厚度 h	900	露头 h_0	200
承台柱宽度 b_0	600		

（二）设计计算过程

1. 锚桩柱顶效应计算

承台自重及承台上部土重 $G_s = B^2(h + l - h_0)20$

$$= 1.7^2 \times (0.9 + 1 - 0.2) \times 20 = 98.26 （kN）$$

作用于承台底面绕 x、y 轴弯矩

$$M_x = T_y(l + h) = 130.01 \times (1 + 0.9) = 247.02 （kN \cdot m）$$

$$M_y = T_x(l + h) = 184.01 \times (1 + 0.9) = 349.62 （kN \cdot m）$$

单根锚筋最大上拔力计算 $T_{Ei\max} = \dfrac{T_E - G_s}{n} + \dfrac{M_x Y_i}{\sum\limits_{i=1}^{n} Y_i^2} + \dfrac{M_y X_i}{\sum\limits_{i=1}^{n} X_i^2}$

$$= \frac{2000 - 98.26}{9} + \frac{247.02 \times 0.45}{1.22} + \frac{349.62 \times 0.45}{1.22}$$

$$= 431.38 （kN）$$

2. 地脚螺栓截面设计

$$A_f = \frac{T_E}{nf_g} = \frac{2000}{4 \times 310000} = 16.13 \ (\text{cm}^2)$$

由 DL/T 5219—2014 表 H.0.2 可知,取地脚螺栓规格为 M52。

3. 锚固长度计算

钢筋基本锚固长度 $l_a = \alpha \dfrac{f_y}{f_t} d_r \zeta_a = 0.14 \times \dfrac{360000}{1430} \times 0.36 \times 1.1 = 1.4 \ (\text{m})$

锚筋端部采用机械锚固措施,l_a 取 1.4×0.6=0.84m

锚筋在承台内实际锚固长度为 0.9−0.05=0.85(m),承台厚度满足要求。

地脚螺栓锚固长度允许值为承台柱长度与承台厚度之和,即 $l+h$=1000+900=1900(mm)。

地脚螺栓实际锚固长度取 35d,约为 1260mm,承台与承台柱总长度满足要求。

4. 基础承载力计算

(1)锚筋与砂浆黏结强度计算

锚筋锚固深度 $l_a = l_s - 50 = 4000 - 50 = 3950$(mm)

$$\gamma_f T_E < \pi d_a l_a \tau_a \begin{pmatrix} \gamma_f T_{Ei\max} = 1.1 \times 431.38 = 474.52 \ (\text{kN}) \\ \pi d_a l_a \tau_a = 3.14 \times 0.036 \times 3.95 \times 3000 = 1339.52 \ (\text{kN}) \end{pmatrix}$$

(2)锚桩与岩石间黏结强度计算。锚桩锚固深度 $l_b = 4000$mm,则

$$\gamma_f T_E < \pi D_b l_b \tau_b \begin{pmatrix} \gamma_f T_{Ei\max} = 1.1 \times 431.38 = 474.52 \ (\text{kN}) \\ \pi D_b l_b \tau_b = 3.14 \times 0.11 \times 4 \times 800 = 1105.28 \ (\text{kN}) \end{pmatrix}$$

(3)岩石剪切强度。分别按照岩体呈整体破坏和非整体破坏两种工况计算。

1)岩体整体破坏时:群锚桩外切圆直径 $a = 1594$(mm)

$$\gamma_f T_E < \pi h_0 \tau_s (a + h_0) + G_s \begin{pmatrix} \gamma_f T_E = 1.1 \times 2000 = 2200 \ (\text{kN}) \\ \pi h_0 \tau_s (a + h_0) + G_s = 3.14 \times 4 \times 35 \times (1.59 + 4) + 76.3 = 2535.66 \ (\text{kN}) \end{pmatrix}$$

2)岩体非整体破坏时

$$\gamma_f T_{Ei\max} < \pi h_0 \tau_s (D_b + h_0) \begin{pmatrix} \gamma_f T_{Ei\max} = 1.1 \times 431.28 = 474.52 \ (\text{kN}) \\ \pi l_s \tau_s (D_b + l_s) = 3.14 \times 4 \times 35 \times (0.11 + 4) = 1806.76 \ (\text{kN}) \end{pmatrix}$$

(三)基础施工图

对上述计算结果进行汇总,获得示例基础施工图如图 5−23 所示。

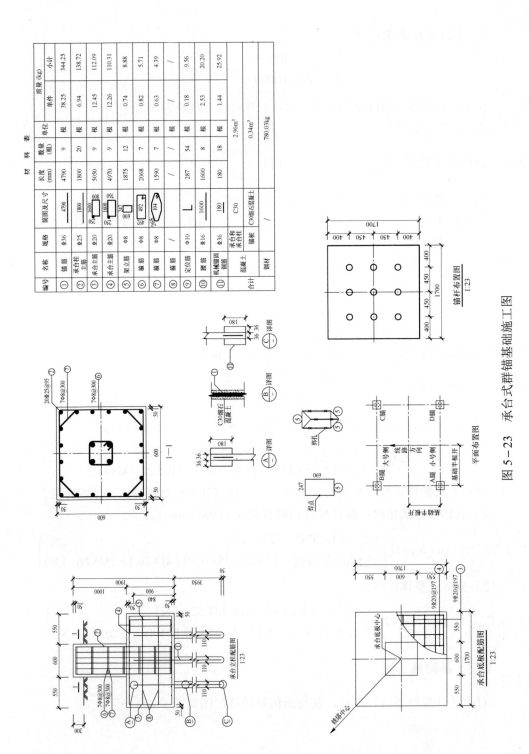

图 5－23　承台式群锚基础施工图

第四节 灌注桩群桩基础

一、设计参数

某线路工程悬垂型杆塔，采用灌注桩（群桩 3×3）基础，基础外形尺寸如图 5-24 所示，设计计算参数如表 5-38～表 5-41 所示，土层数为 3，承台底地基承载力为 0，桩极限端阻力为 200kPa，无软弱下卧层，无地下水。

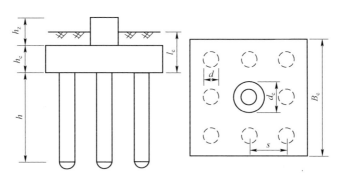

图 5-24 群桩基础外形尺寸简图

表 5-38 地质参数（九）

序号	土类别	厚度 (m)	水平抗力比例系数 (kN/m⁴)	极限侧阻力 (kPa)	内摩擦角 (°)	黏聚力 (kPa)	天然容重 (kN/m³)
1	黏性土	30	2000	20	8	16	16.5
2	黏性土	20	3500	30	8	18	16.8
3	黏性土	15	8000	60	20	20	17.5

表 5-39 载荷信息（二） (kN)

荷载工况	竖向力标准值	水平力（x 向）标准值	水平力（y 向）标准值
上拔+水平	T_E=5989.5	T_x=836	T_y=739.2
下压+水平	N_E=7334.8	N_x=995.5	N_y=871.2

表 5-40 设计要求（九）

参数名称	取值	参数名称	取值
桩混凝土等级	C30	抗力分项系数	0.8

参数名称	取值	参数名称	取值
承台混凝土等级	C30	桩保护层厚度（mm）	60
桩主筋等级	HRB400	承台保护层厚度（mm）	70
承台主筋等级	HRB400	箍筋直径（mm）	8/10

表 5-41 基础外形尺寸（九） （m）

参数名称	取值	参数名称	取值
桩径 d	1.0	承台柱高度 h_z	1.0
桩长 h	36.0	承台入土深度 l_c	1.9
桩距 s	3.0	承台宽度 B_c	8.0
承台柱直径 d_c	1.8	承台厚度 h_c	1.4

二、设计计算过程

1. 下压承载力计算

承台及上部土重标准值 $G_k = B^2 l_c 20 = 8^2 \times 1.9 \times 20 = 2432$ （kN）

x 向弯矩 $M_{xk} = N_y(h_c + h_z) = 871.2 \times (1.4 + 1) = 2090.88$ （kN·m）

y 向弯矩 $M_{yk} = N_x(h_c + h_z) = 995.5 \times (1.4 + 1) = 2389.2$ （kN·m）

标准组合轴心竖向下压力 $N_k = \dfrac{F_k + G_k}{n} = \dfrac{7334.8 + 2432}{9} = 1085.2$ （kN）

标准组合偏心竖向下压力最大值
$$N_{kmax} = \frac{F_k + G_k}{n} + \frac{M_{xk} y_i}{\sum y_j^2} + \frac{M_{yk} x_i}{\sum x_j^2}$$
$$= 1085.2 + \frac{2090.88 \times 3}{6 \times 3^2} + \frac{2389.2 \times 3}{6 \times 3^2}$$
$$= 1334.09 \text{（kN）}$$

桩端阻力尺寸效应系数 $\psi_p = \left(\dfrac{0.8}{d}\right)^{1/4} = \left(\dfrac{0.8}{1}\right)^{1/4} = 0.946$

桩侧阻力尺寸效应系数 $\psi_{si} = \left(\dfrac{0.8}{d}\right)^{1/5} = \left(\dfrac{0.8}{1}\right)^{1/5} = 0.956$

单桩竖向极限承载力标准值 R_{Nu} 计算式如下

$$\begin{aligned}
R_{Nu} &= \sum u_i \psi_{si} q_{sik} l_i + \psi_p q_{pk} A_p \\
&= 3.14 \times 0.956 \times (20 \times 28.1 + 30 \times 7.9) + 0.946 \times 200 \times 0.785 \\
&= 2546.99 \text{（kN）}
\end{aligned}$$

基桩竖向承载力特征值 $R_{Na} = R_{Nu} / K = 2546.99 / 2 = 1273.5$ （kN）

基桩平均轴向下压力验算 $\gamma_f N_k = 0.8 \times 1085.2 = 868.16$ （kN）$< R_{Na} = 1273.5$ （kN）

基桩最大轴向下压力验算

$$\gamma_f N_{k\max} = 0.8 \times 1334.09 = 1067.27 \text{（kN）} < 1.2 R_{Na} [1.2 R_{Na} = 1.2 \times 1273.5 = 1528.2 \text{（kN）}]$$

下压承载力满足要求！

2. 上拔承载力计算

群桩呈非整体破坏时基桩的抗拔极限承载力标准值 T_{uk} 计算式如下

$$T_{uk} = \sum \lambda_i q_{sik} u_i l_i \psi_{si} = 0.75 \times 3.14 \times 0.956 \times (28.1 \times 20 + 7.9 \times 30) = 1798.85 \text{（kN）}$$

群桩呈整体破坏时基桩的抗拔极限承载力标准值 T_{gk} 计算式如下

$$T_{gk} = \frac{1}{n} u_l \sum \lambda_i q_{sik} l_i = \frac{1}{9} \times 4 \times 7 \times 0.75 \times (20 \times 28.1 + 30 \times 7.9) = 1864.33 \text{（kN）}$$

基桩自重 $G_p = \gamma_{com}\left(\dfrac{3.14}{4} d^2 h\right) = 24 \times \dfrac{3.14}{4} \times 1^2 \times 36 = 678.24$ （kN）

群桩基础所包围体积的桩土总自重除以总桩数 $G_{gp} = \dfrac{1}{9} \times 20 \times 36 \times 7 \times 7$
$$= 3920 \text{（kN）}$$

基桩轴心竖向上拔力 $T_k = \dfrac{T_k - G_k}{n} = \dfrac{5989.5 - 2432}{9} = 395.28$ （kN）

x 向弯矩 $\begin{aligned}M_{xk} &= T_y(h_c + h_z) \\ &= 739.2 \times 2.4 \\ &= 1774.08 \text{（kN·m）}\end{aligned}$

y 向弯矩 $M_{yk} = T_x(h_c + h_z)$
$$= 836 \times 2.4$$
$$= 2006.4 \text{（kN·m）}$$

基桩偏心竖向上拔力最大值 $T_{kmax} = \dfrac{T_k - G_k}{n} + \dfrac{M_{xk} y_i}{\sum y_j^2} + \dfrac{M_{yk} x_i}{\sum x_j^2}$

$$= 395.28 + \dfrac{2006.4 \times 3}{6 \times 3^2} + \dfrac{1774.08 \times 3}{6 \times 3^2}$$

$$= 605.31 \text{（kN）}$$

$$T_{kmin} = \dfrac{T_k - G_k}{n} - \dfrac{M_{xk} y_i}{\sum y_i^2} - \dfrac{M_{yk} x_i}{\sum x_j^2} = 185.25 \text{（kN）}$$

群桩呈整体破坏时基桩上拔力验算 $\gamma_f T_{kmax} = 0.8 \times 605.31$
$$= 484.25 \text{kN} < T_{gk}/2 + G_{gp}$$
$$= 1864.33/2 + 3920$$
$$= 4852.17 \text{（kN）}$$

群桩呈非整体破坏时基桩上拔力验算 $\gamma_f T_{kmax} = 0.8 \times 605.31$
$$= 484.25 \text{kN} < T_{uk}/2 + G_p$$
$$= 1798.85/2 + 678.24$$
$$= 1577.67 \text{（kN）}$$

上拔承载力满足要求。

3. 水平承载力计算

桩身的计算宽度 $b_0 = 0.9(1.5d + 0.5) = 0.9 \times (1.5 \times 1.0 + 0.5) = 1.8$（m）

基桩截面按照 20Φ20（6280mm²）配筋，配筋率 ρ_g=0.008

桩身换算截面惯性矩 I_0 计算式如下

$$I_0 = W_0 d_0 / 2 = \dfrac{\pi d d_0}{64}[d^2 + 2(\alpha_E - 1)\rho_g d_0^2]$$

$$= \dfrac{3.14 \times 1 \times (1 - 2 \times 0.06)}{64}\left[1^2 + 2 \times \left(\dfrac{200000}{30000} - 1\right) \times 0.008 \times (1 - 2 \times 0.06)^2\right]$$

$$= 0.0462 \text{（m}^4\text{）}$$

桩身抗弯刚度 $EI = 0.85 E_c I_0 = 0.85 \times 3 \times 10^7 \times 0.046\,2 = 1.178 \times 10^6$（kN·m²）

桩的水平变形系数 $\alpha = \sqrt[5]{\dfrac{mb_0}{EI}} = \sqrt[5]{\dfrac{2000 \times 1.8}{1.178 \times 10^6}} = 0.314$ （1/m）

桩顶水平系数 $v_x = 0.940$，允许位移 χ_{oa} 取 10mm。

灌注桩单桩水平承载力特征值 R_{ha} 计算式如下

$$R_{ha} = 0.75 \frac{\alpha^3 EI}{v_x} \chi_{oa} = 0.75 \times \frac{0.314^3 \times 1.178 \times 10^6}{0.94} \times 0.01 = 290.98 \text{（kN）}$$

水平承载力群桩效应系数 η_h 计算式如下

$$\eta_h = \eta_i \eta_r + \eta_l = \frac{\left(\dfrac{3}{1}\right)^{0.015 \times 3 + 0.45}}{0.15 \times 3 + 0.10 \times 3 + 1.9} \times 2.05 + \frac{2000 \times 0.01 \times (8+1) \times 1.4^2}{2 \times 3 \times 3 \times 290.98} = 1.40$$

群桩基础的基桩水平承载力为 $R_h = \eta_h R_h = 1.40 \times 290.98 = 407.37$ （kN）

荷载效应标准组合下，基桩的水平力为

下压 $H_{NE} = \dfrac{H_k}{n} = \dfrac{\sqrt{N_x^2 + N_y^2}}{n} = \dfrac{\sqrt{995.5^2 + 871.2^2}}{9} = 146.99$ （kN）

上拔 $H_{TE} = \dfrac{H_k}{n} = \dfrac{\sqrt{T_x^2 + T_y^2}}{n} = \dfrac{\sqrt{836^2 + 739.2^2}}{9} = 123.99$ （kN）

基桩下压工况水平承载力验算 $H_{NE} = 146.99$ （kN）＜ $R_h = 407.37$ （kN），基桩上拔工况水平承载力验算 $H_{TE} = 123.99$ （kN）＜ $R_h = 407.37$ （kN），水平承载力满足要求。

4. 桩配筋计算

按偏心受拉构件校核正截面承载力

基桩所受水平力设计值 $H_0 = \dfrac{\sqrt{T_x^2 + T_y^2}}{n} \times 1.35$

$$= \frac{\sqrt{836^2 + 739.2^2}}{9} \times 1.35 = 167.39 \text{（kN）}$$

基桩顶面初始弯矩值 $M_0 = H_0 l_0 = 167.39 \times 2.4 = 401.74$ （kN·m）

参数 $C_1 = \dfrac{\alpha M_0}{H_0} = \dfrac{0.314 \times 401.74}{167.39} = 0.754$，$\alpha h = 11.30 ＞ 4$，取4。

查 JGJ 94—2008 表 C.0.3-5，α_y 取 1，D_{II} 取 1.425。

经计算得 $y_{Mmax} = 3.18$m，$M_{max} = \dfrac{H_0}{D_{II}} = 117.47$ （kN·m）

分别按照 $T_{k\min}$、T_k、$T_{k\max}$ 校验正截面承载力

$$e_{01} = \frac{M_{\max}}{1.35 T_{k\min}} = \frac{117.47}{250.09} = 0.47\text{m} > r_g/2 = 0.22\ (\text{m})$$

$$A_{s1} = \gamma_{bg} \alpha_1 \frac{A_h f_c}{f_y} = 1.28 \times 2.82 \times 10^{-2} \times \frac{0.79 \times 14300}{300000} = 1359\ (\text{mm}^2)$$

$$e_{02} = \frac{M_{\max}}{1.35 T_k} = \frac{117.47}{533.63} = 0.21\text{m} < r_g/2 = 0.22\ (\text{m})$$

$$A_{s2} = \frac{1.1 T_k}{f_y}\left(1 + \frac{2.0 e_0}{r_g}\right) = \frac{1.1 \times 533.63}{300000} \times \left(1 + \frac{2 \times 0.21}{0.43}\right) = 3868\ (\text{mm}^2)$$

$$e_{03} = \frac{M_{\max}}{1.35 T_{k\max}} = \frac{117.47}{817.17} = 0.14\text{m} < r_g/2 = 0.22\ (\text{m})$$

$$A_{s3} = \frac{1.1 T_{k\max}}{f_y}\left(1 + \frac{2.0 e_0}{r_g}\right) = \frac{1.1 \times 817.17}{300000} \times \left(1 + \frac{2 \times 0.14}{0.43}\right) = 4947\ (\text{mm}^2)$$

初配钢筋 20Φ20 [6280mm² > max (A_{s1}, A_{s2}, A_{s3})]，满足要求。

5. 承台板配筋计算

承台上底板 x 方向最不利截面弯矩 $M_{ctx-u} = \sum N_i y_i = 6498.33$（kN·m）

承台上底板 y 方向最不利截面弯矩 $M_{cty-u} = \sum N_i x_i = 6608.1$（kN·m）

承台下底板绕 x 轴计算截面弯矩 $M_{ctx-d} = \sum N_i y_i = 7919.33$（kN·m）

承台下底板绕 y 轴计算截面弯矩 $M_{cty-d} = \sum N_i x_i = 8060.28$（kN·m）

上底板 x 方向所需钢筋面积

$$x = h_{ct0} - \sqrt{h_{ct0}^2 - \frac{2 M_{ctx-u}}{f_c B_{ct}}} = 1.33 - \sqrt{1.33^2 - \frac{2 \times 6498.33}{1430 \times 8}} = 0.53$$

$$A_{ctx} = \frac{M_{ctx-u}}{\left(h_{ct0} - \frac{x}{2}\right) f_y} = \frac{6498.33}{\left(1.33 - \frac{0.53}{2}\right) \times 300000} \times 10^6 = 20339\ (\text{mm}^2)$$

实际配置 45Φ25（22078mm² > A_{ctx}=20339mm²）。

上底板 y 方向所需钢筋面积

$$x = h_{ct0} - \sqrt{h_{ct0}^2 - \frac{2 M_{cty-u}}{f_c B_{ct}}} = 1.33 - \sqrt{1.33^2 - \frac{2 \times 6608.1}{1430 \times 8}} = 0.55$$

$$A_{\mathrm{cty}} = \frac{M_{\mathrm{cty \text{-} u}}}{\left(h_{\mathrm{ct0}} - \dfrac{x}{2}\right)f_y} = \frac{6608.1}{\left(1.33 - \dfrac{0.55}{2}\right) \times 300000} \times 10^6 = 20879 \ (\mathrm{mm}^2)$$

实际配置 45Φ25（22078mm^2＞A_{cty}=20879mm^2）。

下底板 x 方向所需钢筋面积

$$x = h_{\mathrm{ct0}} - \sqrt{h_{\mathrm{ct0}}^2 - \frac{2M_{\mathrm{ctx \text{-} d}}}{f_c B_{\mathrm{ct}}}} = 1.33 - \sqrt{1.33^2 - \frac{2 \times 7919.33}{1430 \times 8}} = 0.71$$

$$A_{\mathrm{ctx}} = \frac{M_{\mathrm{ctx \text{-} d}}}{\left(h_{\mathrm{ct0}} - \dfrac{x}{2}\right)f_y} = \frac{7919.33}{\left(1.33 - \dfrac{0.71}{2}\right) \times 300000} \times 10^6 = 27074 \ (\mathrm{mm}^2)$$

实际配置 58Φ25（28456mm^2＞A_{ctx}=27074mm^2）。

下底板 y 方向所需钢筋面积

$$x = h_{\mathrm{ct0}} - \sqrt{h_{\mathrm{ct0}}^2 - \frac{2M_{\mathrm{cty \text{-} d}}}{f_c B_{\mathrm{ct}}}} = 1.33 - \sqrt{1.33^2 - \frac{2 \times 8060.28}{1430 \times 8}} = 0.73$$

$$A_{\mathrm{cty}} = \frac{M_{\mathrm{cty \text{-} d}}}{\left(h_{\mathrm{ct0}} - \dfrac{x}{2}\right)f_y} = \frac{8060.28}{\left(1.33 - \dfrac{0.73}{2}\right) \times 300000} \times 10^6 = 27842 \ (\mathrm{mm}^2)$$

实际配置 58Φ25（28456mm^2＞A_{cty}=27842mm^2）。

6. 承台柱配筋计算

计算过程参考本章第一节扩展基础立柱正截面承载力计算部分。

7. 承台板冲切计算

（1）承台柱冲切。承台冲切破坏锥体有效高度 $h_{\mathrm{ct0}} = 1.4 - 0.07 - \dfrac{0.025}{2}$
$$= 1.32 \ (\mathrm{m})$$

承台冲切承载力截面高度影响系数 $\beta_{\mathrm{hp}} = 0.95$ ，系数 $\alpha_{0x} = \alpha_{0y} = 1.6\mathrm{m}$ ；
$h_c = b_c = 1.8\mathrm{m}$ 。

冲跨比 $\lambda_{0x} = \lambda_{0y} = 1.6/1.32 = 1.21 > 1.0$ ，取 $\lambda_{0x} = \lambda_{0y} = 1.0$ 。

柱冲切系数 $\beta_{0x} = \beta_{0y} = \dfrac{0.84}{\lambda + 0.2} = \dfrac{0.84}{1.0 + 0.2} = 0.7$

柱下矩形独立承台受冲切承载力　$2[\beta_{0x}(b_c + a_{0y}) + \beta_{0y}(h_c + a_{0x})]\beta_{\mathrm{hp}} f_t h_{\mathrm{ct0}}$
$$= 2 \times [0.7 \times (1.8 + 1.6) + 0.7 \times (1.8 + 1.6)] \times$$
$$0.95 \times 1430 \times 1.32$$
$$= 17071.45 \ (\mathrm{kN})$$

冲切力设计值 $F_1 = N_E - \sum Q_i = 1.35 \times (7334.8 - 814.98) = 8801.76$（kN）

承台受柱冲切验算 $F_1 = 8801.76$（kN）<17071.45（kN），满足冲切承载力要求。

（2）角桩冲切。承台有效高度 $h_{ct0} = 1.32$m，系数 $\alpha_{1x} = \alpha_{1y} = 1.6$m > 1.4m，取 1.4m；系数 $c_1 = c_2 = 1.5$m。

角桩冲跨比 $\lambda_{1x(y)} = \alpha_{1x(y)} / h_{ct0} = 1.06 > 1$，取 1。角桩冲切系数 $\beta_{1x} = \beta_{1y} = 0.56 /$ $(1 + 0.2) = 0.47$，则

$$[\beta_{1x}(c_2 + a_{1y}/2) + \beta_{1y}(c_1 + a_{1x}/2)]\beta_{hp}f_t h_{ct0} = 2 \times [0.47 \times (1.5 + 1.4/2)] \times 0.95 \times 1430 \times 1.32$$
$$= 3708.38 \text{（kN）}$$

$$N_1 = 1.35 \times \left(\frac{7334.8}{9} + \frac{2090.88 \times 3}{6 \times 3^2} + \frac{2389.2 \times 3}{6 \times 3^2} \right) = 1436.23 \text{（kN）}$$

承台受角桩冲切验算 $N_1 = 1436.23$（kN）< 3708.38（kN），满足冲切承载力要求。

8. 承台剪切计算

承台受剪切承载力截面高度影响系数 $\beta_{hs} = 0.88$，承台计算截面处的计算宽度 $b_{0x} = b_{0y} = 8.0$（m），系数 $a_x = a_y = 1.6$（m），取 1。冲跨比 $\lambda_x = \lambda_y = 1.6/1.32 = 1.21 > 1$，取 1。

承台剪切系数 $\alpha_x = \alpha_y = \dfrac{1.75}{\lambda + 1} = \dfrac{1.75}{1 + 1} = 0.88$

承台斜截面受剪承载力 $\beta_{hs}\alpha f_t b_0 h_{ct0} = 0.88 \times 0.88 \times 1430 \times 8 \times 1.32 = 11694.06$（kN）

斜截面最大剪切力设计值

$$V_x = 1.35 \times 3 \times \left(\frac{7334.8}{9} + \frac{2389.2 \times 3}{6 \times 3^2} \right) = 3838.23 \text{（kN）}$$

$$V_y = 1.35 \times 3 \times \left(\frac{7334.8}{9} + \frac{2090.88 \times 3}{6 \times 3^2} \right) = 3771.11 \text{（kN）}$$

承台斜截面剪切验算 $V = \begin{cases} 3838.23 \text{（kN）} \\ 3771.11 \text{（kN）} \end{cases} < 11694.06$（kN），满足剪切承载力要求。

三、基础施工图

对上述计算结果进行汇总，获得示例基础施工图如图 5-25 所示。

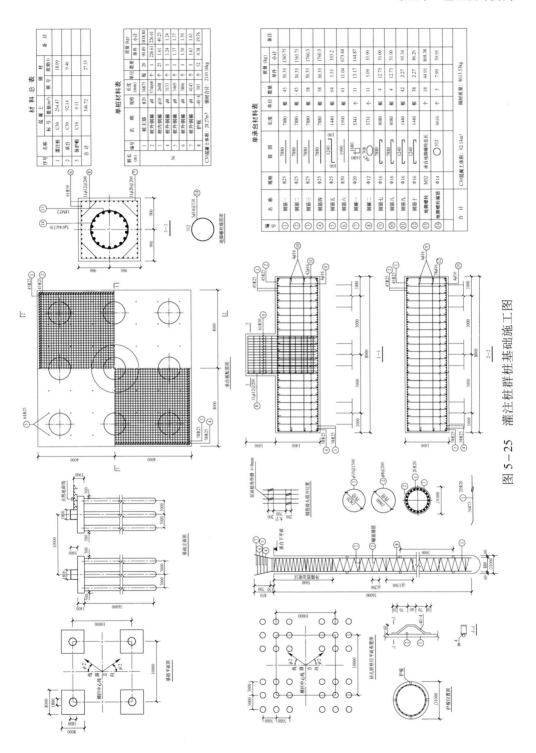

图 5-25 灌注桩群桩基础施工图

第五节 单桩十字梁基础

一、设计参数

某 220kV 线路工程悬垂型杆塔，采用单桩十字梁基础，基础外形尺寸如图 5-26 所示，设计计算参数如表 5-42～表 5-44 所示，桩极限端阻力为 200kPa，无软弱下卧层，无地下水。

表 5-42 十字梁及支柱参数 （mm）

参数名称	梁缘端高度 h_1	梁根端高度 $h_1 + h_m$	梁悬臂长度 l_1	支柱截面宽度 d_z	支柱高度 h_z	支柱边缘到梁边缘距离
取值	400	800	1415	400	900	200

表 5-43 材料参数

参数名称	混凝土强度等级	保护层厚度 c_t（mm）	主筋规格	主筋直径（mm）	箍筋规格	箍筋间距（mm）
取值	C30	40	HRB335	20	HRB335	200

表 5-44 荷载条件

荷载工况	竖向力	水平力（x 向）	水平力（y 向）
压腿	$N_E = 300$	$N_x = 7.5$	$N_y = 10$
拉腿	$T_E = 250$	$T_x = 7.5$	$T_y = 10$

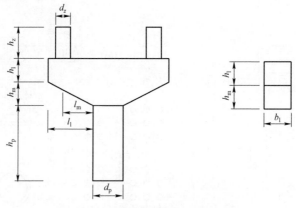

图 5-26 单桩十字梁结构示意图

二、设计计算过程

（一）弯矩计算

$$l_{\mathrm{m}} = l_1 - 200 - \frac{d_z}{2} = 1415 - 200 - 200 = 1.015 \ （\mathrm{m}）, \quad b = b_1 = 0.4 \ （\mathrm{m}）$$

$$H_{\mathrm{NE}} = \sqrt{N_x^2 + N_y^2} = \sqrt{7.5^2 + 10^2} = 12.5 \ （\mathrm{kN}）$$

$$H_{\mathrm{TE}} = \sqrt{T_x^2 + T_y^2} = \sqrt{7.5^2 + 10^2} = 12.5 \ （\mathrm{kN}）$$

$M_1 = N_{\mathrm{E}} l_{\mathrm{m}} = 300 \times 1.015 = 304.5 \ （\mathrm{kN \cdot m}）; \quad M_2 = H_{\mathrm{NE}} h_z = 12.5 \times 0.9 = 11.25 \ （\mathrm{kN \cdot m}）$

$M_1' = T_{\mathrm{E}} l_{\mathrm{m}} = 250 \times 1.015 = 253.75 \ （\mathrm{kN \cdot m}）; \quad M_2' = H_{\mathrm{TE}} h_z = 12.5 \times 0.9 = 11.25 \ （\mathrm{kN \cdot m}）$

（二）压腿侧按照十字梁上缘受弯计算，拉腿侧按照十字梁下缘（斜面）受弯计算

（1）十字梁上缘（按单筋截面考虑）配筋计算如图 5–27 所示。

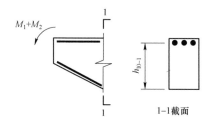

图 5–27　十字梁截面上缘配筋计算图

1）$\xi_{\mathrm{b}} = \dfrac{\beta_1}{1 + \dfrac{f_y}{E_s \varepsilon_{\mathrm{cu}}}} = \dfrac{0.8}{1 + \dfrac{300000}{2 \times 10^8 \times 0.0033}} = 0.55$

式中：$\beta_1 = 0.8$，$f_y = 300000$（kPa），$E_s = 2 \times 10^8$（kN·m^{-3}），$\varepsilon_{\mathrm{cu}} = 0.0033$，$\alpha = 1$

2）$h_{l0} = h_1 + h_{\mathrm{m}} - c_{\mathrm{t}} - \dfrac{d_{\mathrm{r}}}{2} = 0.8 - 0.04 - \dfrac{0.02}{2} = 0.75$（m）

3）$\alpha_{\mathrm{s}} = \dfrac{M_1 + M_2}{\alpha_1 f_{\mathrm{c}} b_1 h_{l0}^2} = \dfrac{304.5 + 11.25}{1 \times 14300 \times 0.4 \times 0.75^2} = 0.1$

4）$\xi = 1 - \sqrt{1 - 2\alpha_{\mathrm{s}}} = 1 - \sqrt{1 - 2 \times 0.1} = 0.106$

由于 $\xi = 0.106 < \xi_{\mathrm{b}} = 0.55$，为适筋破坏。

$$A_s = \frac{\alpha_1 f_c b_1 h_{10}^2 \xi}{f_y} = \frac{1 \times 14300 \times 0.4 \times 0.75^2 \times 0.106}{300000} = 1.16 \times 10^{-3} \ (\text{m}^2)$$

钢筋数量 $n = \dfrac{A_s}{A_{\phi20}} = \dfrac{1.16 \times 10^{-3}}{\dfrac{3.14}{4} \times 0.02^2} = 3.69$，取 4 根，$A_s = 4 \times \dfrac{3.14}{4} \times 0.02^2 = 1.26 \times 10^{-3} (\text{m}^2)$

配筋率 $\rho = \dfrac{A_s}{A_h} = \dfrac{1.26 \times 10^{-3}}{0.4 \times 0.8} = 0.39\% > \rho_{\min} = \max(0.2, 45 f_t / f_y) = 0.21\%$，满足构造要求。

（2）十字梁下缘（按照单筋截面）配筋计算如图 5−28 所示。

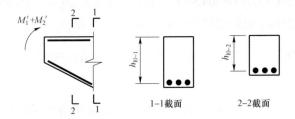

图 5−28　十字梁截面下缘配筋计算图

分别计算图 5−28 所示 1−1 和 2−2 两个截面的受弯承载力，取两者较大值为十字梁下缘的最终配筋方案。

1−1 截面弯矩　　　$M_1' + M_2' = 253.75 + 11.25 = 265$（kN·m）

2−2 截面弯矩　　　$M_1' + M_2' = 126.88 + 11.25 = 138.13$（kN·m）

$\xi_b = 0.55$，$h_{10-1} = 0.74$（m），$h_{10-2} = 0.61$（m）

$$\alpha_{s-1} = \frac{M_1' + M_2'}{\alpha_1 f_c b_{10} h_{10-1}^2} = \frac{265}{1 \times 14300 \times 0.4 \times 0.75^2} = 0.082$$

$$\alpha_{s-2} = \frac{M_1' + M_2'}{\alpha_1 f_c b_{10} h_{10-2}^2} = \frac{138.13}{1 \times 14300 \times 0.4 \times 0.61^2} = 0.065$$

$$\xi_{1-1} = 1 - \sqrt{1 - 2\alpha_{s-1}} = 1 - \sqrt{1 - 2 \times 0.082} = 0.086$$

$$\xi_{2-2} = 1 - \sqrt{1 - 2\alpha_{s-2}} = 1 - \sqrt{1 - 2 \times 0.065} = 0.067$$

ξ_{1-1}，$\xi_{2-2} < \xi_b$，因此 1−1 和 2−2 截面均是适筋破坏。

$$A_{s1-1} = \frac{\alpha_1 f_c b_1 h_{10-1}^2 \varepsilon}{f_y} = \frac{1 \times 14\,300 \times 0.4 \times 0.75^2 \times 0.086}{300000} = 9.22 \times 10^{-4} \ (\text{m}^2)$$

$$A_{s2-2} = \frac{\alpha_1 f_c b_1 h_{10-2}^2 \xi}{f_y} = \frac{1 \times 14300 \times 0.4 \times 0.61^2 \times 0.067}{300000} = 4.75 \times 10^{-4} \text{（m}^2\text{）}$$

参考十字梁上缘配筋方案，下缘配筋 4⌀20，则 $A_s = 1.26 \times 10^{-3} \text{m} > \max(A_{s1-1}, A_{s2-2}, A_{s\min})$，满足设计要求。

（三）十字梁斜截面承载力计算

（1）取梁端截面校验：$h_{10} = 0.34\text{m}$，$b_1 = 0.4\text{m}$，则 $h_{10} / b_1 = 0.34 / 0.4 = 0.9 < 4$，$V = \max(N_E, T_E) = 300 \text{（kN）} < 0.25\beta_c f_c b_1 h_{10} = 0.25 \times 1 \times 14\,300 \times 0.4 \times 0.34 = 486.2 \text{（kN）}$

因此截面尺寸满足要求。

（2）配箍计算。

1）压腿侧十字梁（见图 5-29）。已知：$s = 0.2 \text{（m）}$，$f_{yv} = 300000$，$b_1 = 0.4 \text{（m）}$，$h_{10-1} = 0.453 \text{（m）}$，$f_t = 1430 \text{（kPa）}$

$$\lambda = \frac{l_m}{h_{10}} = \frac{1.015}{0.453} = 2.24，\quad \alpha_{cv} = \frac{1.75}{\lambda + 1} = \frac{1.75}{2.24 + 1} = 0.54。$$ 由于 $V = N_E = 300\text{kN} > \alpha_{cv} f_t b_1 h_{10} = 0.54 \times 1430 \times 0.4 \times 0.453 = 139.92 \text{（kN）}$

需要配置受力箍筋。

$$A_{sv} = \frac{V - \alpha_{cv} f_t b_1 h_{10}}{f_{yv} h_{10}} s = \frac{300 - 0.54 \times 1430 \times 0.4 \times 0.453}{300000 \times 0.453} \times 0.2 = 2.36 \times 10^{-4} \text{（m}^2\text{）}$$

选用 1 道 $\phi10$ 箍筋：$2A_{\phi10} = 1.57 \times 10^{-4} < A_{sv} = 2.36 \times 10^{-4} \text{m}^2$，不满足斜截面承载力要求；

选用 1 道 $\phi14$ 箍筋：$2A_{\phi14} = 3.08 \times 10^{-4} > A_{sv} = 2.36 \times 10^{-4} \text{m}^2$，满足斜截面承载力要求。

2）拉腿侧十字梁（见图 5-30）。已知 $\beta = \arctan \frac{400}{1415} = 15.79°$，$z = 0.9 h_{10} = 0.9 \times 0.453 = 0.41 \text{（m）}$，$c = h_{10} = 0.453 \text{（m）}$

$$f_y A_s \sin\beta = 300000 \times 4 \times \frac{3.14}{4} \times 0.02^2 \times \sin(15.79°) = 102.53 \text{（kN）}$$

$V = T_E 250\text{kN} > \alpha_{cv} f_t b_1 h_{10} = 0.54 \times 1430 \times 0.4 \times 0.453 = 140 \text{（kN）}$，需要配置受力箍筋。

$$V_{cs} = \alpha_{cv} f_t b_1 h_{10} + f_{yv} \frac{A_{sv}}{s} h_{10} = 0.54 \times 1430 \times 0.4 \times 0.453 + 300000 \times \frac{0.453 \times A_{sv}}{0.2} = 140 + 6.8 \times 10^5 A_{sv}$$

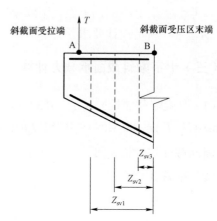

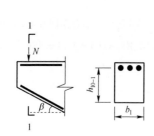

图 5-29 压腿侧十字梁截面配置
箍筋计算图

图 5-30 拉腿侧十字梁截面
配置箍筋计算图

在斜截面水平投影长度 c 范围内，可排列的箍数 $n = \dfrac{c}{s} = \dfrac{0.453}{0.2} = 2.27$，取整数为 2，即可排一根钢箍，则该道箍筋到 B 点的距离 $z_{sv} = \dfrac{0.453}{2} = 0.23$，斜截面受压区末端弯矩 $M = 265$（kN·m）

$$V_{sp} = \frac{M - 0.8(\sum f_{yv} A_{sv} z_{sv})}{2 + c\tan\beta} = \frac{265 - 0.8 \times 3 \times 10^5 \times 0.23 A_{sv}}{2 + 0.453 \times 0.28} = 125 - 2.6 \times 10^4 A_{sv}$$

$$V_{cs} + V_{sp} = 140 + 6.8 \times 10^5 A_{sv} + 125 - 2.6 \times 10^4 A_{sv} = 265 + 6.54 \times 10^5 A_{sv}$$

无论 A_{sv} 取何值，（$V_{cs} + V_{sp}$）均大于 $V = 250$（kN）

由此表明，拉腿侧斜截面按照构造箍筋即可满足斜截面承载力要求。

（四）十字梁挠度计算

（1）短期刚度。已知：$E_s = 2 \times 10^8$ kN·m^{-3}，$\varphi = 1$，$\rho = \dfrac{4 \times \dfrac{3.14}{4} \times 0.02^2}{0.4 \times 0.34} =$

9.24×10^{-3}，$\gamma_f' = 0$，$\alpha_E = \dfrac{2 \times 10^8}{3 \times 10^7} = 6.7$

$$B_s = \frac{E_s A_s h_{10}^2}{1.15\psi + 0.2 + \dfrac{6\alpha_E \rho}{1+3.5\gamma_f'}} = \frac{2\times10^8 \times 1.26\times10^{-3} \times 0.34^2}{1.15\times1 + 0.2 + \dfrac{6\times6.7\times9.24\times10^{-3}}{1}} = 16922$$

（2）长期刚度。

压腿侧 $M_k = M_q = (304.5 + 11.25)/1.35 = 233.89$（kN·m）

$$B_N = \frac{M_k}{M_q(\theta-1) + M_k} B_s = \frac{233.89}{233.89\times(1.6-1) + 226.22} \times 16922 = 10576$$

拉腿侧 $M_k = M_q = (253.75 + 11.25)/1.35 = 196.3$ kN·m

$$B_T = \frac{M_k}{M_q(\theta-1) + M_k} B_s = \frac{196.3}{196.3\times(1.6-1) + 196.3} \times 16922 = 10576$$

$$B_N = B_T = 70180$$

（3）挠度计算。参数 $a = 1.015\mathrm{m}$ ，则

拉腿侧 $f = \dfrac{Pa^2}{6B}(3l_l - a) = \dfrac{250/1.35\times1.015^2}{6\times10756} \times (3\times1.415 - 1.015) = 9.55\times10^{-3}$（m）

压腿侧 $f = \dfrac{Pa^2}{6B}(3l_l - a) = \dfrac{300/1.35\times1.015^2}{2\times10756} \times (3\times1.415 - 1.015) = 1.15\times10^{-2}$（m）

$$[f] = \frac{1.415\times2}{250} = 1.42\times10^{-2} \text{（m）}$$

拉压腿 $f < [f]$ ，十字梁满足挠度变形要求！

第六节　带翼板挖孔基础

一、设计参数

某 220kV 线路途径山区、丘陵、平原，地形复杂，而地质条件较好，主要土层为硬塑黏土、粉土及中等风化岩石，且地下水位 10m 以下，具有掏挖基础应用的条件。为减少平基土方量，并保证基础水平承载力要求，因此采用加翼掏挖基础。图 5−31 为其基础外形尺寸图，表 5−45 为设计计算参数。

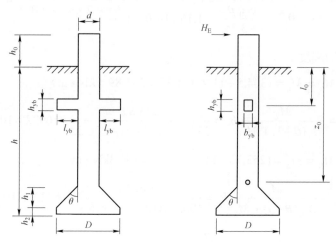

图 5-31　加翼掏挖基础外形尺寸图

表 5-45　　　　　　　　　　　计算参数取值

参数	取值	参数	取值
水平荷载 H_E（kN）	142.6	底板圆柱高度 h_2（m）	0.1
立柱直径 d（m）	0.8	水平抗力系数比例系数 m（kN/mm⁴）	20000
扩底直径 D（m）	1.8	翼板高度 h_{yb}（m）	0.5
基础埋深 h（m）	4.5	露头高度 h_0（m）	1.2
底板圆台高度 h_1（m）	0.8		

二、设计过程

（一）翼板优化设计方案

由本章可知，除基础外形尺寸和载荷条件外，翼板设置深度与翼板长度是影响加翼挖孔基础抗倾覆能力的主要因素。确定使得基础顶部水平位移最小、抗倾覆能力最大的翼板最优设置深度与长度对工程设计、施工具有重要指导意义。

以上述工程为例，对翼板设置深度与基顶水平位移之间的关系进行理论分析，进一步确定使得基础顶部水平位移最小的翼板最优设置深度。

1. 翼板设置深度对基顶位移的影响

确定翼板最优设置深度的具体实施方案如下：将基础立柱离散为 n 等分，翼板设置深度 l_0 从地面起始，按照相同增量（Δl_0）逐一递增，根据式（3-205）、式（3-207）、式（3-212）计算得出每个 l_0 对应的 y_0 值，确定 y_0 最小时所对应的 l_0。基于 Visual C++ 开发平台，编制相应的计算程序，获得翼板设置深度对基顶水平位移影响曲线图（见图 5-32），由图 5-32 可以得出以下结论：

（1）设计参数相同条件下，加翼掏挖基础顶部水平位移 y_0 随着翼板设置深度 l_0 呈非线性变化关系，不同 l_0 范围，y_0 变化规律不同。由图 5-32 可以看出，当 $0<l_0<l_f$ 时，基顶水平位移 y_0 随翼板设置深度 l_0 变化逐渐减小；当 l_0 值约为埋深的 20% 时，基顶水平位移 y_0 达到最小，该处所对应的 l_0，即为翼板最优设置深度 l_f；当 $l_f<l_0<l_{uf}$ 时，基顶水平位移 y_0 随翼板设置深度 l_0 呈非线性增加；当 l_0 值约为埋深的 70% 时，基顶水平位移 y_0 达到最大，该处所对应的 l_0 为翼板最不利设置深度 l_{uf}；当 $l_0>l_{uf}$（该深度范围，工程中一般不会出现，仅做规律分析）时，基顶水平位移 y_0 随翼板设置深度 l_0 变化而减小；

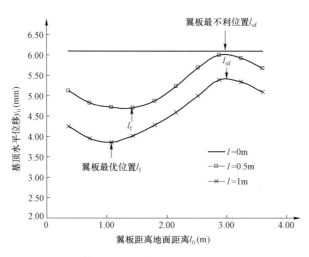

图 5-32　翼板设置深度对基顶水平位移影响曲线

（2）翼板最优设置深度的含义可用柱前土抗力对基础的抵抗机制来解释。因为单元土抗力 $p=C_r y$（C_r 为土抗力系数，y 为基础水平位移）是基础水平位移的函数，当翼板与地面平齐时（$l_0=0$），虽然 y 较大，但是土抗力系数 C_r 为零；翼板向下移动，y 值减小，土抗力系数 C_r 逐渐增大；当 l_0 达到某一深度时，两者之积（抵抗基础转动的侧向土抗力）达到最大值，此时土抗力抑制、削弱了翼板以下基础的转动，可认为翼板以上立柱段嵌固在最佳深度处。此时，基顶水平位移为翼板中心处水平位移和翼板以上基柱段的水平位移之和，只有当翼板处于最佳埋置深度时，两者之和方可最小，也就是基础水平承载力最大。

2. 翼板长度对基顶位移影响规律

以上分析了翼板设置深度 l_0 对基顶水平位移 y_0 的影响规律。下面结合上述工程实例，分析翼板长度 l_{yb} 对加翼掏挖基础顶部水平位移 y_0 影响规律，图 5-33 所示为翼板长度对基顶位移影响曲线图。

（1）由图 5-32 可知，设计参数相同条件下，翼板长度 l_{yb} 越大，基顶水平位移 y_0 越小，基础水平承载力及抗倾覆能力越强，并且翼板最优位置随翼板长度增加而上移；

（2）图 5-33 表明：设计参数相同条件下，加翼掏挖基础顶部水平位移 y_0 随翼板长度 l_{yb} 增加而减小，变化规律较好的服从二次多项式函数关系；由此可以得出，加大翼板长度，是提高基础水平承载特性的有效措施。所以建议设计施工人员，在满足施工的条件下，可适当加大翼板长度。

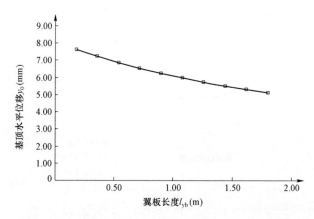

图 5-33　翼板长度 l_{yb} 对基顶水平位移 y_0 影响规律

3. 翼板长度对基础截面弯矩的影响规律

图 5-34 给出翼板设置深度一定（$l_0=1m$），不同翼板长度（$l_{yb}=0$ 时可视为普通掏挖基础），基础各截面内力弯矩随深度坐标变化曲线图。表 5-46 分别给出不同翼板长度基础转动中心位置及最大弯矩值。通过分析可以得出如下结论：

表 5-46　　　　不同翼板长度掏挖基础转动中心位置和最大弯矩

翼板长度 l_{yb}（m）	转动中心位置 z_0（m）	最大弯矩 M_{max}（kN·m）
0	1.7	330.31
0.5	1.4	257.07
1	1.2	206.61

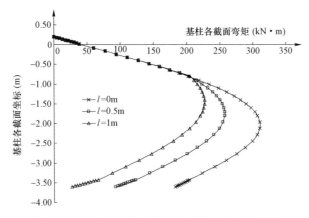

图 5-34　翼板长度对基础内力弯矩影响规律

（1）由表 5-46 可知，相同载荷作用下，不带翼板基础产生的最大弯矩大于带翼板基础产生的最大弯矩，翼板的设置有效降低了基础本体内力弯矩。这对于提高基础水平承载能力起到明显的效果。同时翼板的设置使得转动中心位置上移。

（2）由图 5-34 可以看出，水平荷载作用下，加翼掏挖基础在不同截面处弯矩变化规律不同。为分析方便，建立如图 5-35 所示的坐标系。当 $-h_0<z<0$ 时，基础内力弯矩由水平载荷的倾覆作用引起，弯矩值从 0 开始呈线性增加；$0<z<l_0$ 时，该深度范围内，基础一方面受到水平荷载的倾覆作用，另一方面受到基础周围土压力的抵抗作用，基础内力弯矩为以上两种作用的矢量和，从图 5-34 中可以看出，基础内力弯矩值随深度增加呈非线性增加；$l_0<z<z_m$ 时，基础内力弯矩随深度继续非线性增加，当 $z=z_m$ 时，基础内力弯矩达到最大（z_m 为基础上任意一截面，该截面处弯矩最大）；$z_m<z<h$ 时，弯矩随深度非线性减小。该深度范围内，基础受到水平载荷作用的同时，还受到基础两侧土抗力的作用，以及翼板、底板部分的抵抗矩。

（3）从图 5-34 和表 5-46 分别可以看出，设计参数相同条件下，随着翼板长度的增加，基础内力弯矩最大值减小。这是因为加翼掏挖基础水平承载力由桩身抗弯能力与柱前土抗力组成，由于基础增设了翼板，柱前土抗力作用面积增大，使得土体发挥了较大的土抗力，从而使得基础本体承受荷载减小，基础内力最大弯矩减小。

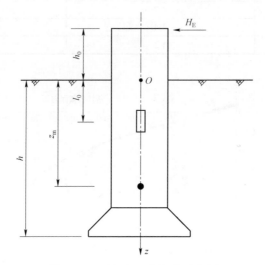

图 5-35   基础尺寸参数示意图

（二）基础倾覆稳定性计算

1. 刚性桩判定

立柱截面惯性矩 $I = \dfrac{\pi d^4}{64} = \dfrac{3.14 \times 0.8^4}{64} = 0.02$（m⁴）

桩身抗弯刚度为 $EI = 0.8 E_c I = 0.8 \times 3 \times 10^7 \times 0.02 = 4.8 \times 10^5$（kN·m²）

基础水平变形系数 $\alpha = \left(\dfrac{md}{EI}\right)^{1/5} = \left(\dfrac{20000 \times 0.8}{4.8 \times 10^5}\right)^{1/5} = 0.51$（m⁻¹）

刚性桩判断 $l = 3.6$（m）$< \dfrac{2.5}{0.51} = 4.9$（m），满足刚性桩条件。

2. 基顶位移计算

计算参数 $d' = 0.9(1.5d + 0.5) = 0.9 \times (1.5 \times 0.8 + 0.5) = 1.53$（m）， $l_{yb} = 0.5$m，

$h_{yb} = 0.5$（m）， $l_0 = 0.9$（m）， $A_{yb} = 2h_{yb}l_{yb} = 0.5$（m²）， $I_0 = \dfrac{\pi D^4}{64} = \dfrac{3.14 \times 1.8^4}{64} = 0.52$（m⁴）， $M_0 = H_E h_0 = 142.6 \times 1.2 = 171.12$kN·m

$$A_1 = ml_0^3 A_{yb} + 3md'h^4 + m_0 hI_0$$
$$= 20000 \times 0.9^3 \times 0.5 + 3 \times 20000 \times 1.53 \times 4.5^4 + 20000 \times 4.5 \times 0.52$$
$$= 37697827.5 \text{（kN·m）}$$

$$A_2 = 3md'h^2 + ml_0 A_{yb}$$
$$= 3 \times 20000 \times 1.53 \times 4.5^2 + 20000 \times 0.9 \times 0.5$$
$$= 422100 \text{（kN·m}^{-1}\text{）}$$

$$B_1 = 36M_0 md'h^2 + 12M_0 ml_0 A_{yb}$$
$$= 36 \times 171.12 \times 20000 \times 1.53 \times 4.5^2 + 12 \times 171.12 \times 20000 \times 0.9 \times 0.5$$
$$= 3835723248 \text{（kN}^2\text{）}$$

$$B_2 = 6H_E (4md'h^3 + ml_0^2 A_{yb})$$
$$= 6 \times 142.6 \times (4 \times 20\,000 \times 1.53 \times 4.5^3 + 20000 \times 0.9^2 \times 0.5)$$
$$= 9550036080 \text{（kN}^2\text{）}$$

$$B_3 = (2md'h^3 + ml_0^2 A_{yb})(4md'h^3 + ml_0^2 A_{yb})$$
$$= (2 \times 20000 \times 1.53 \times 4.5^3 + 20000 \times 0.9^2 \times 0.5) \times$$
$$(4 \times 20000 \times 1.53 \times 4.5^3 + 20000 \times 0.9^2 \times 0.5)$$
$$= 62338094910000 \text{（kN}^2\text{）}$$

转动角度 $\alpha = \dfrac{B_1 + B_2}{A_1 A_2 - B_3} = 1.69 \times 10^{-3}$

转动中心位置 $z_0 = \dfrac{6H_E + 2md'\omega h^3 + ml_0^2 \omega A_{yb}}{3md'\omega h^2 + ml_0 \omega A_{yb}} = 3.26$（m）

基顶侧向位移 $y_0 = \omega(h_0 + z_0) = 7.52$（mm）

参 考 文 献

1　鲁先龙，程永锋. 我国输电线路基础工程现状与展望. 电力建设，2005，25（11）：25－27.

2　Lu Xian-Long, Cheng Yong-feng. Review and new development on transmission lines tower foundation in China. Paris：CIGRE 2008 Session，2008.8：B2－215.

3　鲁先龙，程永锋. 输电线路角钢斜插式基础抗拔试验研究. 电力建设，2004，25（10）：41－44.

4　鲁先龙，程永锋. 高露头挖孔桩抗倾覆设计对策与试验研究. 武汉大学学报（工学版），38（Sup.1），2005.

5　鲁先龙，程永锋. 750kV 输电线路角钢插入式基础承载力试验. 中国电力，2006，

6　鲁先龙，程永锋，张宇. 输电线路斜柱主材插入式基础荷载转换计算. 电力建设，2006，27（6）：21－22.

7　鲁先龙，程永锋，张宇. 输电线路原状土基础抗拔极限承载力计算. 电力建设，2006，27（10）：28－32.

8　鲁先龙.《架空送电线路基础设计技术规定》中基础抗拔剪切法计算参数 A_1 和 A_2 的研究. 电力建设，2009，30（1）：12－17.

9　鲁先龙，程永锋，乾增珍. 输电线路斜坡地形原状土基础抗拔计算理论研究. 电力建设，2009，30（2）：11－13.

10　郑卫锋，鲁先龙，程永锋，等. 输电线路岩石嵌固式基础抗拔试验研究. 岩石力学与工程学报，2009，28（1）：152－157.

11　程永锋，鲁先龙，郑为锋. 斜坡地形输电线路基础设计研究. 武汉大学学报（工学版）. 2009，42（Sup.）：277－280.

12　鲁先龙，童瑞铭. 青藏交直流联网工程装配式基础抗压性能试验. 电力建设. 2011，32（5）：16－20.

13　鲁先龙，程永锋. 斜坡地形输电线路基础和杆塔的配合技术. 电力建设. 2011，32（8）：29－33.

14　鲁先龙，杨文智，童瑞铭，等. 输电线路掏挖基础抗拔极限承载力的可靠度分析. 电网与清洁能源，2012，28（1）：9－15，44.

15　程永锋，鲁先龙，丁士君，等. 掏挖与岩石锚杆复合型杆塔基础抗拔试验与计算. 电力建设，2012，33（3）：6－10.

16　鲁先龙，程永锋，包永忠，等. 杆塔掏挖基础抗拔研究进展及其设计规范的修订. 中国电

力，2013，46（10）：53－59.

17 鲁先龙，郑卫锋，童瑞铭，等. 扩底参数对原状土掏挖基础抗拔影响的敏感性研究. 中国电力，2016，49（8）：41－44，58.

18 鲁先龙，杨文智，满银，等. 岩石等代极限剪切强度现场试验与应用. 建筑科学，2016，32（增3）：53－58.

19 鲁先龙，杨文智，郑卫锋，等. 锚杆间距对岩石群锚基础抗拔力影响的试验研究. 工业建筑，2018，48（4）：84－88.

20 鲁先龙，乾增珍，杨文智，等. 嵌岩桩嵌岩段岩石极限侧阻力系数研究. 土木建筑与环境工程，2018，40（6）：29－38.

21 鲁先龙，杨文智. 嵌岩桩极限端阻力发挥性状研究. 土木工程，2019，8（2）：227－232.

22 杨文智，鲁先龙. 山区输电线路基础设计与岩石地基勘察研究. 土木工程，2019，8（2）：329－336.

23 鲁先龙，乾增珍，杨文智，等. 嵌岩桩的极限端阻力发挥特性及其端阻力系数. 土木与环境工程学报，2019，41（4）：26－35.

24 Lu Xian-long, Qian Zeng-zhen, Zheng Wei-feng and Yang Wen-zhi. Characterization and uncertainty of uplift load-displacement behaviour of belled piers. Geomechanics & Engineering. 2016，11（2）：211－234.

25 刘金砺. 桩基础设计与计算. 北京：中国建筑工业出版社，1990. 79~95.

26 席宁中. 桩端土刚度对桩侧阻力影响的试验研究及理论分析. 北京：中国建筑科学研究院，2002.

27 Carter，J.P. and F.H. Kulhawy. Analysis and Design of Drilled Shaft Foundations Socketed into Rock，Report EL－5918，Electric Power Research Institute，Palo Alto，Calif.，1988.

28 Carter，J.P. and F.H. Kulhawy. Analysis of Laterally Loaded Shafts in Rock，Journal of Geotechnical Engineering，118（6），1992，839－855.

29 Turner，J.P. Rock Socketed Shafts for Highway Structure Foundations，NCHRP Synthesis 360 Rock-Socketed Shafts for Highway Structure，2006.

30 Bell，F. G. Engineering in Rock Masses. Butterworth-Heinemann Ltd. Linacre House，Jordan Hill，Oxford OX2 8DP. 1992.

31 REESE L C，O'NEILL M W. Drilled shafts：Construction procedures and design methods. Publication No. ADSC－TL－4，International Association of Foundation Drilling. Federal Highway Administration，Washington，D.C.，1988.

32 国家能源局. 架空输电线路基础设计技术规程：DL/T 5219—2014［S］. 北京：中国电力

出版社，2015.

33 郑颖人，沈珠江，龚晓南. 岩土塑性力学原理. 北京：中国建筑工业出版社，2002.

34 龚晓南. 土塑性力学. 2 版. 杭州：浙江大学出版社，1997.

35 崔强，孟宪乔，杨少春. 扩径率与入岩深度对岩基挖孔基础抗拔承载特性影响的试验研究. 岩土力学，2016，S2：195－202.

36 崔强，邢明，杨文智，等. 喀斯特地区短桩锚杆复合基础现场抗拔试验及设计方法研究. 岩石力学与工程学报，2018，37（11）：2621－2630.

37 崔强，程永锋，鲁先龙，等. 强风化岩中挖孔基础抗拔试验及荷载位移曲线模型参数研究. 岩土力学，2018，39（12）：1371－1384.

38 崔强，程永锋，鲁先龙，等，架空输电线路黄土地基杆塔基础设计技术标准的研制与解读. 电网技术，2018，42（增刊 1）：247－251.

39 程永锋，崔强，鲁先龙，等，架空输电线路掏挖基础设计技术标准的研制与解读. 电网技术，2018，42（增刊 1）：252－256.

40 崔强，鲁先龙，冯自霞. 水平荷载作用下加翼掏挖基础承载特性研究. 地下空间与工程学报，2011，7（3）：457－463.

41 郑大同. 地基极限承载力的计算. 北京：中国建筑工业出版社，1979：20－60.

42 高大钊. 应用土力学（上）. 北京：人民交通出版社股份有限公司，2014.

43 崔强. 黄土地基大荷载杆塔原状土直柱基础承载特性试验. 北京：中国电力科学研究院，2013.

44 崔强，杨文智. 短桩—岩石锚杆复合基础研究. 北京：中国电力科学研究院，2017.

45 鲁先龙，崔强. 架空输电线路基础设计软件开发. 北京：中国电力科学研究院，2012.

46 中国建筑科学研究院. 建筑地基基础设计规范——理解与应用. 北京：中国建筑工业出版社，2012.

47 刘金波. 建筑桩基技术规范理解与应用. 北京：中国建筑工业出版社，2008.